KB111989

렌터카와 함께한
미국 여행기

렌터카와 함께한 미국 여행기

발행일 2023년 11월 16일

지은이 정지섭
펴낸이 손형국
펴낸곳 (주)북랩
편집인 선일영
편집 윤용민, 배진용, 김부경, 김다빈
디자인 이현수, 김민하, 임진형, 안유경
제작 박기성, 구성우, 이창영, 배상진
마케팅 김회란, 박진관
출판등록 2004. 12. 1(제2012-000051호)
주소 서울특별시 금천구 가산디지털 1로 168, 우림라이온스밸리 B동 B113~114호, C동 B101호
홈페이지 www.book.co.kr
전화번호 (02)2026-5777
팩스 (02)3159-9637

ISBN 979-11-93499-48-1 03980 (종이책)
979-11-93499-49-8 05980 (전자책)

세상 모든 자유 여행 가이드

렌터카와 함께한 미국 여행기

정지섭 지음

재즈의 고향 뉴올리언스에서
남북전쟁의 중심지 찰스턴까지
자전거와 렌터카를 타고
미국 문화와 역사의 중심지를
구석구석 살펴본
자유여행의 기록

북랩

우리의 삶이 권태롭거나, 반대로 너무 치열하여 눈코 뜰 새 없이 보낸 소모적인 세월의 결과, 우리의 어깨에는 육체적, 정신적 더께가 누적되어 있다. 이것을 떨쳐 버리고 싶을 때, 일부 적극적인 사람들은 돌파구를 찾는다. 존 A. 셰드(john A. Shedd)의 아포리즘 “배는 항구에 정박해 있을 때 가장 안전하다. 그러나 그것이 배의 존재의 이유는 아니다”라든지, 성 아우구스티누스의 “세계는 한 권의 책이다, 여행하지 않는 자는 그 책의 단지 한 페이지만 읽을 뿐이다.”라는 여행 예찬을 들이대지 않더라도, 그 돌파구가 여행이라면 사실 잘한 선택이라 볼 수 있다.

불행과 고통은 우리 삶에서 구체적으로 관여하지만, 행복은 늘 주변을 맴돌 뿐 쉽게 잡히기를 허락하지 않는다. 그 불행과 고통은 살아가는 과정에서, 크건 작건 상처를 남기고, 우리의 몸과 마음을 지치게 한다. 여러 가지 방법으로 그 상처를 치료했더라도 여전히 흔적은 남게 마련이다. 여행한다는 것은 주변만 맴돌던 행복을 느껴 보는 구체적인 행위로 볼 수 있다.

하지만 필자가 과거에 여행하기에 넘을 수 없는 장애물들이 많다고 생각했던 것처럼, 여행을 꿈꾸는 사람들은 많지만, 그 꿈을 실현하기 위해 구체적인 계획을 세우고 실행하는 사람은 많지 않다.

필자는 퇴직 후, 변화에 적응하기 위해 나름대로 적극적인 생활을 했다. 하지만 노력과는 달리 날이 갈수록 회의적인 생각과, 두려움으로 좌절감만 깊어 갔었다. 아내와의 관계, 자녀들의 결혼 등 가정 문제와 경제적인 문제, 암 수술과 뇌 수술 등 큰 수술을 세 번이나 해야 했던 건강 문제 등, 좌절의 늪에서 허우적대는 세월을 보내고 있었다.

그래서 현실에서 도피하듯 여행을 생각해 보았다. 당시에는 다시 예전처럼 활기찬 생활로 돌아갈 수 있을 것 같아 희망이 보였지만, 그럴수록 조바심과 조급함으로 모든 일을 서둘렀다. 그래서 '목표를 달성하기 위해서는 시급하지 않지만 중요한 것부터 한다'는 현자의 충고를 상기하면서, 우선 휴대전화 다루는 법을 젊은이들, 혹은 인터넷을 통해 공부하기 시작했고, 바닥 수준인 체력을 기르기 위해 걷기와 자전거를 타기를 꾸준히 했다. 그리고 낯선 곳에서 적응하기 위해 매일 기회 있을 때마다 CNN 방송을 보았다. 무엇보다도 장애물이라 했던 부분들을 긍정적으로 생각하기로 마음먹었다.

더불어 구체적으로 어디를 어떻게 무엇을 위한 여행인지의 지식이 필요했다. 이를 위해서 여행 관련 책을 보기 시작했는데, 필자가 본 책자에는 '어디서 무엇을 어떻게'보다는 호텔이나, 음식점 쇼핑 장소 나열에 치중해 있어서 아쉬웠다. 그래서 인터넷 등을 활용하여 정보를 얻고, 기록해서, 본격적인 준비를 해 나갔다.

그로부터 6개월 후 아내와 함께 서유럽 3개월 자유 여행을 비롯하여 연중 반 이상을 여행으로 보내면서 5년 동안 국내외 구석구석 많은 곳을 여행했다.

그러다 여행에서 보람이나 재미를 느끼기 시작했고, 그 절정에 와 있을 무렵, 필자도 예상치 못한 장애가 생겼다. 코로나 팬데믹 상황이었다. 필자는 일시적이라 예상하고 실망하지 않고 기다렸다. 하지만 예상을 깨고 상황은 몇 년간 지속되었다. 포기하던 중 상황이 종료되고, 다시 여행을 생각하기 시작했다.

이 책은 코로나로 인한 사회적 거리 두기가 해제된 시점에 뉴질랜드 와 호주 여행 한 달 후 시작한 미국 동남부 11개 주 여행에 관한 것이다. 필자의 여행 경로를 따라 총 3개 지역으로 구분하여 구성하였다. 이들 3개 지역은 문화적 특색이 강하고 남북전쟁 당시 남부 연합으로 같은 편이긴 했지만, 문화적으로는 마치 서로 다른 나라 같은 분위기를 느끼는 곳이다.

렌터카로 이동하고, 현지에서 산 자전거를 타면서 여행의 다양성을 즐기며 색다른 경험을 하였다. 하지만 책을 쓰기로 한 시점이 여행에서 돌아온 후라서, 독자를 염두에 둔 좋은 사진들을 찍지 못했다. 더욱이 자전거를 많이 탔으므로 사진은 부실할 수밖에 없는 아쉬움이 남아있다.

필자는 기행문 형식을 빌려 독자들과 공유하고 싶은 부분들과 지역 정보에 대하여 담담하게 썼다. 그리고 누구든 지역에 관계 없이 활용할 수 있는 '자유 여행 팁'도 포함하였다. 특히 자유 여행 팁은 다년간 자유 여행을 한 필자의 경험을 바탕으로 간결하게 기술해 놓은 것이다. 이를 활용하면, 환율 상황이 좋지 않은 요즈음, 적은 비용으로 안전하게, 그리고 중장기적으로 건강하게 여행할 수 있는 안목이 생길 것이다.

필자가 여행에 심취하는 이유는 한마디로 행복해지기 위해서인데, 순간순간마다 스스로 현지 상황의 일부가 되고 몰입하여, 세상이란 책을 깊고, 짧고, 빠르게 읽어 나가는 기분을 느껴 보는 것이었다. 더욱이 그동안 관계가 벌어지기만 했던, 세월의 동반자인 아내와 자연스럽게 공감대가 이루어지는 것을 경험했기 때문이다. 이처럼 여행을 통해 더없이 값진 순간들을 만들어, 평생 가슴속에 간직하고, 필요할 때 소환해 보고 싶었다.

이 책을 읽는 독자들도 용기를 가지고 장애를 극복하여 여행을 할 수 있었으면 하는 바람과 그 여행을 통해 가족과 공감대를 느끼며 삶이 윤택해지는 계기가 되길 바라는 마음이 크다. 그리고 여행이란 결국 특별한 사람들이 가는 것이 아니라 평범한 우리가 용기를 내어야 하는 것이라는 사실을 공유하고 싶다.

이번 여행은 필자가 어쩔 수 없이 혼자 여행했지만, 사랑하는 사람이나 친구와 동행했더라면 하는 아쉬움이 남는다.

저자 정지섭

Contents

PART 1 긴 여정의 출발선에서

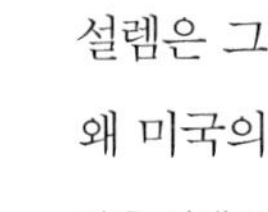

PART 2

남부 4개주 플로리다, 조지아, 사우스캐롤라이나, 노스캐롤라이나

테네시, 아칸소, 오클라호마

미국 지도의 완성, 텍사스와 루이지애나, 종착 도시 애틀랜타

긴 여정의
출발선에서
PART 1

설렘은 그만, 짐을 꾸리자

여행한다는 것을 생각만 해도 늘 가슴이 설렌다. 그 설렘은 중독성이 있어 한 번의 여행을 마무리하고 집으로 돌아오기도 전에, 다음 여행지에 대해 상상하며 새로운 짐 꾸림을 하게 한다. 그 상상은 결국 새로운 여행 계획을 잉태하는 셈이 된다. 그렇게 해서라도 여행 끝의 아쉬움을 일부 달래 주고, 위로를 받고 싶은 것이다.

필자가 어려움이 따르는 혼자만의 자유 여행을 감행한 것은, 유럽과 달리 미국이라는 독특한 분위기에 심취한 까닭이요, 다른 지역에 비해 안전하게 여행할 수 있기 때문이다. 1980년도 후반, 88 올림픽이 있던 해에 회사의 일로 시카고에 갈 일이 있었다. 당시 해외여행은 일반적이지 않은 것은 고사하고, 해외 나가는 것은 일종의 특혜로 간주하던 시절이었다. 외국에 처음 나와 길도 잘 모르고, 낯설기만 한 장소들이었지만, 늘 가슴이 설레는 날들이었다. 그러던 중, 현지 연휴 기간에 차를 빌려 일리노이주, 남쪽 스프링필드라는 곳을 다녀왔다. 그곳은 링컨이 대통령 되기 전에 지내던 곳으로, 일리노이주의 주 의회(State Capitol)가 있는 곳이다. 시카고에서 55번 고속도로와 거의 나란히 가는 66번 옛 국도(Old Route 66)를 통해서 다녀왔다. 돌아오는 길에 농촌 지역에 들러 잠시 쉬다가, 우연히 주변 농장들의 농토를 보고 충격을 받았다. 지금의 우리나라는 농민들의 농사짓는 방법도 달라졌고, 농사라는 개념도 많이 변하여, 정의를 내리기 애매해졌지만, 당시에 필자는 소위 촌놈의 범주에 있었다. 대학 무렵까지 도회지에서 학창 시절을 보냈지만, 생활의 근거지는 시골이었기 때문에 여전히 농사에 관심이 많았다. 필자가 놀란 것은, 프레리(Prairie) 대평원의 넓고, 광활함이 아니라 비옥한 땅이었다. 색깔은 검은 회색으로, 언뜻 보기에도 기름진 옥토였다. 당시 비약적인 경제 발전으로 우리나라의 살림살이가 괜찮아지자, 미국으로부터 시장개방 압력이 거세어지고, 그중의 하나가 농산물인 것은 웬만한 사람들은 기억할 것이다. 당시 회사 일로 왔으니 일에 충실했지만, 언젠가 자유로운 몸이 되면, 아내와 함께, 아니면 혼자라도, 미국 전역을 꼭 여행해야겠다고 다짐했었다. 그러나 이런 저런 세파를 겪으면서 잊히다가 문득문득 그때의 기억으로 돌아가는 때도 있었다.

그러다 세월이 흘러 직장을 떠나게 되었고, 퇴직 후 가장 먼저 준비한 것은 여행 계획이었는데, 그동안 가 보고 싶었던 곳들을 아내와 함께 계획대로 두루 다녔다. 미국 역시 이번 지역을 제외하고는 모두 여행을 다녀왔다.

그러나 미국처럼 드넓은 땅을 자유 여행으로 섭렵한다는 것은 간단한 일이 아니다. 하와이를 제외한 북미 대륙의 모든 주를 여행하려는 욕심을 내어, 몇 차례 렌터카로 동서 혹은 남북으로 횡단 여행을 했다. 한 번에 끝내려고 하는 것은 단지 욕심에 불과하므로, 지역별로 나누어 여행해야만 달성할 수 있다는 것은, 오히려 여지를 남긴다는 의미로 더 매력적이었다. 마치 곡식을 넣어두고 창고 문을 잠시 닫아 두는 기분이라고 할까?

하지만 미국 여행을 다 완성하기도 전에, 예측하지 못했던 코로나로 인해 미국뿐 아니라 전 세계 거의 모든 지역으로 여행하는 것이 일시적으로 금지되었고, 거기에 정치, 경제적으로 세상은 빠르게 변하고 있었다. 필자는 이에 하루 이틀 세월이 가는 것에 초조함마저 느꼈다. 여행자에게 부담이 될 수 있는 환율이 좋지 않은 시점이지만 더 이상 미룰 수 없었고, 게다가 아내의 준비가 덜 된 시점이라 혼자 갈 것을 결심한 것이다. 아내는 장기간에 걸친 뉴질랜드와 호주 여행 후 누적된 피로가 채 풀리기 전이었고, 아직도 나머지 가족을 돌보는 일이 본인의 몫이라고 생각하므로 필자도 굳이 동행하자고 설득하지 않았다. 그 배경에는 더 기다려 보아도 단시일 내에 환율 사정과 아내의 상황이 나아지길 기대하기가 어려웠기 때문이기도 하다.

거의 모든 여행에서 아내를 동반했지만, 혼자서 떠났던 여행은 이번이 처음이 아니고 두 번째이다. 혼자 떠난 첫 번째 자유 여행은 2018년 산티아고 순례길을 가기 위해 떠났을 때이다. 그 당시 산티아고 순례길에서 한 달 남짓을 보내고 난 후, 아내와 마드리드에서 늦게 합류하여, 부부가 함께 스페인 전역을 두루 여행한 후 돌아왔다. 당시는 솅겐 조약 지역이라서 8월에 출발해 11월에 90일을 꽉 채우고 돌아왔다.

이번에 필자가 렌터카로 자전거와 함께 미국 동남부 11개 주를 여행한 것을, 끝으로 북미 대륙에서, 알래스카를 제외한 48개 주 전체 여행을 완성하기 위한 목적을 달성한 셈이다.

사실 미국 동남부로의 여행은 충분한 준비를 하지 못한 상태에서 떠난 60일간의 여행이었다. 아내와 함께 뉴질랜드 남북 섬 전역과 호주 전역을 대략의 정보만으로 장기간 RV차를 빌려 여행하고 돌아온 지 한 달 반밖에 안 된 시점에 출발한 것이다. 그렇게 별도의 준비도 없이, 자유로운 선택을 할 수 있다는 장점만을 생각하고 떠난 여행은 고난과 실패의 연속이었다.

이 책은 여행 관련 전문 안내 서적은 아니지만, 지역에 관계없이 자유 여행을 하고자 하는 독자들에게, 실질적인 도움이 될 수도 있는 내용들을 포함하였다. 여행하면서 겪은 일들을 소개함으로써 독자들이 미국뿐 아니라 다양한 지역을 이해하면서 여행에서 가장 중요한 영감을 얻고, 구체적 계획을 세우는 데 도움을 주고자 하는 목적이 있다. 아울러 실패를 반면교사 삼거나 필자의 방식을 참고삼아 각자의 개성에 맞는 계획을 세워서 즐겁고 행복한 여행에 도움이 되었으면 하는 바람 때문이기도 하다. 여행 전문 안내 책자들을 필자도 참고하고, 계획을 세워 보았는데, 서적의 내용 중, 숙소라든지, 음식점 소개, 쇼핑 소개로 등으로 지면을 대부분을 채우고, 일반적인 안내 내용이 책의 앞부분에 실려 있지만, 해외여행을 앞두었거나 계획하고 있는 사람에게는 비자, 여권, 탑승, 입국, 신고 등의 정보들은 일반 상식화된 내용들이 많다. 유용한 내용도 있지만 그렇게 보기 어려운 내용들도 있었다. 정작 여행자들의 관심 장소가 소개는 되어 있지만, 어떻게 해야 하는지의 설명에 대해서는 조금 부족한 예도 있었다.

그렇다면, 여행지를 나름대로의 계획하에 돌아보는 자유 여행을 어떻게 계획할 것인가의 숙제는 여전히 남아 있다. 각자가 이에 대해 모색할 수 있도록 나름대로 최선을 다해서 경험을 바탕으로 글을 써보았다.

필자가 여행의 첫걸음으로 제시할 수 있는 말은, 여행이란 우리가 생각하고 꿈꾸던 이상을 실행에 옮기는 행위를 통해서 이루어진다는 것이다. 생각만 해도 가슴이 설렌다면 망설이지 말고, 여행지를 결정하고, 일정을 조율한 후, 최소한 항공권만이라도 예약을 해 놓으면 된다. 상상력으로 필요한 물건들의 목록을 작성하고 짐을 꾸려 놓는다.

왜 미국의 동남부인가

가족과 떨어져서 혼자 지낸다는 것이 사람들에게 낯선 일은 아니지만, 흔한 일 또한 아니다. 보통 직장의 사업장이 생활의 근거지와 떨어져 있을 때라든지, 학업 때문에 가족과 함께하지 못하는 경우가 대표적이다. 이런 경우들은 자발적이라기보다 '어쩔 수 없이'란 표현이 맞는 경우이지만, 필자처럼 배우자가 있는 사람이 장기간 해외여행을 혼자 하겠다고 하는 것은 흔한 일은 아니다. 더욱이 자전거를 동반한 여행은 필자의 나이가 적지 않음을 고려하면 더욱 그렇다. 가족들이 말렸음 직하지만, 가족들은 이미 굳어진 계획을

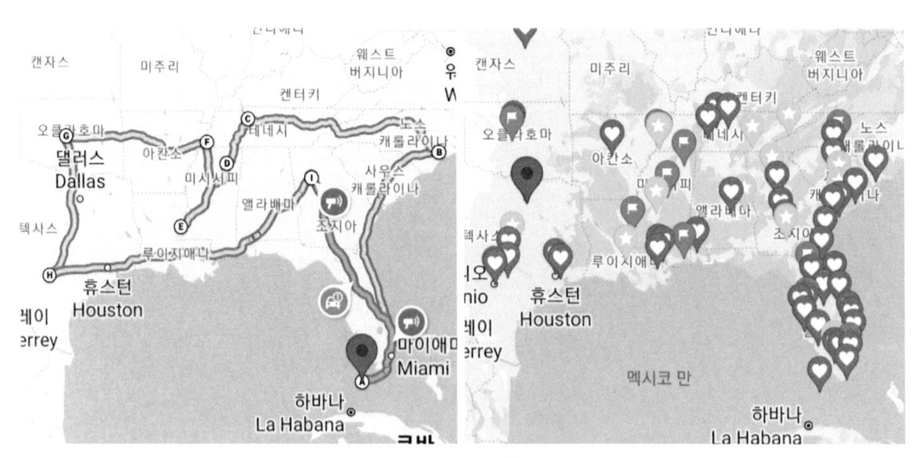

지도상의 여행 경로와 방문지

포기하지 않을 것을 알기에 처음부터 말릴 생각을 하지 않는다.

미국의 동남부 11개 주를 혼자서 자유 여행을 하려고 출발선에 섰다. 60여 일 동안 미국 동남부의 조지아, 플로리다, 사우스캐롤라이나, 노스캐롤라이나, 테네시, 아칸소, 오클라호마, 텍사스, 루이지애나, 미시시피, 앨라배마주 등을 돌아볼 계획이다. 이 중에 오클라호마, 미시시피, 앨라배마주는 큰 비중을 두지 않았다.

굳이 필자가 이렇게 여행 경로와 여행지를 선택한 것은, 한국인들에게 잘 알려지지는 않았지만, 둘러볼 곳이 의외로 많고, 미국의 장점인 다양성의 공존을 존중하는 지역이면서 치안 상태도 괜찮은 편이기 때문이다. 그리고 이 지역은 북동부와 서쪽 지방과는 달리 산이 많지 않고, 미시시피강을 비롯하여, 여러 개의 강줄기가 멕시코만 방향으로 유입되어 남쪽 지방들은 삼각주가 발달한 지역인데, 삼각주 지역의 습지에는 우리 주변의 생태계와는 다르기에 동식물들이 다양해서 평소에도 여행을 하고 싶었던 곳이다. 또한 한국 사람들에게 잘 알려지지도 않아서 선호하는 지역이 아니기 때문이다. 한국 사람들이 잘 가지 않는 이유는 지리적으로 미국의 서부 중부, 심지어 동부의 끝인 뉴욕이나 토론토보다도 거리가 더 멀 뿐만 아니라, 교통편도 한국 사람들이 가기에는 불편하다. 특히 위에서 언급한 지역은 한국 사람들이 여행만을 목적으로 가는 곳이 아니다. 왜냐하면 교통이 불편하기도 하지만, 몇몇을 제외하고는 한국 사람들에게 알려진 이렇다 할 유명 관광지가 없기 때문이다. 하지만 요즈음 이곳을 찾는 한국인들이 많아지는 느낌이다. 첫째 이유는 뭐니 뭐니 해도 비즈니스 때문인데, 삼성의 오스틴 반도체 공장 투자와 현대 기아 자동차 공장 등이 이 지역에 있어, 관련 산업 종사자들이 다니면서 입소문이 퍼져 나가기 때문이다. 필자는 이 지역이 미국을 대변하는 미국적인 문화를 방출하는 중심이라 생각했고, 오래전부터 특별한 관심을 두고 있었다. 하지만 11개 주 중에서 앨라배마와 미시시피주는 나체즈 트레이스 파크웨이 등 경로상에 있는 투펠로(Tupelo)와 잭슨(Jackson)에 각각 1박씩 머무른 것 이외에, 여러 차례 주 경계로 들어가 관통하였으나, 실제로 머무른 도시는 없었다.

특별히 이 지역에 주목한 것은 오늘날의 미국이 전 세계를 쥐락펴락하는 세계 제일의 강대국이 된 것은 독립 전쟁, 남북전쟁, 1·2차 세계대전 등 전쟁을 통해서 이루어졌다고 생각했었다. 하지만 그 전쟁들 못지않게 더 크게 기여를 한 중요한 역사적 사실들이 이곳에서부터 시작된 커다란 '두 가지 사건이 있었기에 가능했다'라고 개인적으로 믿고 있기 때문이다. 미국은 필자가 알고 있었던 것보다 훨씬 많이 주변국들과 영토 관련 전쟁을 치른 나라이다. 또 이 지역은 노예제로 대립하던 남북전쟁 당시 남부 연합의 중심지였던 지역이라서, 지역에 대해 좋지 않은 선입관이 있는 곳이기도 하다. 앞에서 언급한 커다란 두 사건이란 루이지애나를 프랑스로부터 매입한 것과 미국-멕시코 간의 전쟁이다. 이 사실들은 추후에 소개하겠다.

필자는 대중음악에는 문외한이고, 젊은 시절에 남들처럼 흉내 내는 재주조차 없었지만, 이것에 관심을 두고 있는 주변의 지인들과 어울리다 보니, 약간의 관심과 궁금함은 있었다. 그런 관심은 대중음악과 이와 관련된 중심 지역, 뮤지션들 대한 관심으로 이어졌고, 어떤 사람은 어린 시절에 매료되어 이에 묻혀 사는 삶을 택하기도 하는데, 그 매력이 무엇인지도 궁금했다. 이 지역은 테네시주의 두 도시에서 출발한 컨트리 뮤직, 블루스, 이것들이 합쳐진 로큰롤 등 대중음악과 이와 관련한 수많은 아티스트를 배출하였다. 이런 문화 이상의 것들이 켄터키, 텍사스, 미시시피 등지로 퍼져 나가고, 미국 전역으로 팝이란 장르를 형성해 전 세계의 사람들에게 꿈과 위안을 선사했다.

루이지애나의 뉴올리언스 또한 재즈의 본고향으로 흑인들 삶을 녹여낸 즉흥성과 루이 암스트롱이란 아티스트를 만나면서 미국 전역은 물론이고, 전 세계로 퍼져 나갔다.

사실 이러한 문화가 자생적으로 발생하고 발전하는 데는 사람들과의 관계, 그리고, 삶의 고단함 중에도 여유, 무엇보다 중요한 다양성과 함께, 개방적인 지역사회 등 풍부한 자양분이 있었기 때문이리라. 남북전쟁 당시에도, 이곳은 아프리카계 노예제와 목화, 사탕수수 재배 등이 주요 산업이었고, 이들은 자연스럽게 농경 지역에서 흔히 볼 수 있는 이웃과의 관계, 더 나아가 긴밀한 지역 사회 문화의 바탕이 되었을 것이다. 이점이 산업화한 북동부와는 문화적 토양이 달랐던 것으로 보인다.

이번 여정에서는 미국의 서부와 중서부 지역, 예를 들면, 캘리포니아, 네바다, 유타, 콜로라도, 와이오밍, 애리조나주 등에 널리 분포한 국립공원이나 국유림 등 세월이 빚어낸 대자연의 경이로움을 탐방하는 것이 아니다. 에버글레이즈 국립공원과 스모키 마운틴을 제외하면 모두 도시지역 탐방 여행이다. 유럽의 자유 여행과 유사하지만 결은 다르다.

미국의 북동부와 기타 지역을 한마디로 한다면, 미국 문화 소비처의 역할과 지속성을 유지하기 위한 정치와 금융의 근거지 역할을 분담했다고 본다. 이러한 미국이 최근에는 변하고 있다고 한다.

물론 그 변화는 미국만이 아니다. 필자의 생각으로는 기술의 발달이 원인이라고 보고 있다. 또한 동남부 지역은 미국에서도 새로운 패러다임의 실험 격인 여러 정책을 시행하고 있는 지역이라, 또 다른 매력으로, 인구 유입이 끊이지 않는 곳이기도 한 지역이다. 예를 들면 텍사스주의 경우 개인 소득세가 없으면서도 법인세 또한 다른 주에 비해 낮다고 한다. 이런 것들을 가능한 원동력은 무엇인지도 궁금했고 눈으로, 몸으로 직접 겪어보고 싶은 충동이 오래전부터 마음속에 자리하고 있었다. 코로나로 한동안 눌려 있던 그것이, 원화 가치가 곤두박질한 상황임에도 불구하고, 이제는 더 늦기 전에 그곳에 가야 한다는 강박으로 발전했었다. 바로 이러한 이유로 더 이상 망설임 없이 그것의 중심지로 들어가 보기로 했다.

필자의 첫 기착지인 조지아주는 인천공항을 출발하여 주도인 애틀랜타의 하츠필드(Hartsfield) 공항까지 논스톱으로 간다고 해도 약 14시간 정도 소요된다.

보통 사람들의 인생처럼, 필자에게 여행이란 실수의 연속으로 이어진 그림책과 같다. 다만 요즘은 내비게이션과 구글 덕분에 길을 잃는 경우의 빈도수는 많이 줄었다고는 하지만, 그 실수를 통해서 얻는 교훈도 많았고, 고질적으로 서두름병이 있는 필자에게 어느 정도 치료의 약이 될 때도 있었다. 그런 경험들이 어우러져 여행 중 내용상의 다양함과 질적인 변화가 생기기도 한다.

여행의 시작인 공항에서부터 황당한 실수를 했던 것이 이번이 처음만은 아니다. 인천공항 제2청사에 도착하자마자, 짐을 위탁 수하물로 부치고 나서, 기내 수하물인 배낭을 가지고 기내 수하물 검색대를 거쳤다. 그런데 위탁 수하물의 무게를 줄이려고 자전거 공구를 배낭에 넣어 가지고 온 것이 화근이 되었다. 공구 중에는 나이프형 공구도 들어 있었는데 기내 반입 금지 품목이다. 당연히 검색대에서 제동이 걸리고, 보안 검색 요원은 물건을 포기하든지, 다시 나가 위탁 수하물로 부치든지 두 가지 중 하나를 선택하라고 한다. 그 공구는 자전거를 타려면 꼭 필요한 것이기에 전자를 선택하고, 출구로 되돌아가 항공사 위탁 수하물로 보내려고 하였다. 그런데 그게 또 말썽날 뻔했다. 칼 하나만 달랑 위탁 수하물로 부치기 어려우니 배낭에 넣어 배낭도 위탁 수하물로 보내라는 직원의 충고에 따라, 그렇게 하려고 했는데, 배낭에는 보조 배터리가 들어 있었다. 보조 배터리는 반대로 탑승 시 반드시 휴대해야 하는 품목이다. 다행히 들어가기 직전이라서 끄집어내 핸드 캐리 후 다시 출국수속을 밟았다. 경우는 다르지만, 늘 이런 식으로 여행의 시작을 장식한다. 허둥대며 출국장에 들어와서 그냥 한번 둘러보고 곧바로 라운지에서 음식을 챙겨 먹고 커피를 마시면서 평정을 찾았다.

배웅하는 아내를 돌아보면서 왠지 혼자 떠난다는 미안한 감정이 출국수속을 마칠 때까지 머릿속을 지배하고 있었다. 머물러 있었던 자리에 공백이 마음에 걸리고, 빈자리를 누군가는 채워야 하는 걱정 등, 자꾸 찝찝한 무엇인가 머릿속에서 떨쳐 버리기 어려웠다. 모순의 무한 반복이다. 어리석게도 끝의 그다음은 무언지 궁금해서 몇 날을 끙끙거렸던 어릴 때의 기억이 소환된다. 그냥 그런 감정이 구체적으로 무엇인지 알려고 하지 말고, 그냥 그대로 두어, 정체가 무엇인지 꼭 집어 정의를 내리지 말자고 마음 정했지만, 마음먹은 대로 그렇게 잘되지는 않는다.

공항 라운지의 음식들은 맛이 그런대로 괜찮았고, 특히 조그만 스낵류와 커피는 그런대로 괜찮았다. 다만 너무 많이 먹는 것은 경계해야 하기에 이내 음식과 멀리했다. 대한항공과 스카이팀 항공으로 입·출국하려면 인천공항의 제2청사를 이용해야 한다. 델타항공도 스카이팀 멤버로서 이곳의 혜택을 누리고 있고, 라운지는 두 곳이 있는데 라운지별로 질적인 차이는 있는 것 같다.

탑승하기 전에 창밖으로 보이는 공항의 모습이 벌써 익숙하게 다가온다. 비행기의 꼬리에 선명한 국기와 짐을 실으려고 긴 짐차들이 분주히 다니고, 안전요원들의 모습들이 보인다. 늘 여행은 이런 풍경으로부터 시작된다. 탑승 시간이 되어 순서대로 탑승했는데 옆자리 남자 둘, 담배 냄새는 힘든 여행의 전주곡 같은 것이었다. 이코노믹 좌석으로 14시간 정도 가야 하는데 코로나 이전보다 좌석의 앞뒤 간격이 더 비좁아진 느낌이고, 탑승하고 출발시간이 되니 벌써 어둠이 깔리기 시작한다.

여행 중의 실수는 여행자들의 에너지를 때에 따라 더하거나 빼는 역할을 한다. 다만 그것들이 개인의 감정과 정서 등 상황에 따라 달라진다.

출발 전 비행기 창문을 통해서 찍은 공항 모습은 잠시 이별의 인사이다. 사람이 자기가 익숙한 곳에서 자발적으로 혼자서 떠나 낯선 곳을 탐색한다는 것은 그리 쉬운 선택은 아니다. 이번에는 산티아고 갈 때와는 상황이 다르다. 그때는 아픔을 이기는 방법은 역시 아픈 병을 앓는 수밖에는 없다고 생각하고, 마치 백신을 맞고 약하게 병을 앓고서 면역력을 얻는 것처럼 스스로 고행을 택한 것이다. 많이 걷지 않던 사람이 장기간 장거리를 매일 25km 이상을 걷는다는 것은 정말 고통스러웠다. 당시 고통을 즐기듯 걸어서 아픔의 흔적이 지워진 듯했는데, 이제 다시 홀로 짐을 꾸리고 나니, 그때의 기억이 내 몸 어디에서 튀어나올 것 같다. 이것이 이번 여행의 모티브일까? 모자람을 만들고 떠남으로 인한 공간을 파괴하면 그동안 잊고 있었던 가치들을 피차가 새삼스럽게 생각해 낼 수 있을까? 아니면 평범한 세속적인 자유를 얻는 데 그치고 말 것인가?

델타의 기내식은 정말 재미있다. 뒤쪽의 끝자리에 앉았는데, 앞에서부터 나누어 주다 보니, 남은 것의 채식자용뿐이라고 일방적으로 통보한다. 그런데 반전, 베지도 먹을 만하더라.

14시간의 지루한 긴 비행 끝에, 애틀랜타 국제공항에 도착하였다. 입국 절차는 예상대로 거의 1시간 반 걸리고, 호텔로 가는 셔틀을 타는 데도 1시간 반 걸렸다. 결국 인간의 인내력을 시험하나 싶다. 이런 비행기 탑승은 어쩔 수 없는 선택이기에 사소한 것이 되고 만다. 다음에 기회가 있다면 좀 더 현명한 선택을 모색해 보아야 하겠다. 다른 항공에 비해 좌석 앞뒤가 비좁은 것 같고, 화장실 등 모든 것이 불편했다. 갈 때는 다른 항공이라 그나마 다행이다. 애틀랜타의 국제공항인 하츠필드(Hartsfield) 공항은 국내선 청사로 가야만 호텔은 물론이고 시내의 목적지로 갈 수 있다. 애틀랜타 공항은 우리의 인천공항과 유사하지만 인천공항은 제2 청사에서도 시내 곳곳을 갈 수 있는 대중교통편이 있다. 하지만 애틀랜타 국제공항 청사에서 내렸으면, 셔틀이나 버스를 타고 반드시 국내선 청사로 가야 한다. 물론 무료지만, 시간을 잡아먹고, 비효율이 난무한다. 결국은 코앞의 숙소까지 가는데, 두 시간 정도 걸렸다. 잔소리 같지만, 애틀랜타로 기착지로 결정한 자유 여행자는 국내선 청사로 가야 한다.

자유 여행 팁 | 자유 여행을 처음 계획하신다면

어느 나라를 여행지로 선택했든, 비자 혹은 여행 허가 제도가 있는지 제일 먼저 검토한다. 미국의 경우 유효기간이 2년인 ESTA 신청해서 허가를 받아야 한다. 21달러가 필요하다. 호주 뉴질랜드도 마찬가지다.

예외가 있기는 하지만, 미국도 한국만큼 안전하다. 가끔 총기사고 뉴스가 있기는 한데, 미국의 인구가 세계 3등(3억 4천만 명)이다.

확실한 통신 수단(인터넷, Data 등)을 가지고 있어야 한다. 국내 모바일 통신사의 로밍을 하거나, 현지 선불 유심을 구입하여 장착한다. 가능하면 동반자와 서로 다른 통신사를 택하기를 권한다. 미국의 경우, AT&T, Verizon, T Mobile 외에 많은 통신사가 있다. 요즘은 아마존 등을 통한 직구도 가능하다.

Google 활용법을 젊은이들에게 배우고 갈 것.

렌터카를 빌리려면 국제운전면허증이 필요하고 발급받았더라도, 반드시 국내 면허증도 소지하고 가야 한다. 국제운전면허증은 경찰서에서도 발급 가능하다.

분명한 목적을 세우면 도움이 된다. 지역이 넓으면 구역을 나누어 계획한다. 미국의 경우, 넓고 큰 나라이니 여행의 스타일을 결정한다. 즉 대륙을 횡단할 것인지, 아니면 특정 지역에 머물며 둘러볼 것인지 결정한다.

넓은 지역 전체를 한 번에 다 둘러보는 자유 여행을 하려면 정도의 차이는 있지만 대략 90일 이하로 조정이 필요하다. 대부분의 지역에서 비자 없는 여행 허가 최대 일수는 90일이다. 이를 초과하려면 비자를 받아야 한다. 그러므로 한꺼번에 전체를 둘러보는 계획보다는 몇 회로 지역을 나누어 계획하는 것도 방법이다.

계획을 작성할 때는 지도를 펴 놓고 그룹핑(Grouping)하며 아이디어를 내는데 도움이 되도록 한다.

미국의 경우 전체 주는 하와이와 알래스카를 포함하여 50개이며, 미국 본토는 48개 주이다. 이 중에 특별한 관계가 없다면 굳이 가야만 하는 지역을 제외하고 나머지는 생략하는 것도 방법이다. 다음의 주들은 공들인 시간이나 비용에 비해 느낌이나, 감흥을 받은 것이 다른 주에 비해 적었다. 다만 대자연의 일부라고 생각하고, 이에 대한 특별한 관심이 있는 경우는 예외이다.

오리건, 워싱턴, 아이다호, 몬태나, 노스타코다, 네브래스카, 미네소타, 위스콘신, 미시간, 아이오와, 캔자스, 미주리, 오클라호마, 아칸소, 미시시피, 앨라배마, 켄터키, 사우스캐롤라이나, 노스캐롤라이나, 인디애나, 오하이오, 버몬트, 뉴햄프셔 등인데 각자 목적에 따라 조정하면 된다.

남부 4개 주
플로리다, 조지아, 사우스캐롤라이나, 노스캐롤라이나

PART 2

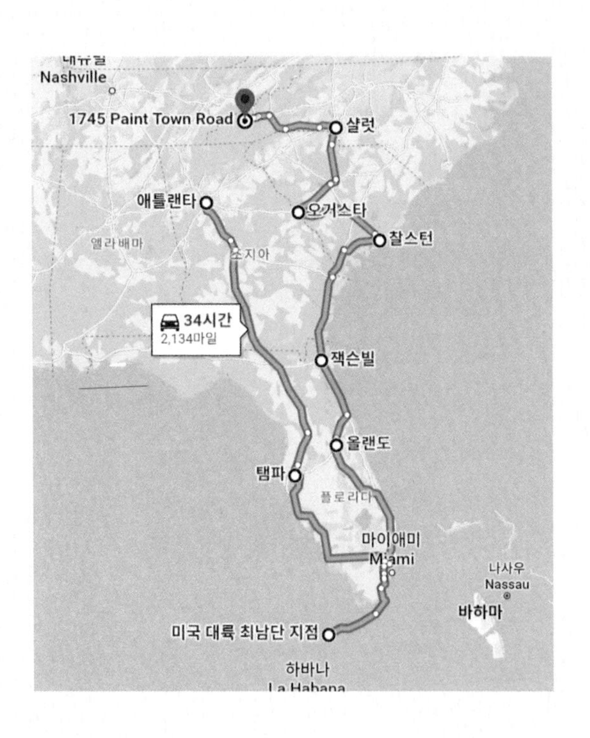
Nashville
1745 Paint Town Road
샬럿
애틀랜타
오거스타
찰스턴
앨라배마
조지아
34시간
2,134마일
잭슨빌
올랜도
탬파
플로리다
마이애미
Miami
나사우
Nassau
바하마
미국 대륙 최남단 지점
하바나

미국은 지상낙원인가

태초에 아담과 이브가 그 좋은 환경에서 무엇을 했을까? 좋은 환경과 풍부한 먹거리를 비롯하여 뭐 하나 부족한 게 없었을 듯한 곳에서 둘이 무엇을 하면서 시간을 보냈을까? 아마 여행하지 않았을까 하는 쓸데없는 상상을 해 보았다. 답은 모르지만 여행하면서 몸의 에너지를 소비하며 삶의 노폐물을 방출하는 균형을 찾지 않았을까 생각해 보았다. 지구의 어복을 차지한 미국, 한동안은 강대국으로 군림하겠지만, 이곳이 인간이 태초에 머물던 땅이 아니었나 하는 생각이 든다. 그만큼 자연환경의 다양성을 누리고 있는 땅이기 때문인데, 오랜 세월 동안 그 혜택을 누리고 있던 아메리칸 인디언을 생각하면, 안쓰러운 생각이 든다. 다양성이 있다는 것은 선택의 폭이 크다는 것이고, 거기에 자유만 보장된다면, 지상의 낙원이다.

오늘은 렌터카를 픽업해야 한다. 어제 애틀랜타 공항에 도착한 시각이 오후 9시였기 때문에 너무 늦은 시각이라서 오늘 차를 픽업할 수밖에 없었다. 한국에서 공유 앱을 통해 닛산의 패스파인더(Pathfinder)를 예약했는데, 차를 제대로 받을 수 있을지 걱정했었다. 렌터카를 공유 앱을 통해서 예약하는 것은 간단하다. 잘 모르면 젊은이들에게 물어보면 된다. 시차 탓인지 아침 3시쯤 잠이 깨어, 다시 누워 자려 했으나 잠이 안 온다. 밤이 연달아 두 번 지내는 영향도 있을 것이고 어제 저녁 식사를 건너뛴 영향도 있을 것이다. 잠이 안 오길래 이른 시간이기는 하지만, 호텔 밖으로 나와 잠깐 산책을 했다. 산책하는 길목에, 마침 맥도날드와 버거킹의 매장이 보이길래 걸어서 요기나 하려고 갔더니, 웬걸 매장은 닫혀 있고, 오직 드라이브 스루(Drive Through)만 가능했다. 그뿐이 아니다. 모두 앱을 이용하여 주문하고 받아 가기만 한다. 햄버거를 사러 갔다가, 닭 쫓던 개 신세가 되고 말았다. 이런 난감한 경우가? 한국에서는 필자가 아니라도 그 누구도 이런 상황에 노출되는 경우가 거의 없었다. 이때의 요령은 담담하게, 굶지 말고 간단히 허기만 달래는 거다. 인근의 주유소에 딸린 매장에서 간단한 식사로 아침을 때웠다. 잠시 휴식을 취한 후, 호텔 프런트에 셔틀 운행 시간을 확인하고, 사전에 예약한 렌터카를 인수하기 위해 공항의 국내선 청사로 가는 시간에 맞춰 셔틀에 탑승했다. 렌터카 회사들은 모두 국내선 청사 인근에 있으므로 국제선 청사로 가면 안 된다. 그런데 셔틀에는 필자 외에는 더 이상 승객이 없길래, 기사에게 바로 렌터카 회사로 바로 갈 것을 부탁하고 약간의 팁을 주었다. 이 운전기사는 겨우 걸음을 걸을 정도의 장애가 있고 또 팔 한쪽을 못 쓴다. 불안했으나 운전은 잘했다. 렌터카 사무실에 도착해서 차량 인수 절차를 밟으려는데, 의외로 비교적 이른 시간인 오전 9시임에도 불구하고 엄청난 수의 사람이 이미 줄을 서 있었다. 너무 많은 사람이 줄을 서 있어서 오늘 중으로 차를 인수할 수 있나 하는 생각마저 들었다. 애틀랜타 공항이 미국의 허브 공항임을 실감하는 순간이다. 다음에 온다면 좀 더 이른 시간에 도착해서 인수해야겠다는 생각이 들었다. 그런데 이 긴 줄을 서서 기다리는 사람들의 표정은 밝기만 하다. 이 사람들은 왜 이렇게 태평할까? 이 사람들의 생활 방식인가 여유인가? 진짜 태평한 것인지, 화가 나지만 참는 건지 알 수가 없다. 아마도 이런 문화에 익숙해져 그런 것 같았다. 이런 것이 나와 다르고 여행을 하려면 먼저 인내심을 기를 수밖에 없구나 하는 생각이 들었다.

렌터카 회사는 멤버십 제도가 있어서, 회원들은 줄 안 서고 우선 처리해 준다. 두 시간 정도 기다려 렌트 수속을 밟았는데 우려한 바대로, 예약한 차종을 받을 수 없었다. 두 시간가량 더 기다려 봤지만, 결국은 포드 익스플로러(Ford Explorer)를 울며 겨자 먹기로 받을 수밖에 없었다. 이번에도 또 그렇구나 하고 체념했다.

인수한 렌터카 Ford Explorer

오늘은 시차 때문인지 정신이 멍하고 하는 일이 자꾸 꼬이기만 하니까, 피곤이 배로 밀려온다. 차를 인수한 후에도 해야 할 일들이 많다. 첫째는 가장 중요한 내비게이션 작동법을 익히는 것이고. 지금 데이터 통신을 사용하지만 서로 유기적으로 블루투스 테더링 기능을 안 한다. 특히 건물에 가려졌을 때는 모바일 핫스팟을 이용한 데이터 인터넷이 잘 작동하지 않는다. 또한 가민(Garmin) 내비게이션 역시 작동이 원활치 않을 것 같다. 어차피 2달 넘게 함께 해야 하니 메뉴얼도 보아 두어야 한다. 그런데 정신이 비몽사몽이라서 일단 맥도날드에서 햄버거 한 개로 점심을 대신하고, 월마트에 갔다. 거기서 생각해 두었던 물건을 샀고, 여행 기간만 이용할 목적으로 자전거도 구입했다. 귀국할 때는 판매하든지, 기부하든지 그건 그 때 사정을 보아 처리하기로 했다.

필자가 자전거를 구입한 목적은 전문적으로 자전거를 타고 장거리를 가거나 산악 스포츠를 즐기려는 것이 아니다. 자전거를 차에 가지고 다니다가, 공원이라든지, 해변 등 산책할 때 보조 수단으로 활용하려는 의도이다.

24인치 산악자전거를 148불에 샀는데, 자전거가 제법 무거웠지만, 간신히 차에 들어가니 다행이다. 26인치 자전거를 사고 싶었는데 안 사길 다행인 것은, 조금만 컸더라면 차에 들어가지 않을 수도 있었다. 앞바퀴를 빼는 것이라면 문제가 없지만, 거의 두 바퀴가 고

마트에서 구입한 24인치 산악 자전거

정형이라 조금만 크면 차 안으로 들어가기 어려울 수 있었다. 바람도 빠져 있고 몇 가지는 손을 보아야 탈 수 있을 것이다. 거의 쓰러질 것 같이 피곤이 몰려왔지만, 한국 식료품 H 마트에 가서 한국식 반찬류 등, 장을 본 후, 겨우 숙소에 도착하여 식사를 마치고 휴식을 할 수 있었다. 그런데 밥을 지을 때 문제점이 발견되었다. 밥이 완성되는 시간이 서울에서보다 약 2.5배인 1시간 반이나 걸렸다. 한국에서 산 여행용 전기밥솥에 문제가 생긴 것이다. 아마도 120볼트와 220볼트 차이에 의한 영향인 듯싶다. 짐 정리를 다시 하고 앞으로 혹시 있을지 모르는 숙박에 대비하여 차량용 매트리스를 차의 트렁크 사이즈에 맞게 설치했다. 숙소에 도착하여 짐을 옮기는데, 중학생 정도로 보이는 소년 둘이 졸졸 따라다니다 다가와 다짜고짜로 내 등산화 어디서 산 거냐고 묻는다. 왜 그랬을까, 궁금했지만 피곤해서 한국서 산 것이라고 이야기하고 와버렸다. 좋아 보였거나 여기 마트에는 없는 특이한 것으로 보였나 보다.

다음 여정은 탐파이지만, 하루에 갈 수 있는 거리가 아니기에 중간중간에 쉬면서 갈 예정이다. 정작 미국 도착 첫 도시가 애틀랜타이기는 하지만, 일단 애틀랜타 투어는 뒤로 미루고 귀국 시, 어차피 이곳으로 와야 하니, 그때 하기로 했다.

이곳에 도착하여 곰곰이 생각해 보았다. 모든 것을 가진 미국은 과연 지상의 낙원과 비슷한 곳이라도 될 수 있는지? 이곳에 도착하여 받은 첫인상으로는 선뜻 긍정적인 대답을 하기는 어렵다고 생각했고, 그것과는 거리가 있는 것처럼 보인다. 하지만 전적으로 부정하기도 쉽지 않아, 일단 보류하기로 했다.

첫 차박 실험

고단했지만 바쁜 것들을 처리하고 났더니, 오늘은 평소 컨디션을 어느 정도 회복하였다. 어제만 해도 몸의 상태가 좋은 상태는 아니었다. 아마도 혼자서 짧은 시간 내에 식사도 거르면서 한꺼번에 많은 일을 처리하느냐 과로했던 탓인 것으로 보인다. 마치 당 떨어진 것처럼 식은땀도 나고 우왕좌왕했었다. 아침에 숙소에서 제공하는 미국식 조식에, 커피를 마시고, 한식으로도 식사해서 원기 회복에 많은 도움이 되었다. 출발 전에 도중의 점심에 대한 대책 마련은 물론 커피와 기타 스낵류도 준비했고, 자전거 헬멧과 기타 안전용품도 챙겨 두었다. 점심은 가는 도중 시장할 때마다 그때그때 도로변 패스트푸드점들을 이용하기로 했다. 이동하는 중간에 티프턴(Tifton)이라는 작은 도시에 있는 마트에 들러 바로 조리된 음식 등 여러 가지 식품을 사기 쉬워, 영양상 균형 있는 식사를 하는 데는 어려움이 없었다.

출발 전에는 잘 몰랐지만, 오늘 낯선 차를 인수해서 새 차를 운전하며 긴장했고, 복잡한 시내를 빠져나오면서 새로운 도로 여건 등 주변 운전 환경에 적응하느냐 피로도가 높은 것 같다. 운전하는 동안에는 주변 경관을 즐기는 것이 즐거움이지만 쉽지 않았고 운전에만 집중하려 했기에 피곤함마저 몰려왔다. 애틀랜타에서 출발하여 탬파로 가는 I-75 번 고속도로로 남쪽으로 가는 시간이 경과함에 따라 주변의 경관들이 점점 눈에 들어오기 시작했고, 호흡도 느려졌다. 중간에 맥도날드가 있는 주차장에서 휴식을 취하고 점심도 먹고, 장거리 운전에 대비하며, 자전거 시 운전도 해 보았다. 자전거에 내비게이션 거치대를 설치하고, 타이어 공기압을 체크하여 손 펌프로 55Psi로 맞추어 놓았다. 안장 높이를 맞추고 브레이크도 점검하고 나니, 시간이 많이 지났다.

동행인 없이 혼자 자유 여행을 하려니 불편한 것들이 하나둘 튀어나오기 시작했다. 첫 번째는 무슨 일을 하든지 병렬로 동시에 처리하던 일들을 혼자서 순서대로 차례차례 하려니, 시간이 두 배 걸렸고, 혼자서 다 처리하자니 피곤했다. 아내와 같이 여행했을 때는 아내의 도움이 그렇게 큰 줄을 몰랐었다. 또한 이동 중에 졸음이 올 때마다 운전해 주던 아내의 도움은 시간을 효율적으로 사용하는 결정적인 요인이었던 것을 이제야 알게 되었다. 아내가 운전할 때 인터넷으로 여러 가지 정보를 실시간으로 검색했었는데, 혼자라서 그것도 불가했다. 그러나 좋은 점은 혼자 계획하고, 누구의 동의 없이 계획한 대로 할 수 있다는 것뿐이다. 사실 누구와 감정을 꺼내 놓고 의견의 일치를 보는 것은 쉽지 않은 일이고, 계획 단계부터 상대의 눈치를 보아야 하는 불편함이 있다. 여행에서 일상으로 벌어지는 먹고, 자고, 쉬고, 출발, 잠자리 정하는 일 등등은 결정할 때 다소 눈치 보고, 상대의 의견을 물어 합의를 보는 절차를 따라야 한다. 이런 것들을 온통 혼자만의 생각대로 할 수 있으니, 이것이 바로 자유인가 보다. 심지어 차박은 상대가 있을 때, 신중한 결정이 필요하지만, 혼자서 여행할 때는 나만의 타당성만 있다면 문제 될 것이 없다. 그런 결정을 할 때 받는 스트레스는 거의 없고, 긴장되지도 않는다.

미국에서의 공인된 장소에서 하는 차박은 호주에서의 차박과 비교할 수 없을 만큼 안전하다. 일반적으로 미국의 두 자릿수 Interstate 고속도로에는 상업시설이 없는 휴게소가 있는데, 잘 갖춰진 화장실과, 벤치와 탁자, 그리고 자유롭게 밤샘 주차도 가능하고, 보안요원이 상주하는 곳도 있다. 예를 들면, I-75, I-35, I-40, I-26 등등이다. 사실 차박을 할 수 있는 필수 조건은 화장실 사용 가능성 유무이다. 다른 것들은 대체할 수 있지만 화장실 문제는 특별한 조치가 없다면 해결하기 어렵다. 고속도로상의 휴게소는(Rest Area) 청결하고, 깔끔하며, 24시간 오픈하는 화장실은 냉난방 시설이 기본이고, 호주에서처럼 사람들을 괴롭히던 파리의 공격도 없다.

I-75 애틀랜타와 탬파 고속도로상의 휴게소 전경

장기 여행에서 가장 큰 일거리는 일정에 따른 숙소 예약이다. 만일 숙소가 여의치 않을 때 차박을 할 수 있다는 선택권이 있으면, 그만큼 스트레스가 적으니 혼자라서 부담이 없고, 차박은 예약이 필요 없으니 빨리 달리거나 시간에 쫓길 이유도 없다. 자연히 이런저런 마음 씀씀이가 없으니 편안해진다. 반면에 심심하고 좋은 것을 공유해 가며, 즐거움이 두 배로 커지는 기쁨을 맛보지는 못한다. 결론적으로 오늘은 애틀랜타에서 탬파로 가는 I-75 고속도로의 티프톤(Tifton) 인근의 휴게소에서 차박을 하기로 결정했다. 애틀랜타에서 탬파까지는 약 790 Km 정도이고, 고속도로로 가도 8시간 정도 걸린다. 그러므로 여정상 하루를 중간에 쉬어 가는 것이 바람직하다. 내일은 세인트피터스버그(St. Petersburg)에 있는 숙소에 3박을 예약했는데 I-75 번 고속도로상의 휴게소(Rest Area)에서 4시간 소요되니 내일도 여유는 있는 셈이다. 레녹스(Lenox) 인근의 휴게소(Rest Area)에서 하루 쉬고 내일은 I-75번 고속도로를 타고 가다가 탬파 북쪽에서 275번 고속도로로 갈아타고 가게 될 것 같다.

하루 종일 이동하다 저녁때가 되어 차박할 휴게소에 도착하여, 준비해 간 것으로 한식 조리해서 편한 마음으로 식사를 마쳤다.

25년 만에 다시 찾은 탬파와 세인트피터즈버그

차박은 생각보다 편안했고, 숙면을 취한 것처럼 잘 잤다. 렌터카를 인수하고, 마트에 가서 매트리스와 베개 등 침구 일체를 구입해 차박에 대비한 덕분이다. 또한 집에서 출발할 때 차량용 밥솥과 버너 코펠 등의 장비 일체를 가져왔고, 반찬류와 비상식량은 현지 마트에서 사 준비하였기에 숙소에서 하룻밤 쉰 것보다 깔끔하고 산뜻했다. 아침에 비가 오는 소리가 들리기도 했는데 6시쯤 일어나 간단하게 H 마트에서 산 반찬을 곁들여 아침 식사를 했다. I-75 번 고속도로로 계속 달리면 4시간 반이면 St. Petersburg에 있는 예약한 숙소에 도착한다. 사실 하루를 차박을 한 덕분에 여정에 여유가 생기니 서두를 일이 적어졌다. 서두르지 않는다면 과속할 가능성도 줄어들기에 여행하면서 안정감이 더해진다. 어디나 다 마찬가지지만, 미국에서 여행자가 법을 어기는 일은 교통 규칙 위반이고 관용은 없다고 보아야 한다. 대부분 과속과 신호위반인데 요즘은 기술의 발달로 반자율주행 모드에서 최고속도를 설정하고, 본인이 의도적인 시도만 하지 않는다면, 과속할 가능성은 작다. 4~5년 전만 해도 본인이 의도하지 않더라도 간혹 딴생각하며 운전하면 속도 위반하는 경우가 종종 있었다. 교통 규칙을 위반했을 때 범칙금 티켓을 받는데, 범칙금은 수표로 납부해야 한다. 아니면, 법원에 가서 판결받고 해결해야 하는데, 떠나야 하고 언제 올지 모르는 여행자에게는 정말 큰 문제가 아닐 수 없다. 그러니 요즘 차에는 보통 자율주행 기능이 있으므로, 크루즈(Cruise) 기능을 익혀 두면 과속하는 일도 없게 되고, 규정 속도를 지켜가며 세상 편하게 운전할 수 있다. 그게 진정한 여행 아니겠는가?

조지아주에서 플로리다주로 넘어가는 주 경계는 마치 유럽에서의 국가 간의 국경을 넘어가는 분위기를 느끼게 한다. 도로 옆에 있는 공지 목적의 입간판들이 하나같이 플로리다주에서의 기본적인 법규 고지 내용이고, 화물차의 경우는 제약이 더 있는 듯하다. 아마도 화물의 내용인 것으로 보인다.

플로리다로 내려가는 I-75 고속도로에서는 드라이브하면서 주변의 경치 감상을 제대로 하기가 힘들다. 그 이유는 도로 자체가 주변의 지반에 비해 높지 않고, 주변에 조성된 숲의 나무들이 운전자의 시야를 제한하기 때문이다. 자칫 장거리 운전을 하다 보면 단조로운 주변 경치 때문에 졸음이 올 수 있다. 여기의 고속도로도 졸음운전에 대한 사고 위험 경고 입간판들이 꽤 있다. 졸리면 쉬었다 가라는 것인데 우리처럼 졸음 쉼터가 있는 것이 아니고, 고속도로 나들목으로 나가야 한다. 그러니까 휴식하려면 우리나라처럼 고속도로 내의 휴게소가 아닌 나들목으로 나가 신호를 받고 좌 혹은 우회전을 한 후 주유소라든지 음식점 같은 시설에서 휴식을 취해야 한다. 조그만 차이가 꽤 불편을 느끼게 한다.

플로리다주의 북서쪽에 위치한 탬파와 세인트피터스버그(St. Petersburg), 그리고 클리어워터(Clearwater) 지역은 이번 여행의 실질적인 첫 번째 여행지이다. 지금까지는 긴 여행에 대비한 준비와 이동하는 시간, 그리고 현지에 적응하기 위한 실험 기간이라 생각할 수 있다. 이 지역은 필자가 아내와 함께 25년 전에 여행했던 곳으로, 당시 아내는 깨끗하고 잘 정돈된 도시의 전경, 사람들의 여유로움과 잘 가꾸어진 정원들을 둘러보면서 '이런 곳에서 살고 싶다'고 했던 곳이다. 실제로 이곳은 공기도 맑아 투명체를 통해 눈앞의 전경을 보는 듯한 느낌이고, 바닷속이 훤히 들여다보여, 개인 요트를 정박한 피어(Pier)에서 물속을 보면 팔뚝만 한 물고기들이 유유히 다니는 모습이 한가로워 보인다. 북쪽에서 숙소가 있는 St. Petersburg로 가기 위해서는 탬파 시내를 관통해야 하는데, Old Tampa Bay를 돌아서 가지 않으려면, I-275 고속도로로 가야 한다. 이때 약 9.3km에 달하는 Howard Frankland Bridge를 통해서, 탬파 베이(Old Tampa Bay) 바다를 건너야 한다. 다리가 긴 편이라서, 다리 입구에 '연료가 충분히 있는지 체크하라'는 표지가 있다. 탬파, 세인트 피터스버그와 클리어워터(Clear Water) 지역은 하나의 광역 도시권역을 형성하고 있어, 미국에서 인구의 밀집도가 높은 지역 중 하나다. 이 지역은 내해인 탬파 베이(Tampa Bay)를 팔 안으로 끌어안는 형태로 세 지역이 감싸고 있으며, 외해는 카리브해의 안쪽 멕시코만과 연결되어 있다.

같은 플로리다주에 있는 올랜도가 테마파크인 월트 디즈니 월드(Walt Disney World)로 유명하다면 탬파에는 레고 랜드(Lego Land)가 있다. 필자는 아이를 동반하지 않았으니 레고 랜드는 그냥 지나갔다.

클리어워터(Clearwater)의 서쪽으로는 남북으로 길게 이어진 산호섬들로 클리어워터 비치(Clearwater Beach), 벨에어 비치(Belleair Beach) 등이 샌드키(Sand Key) 공원을 거쳐 칼라데시 아일랜드 주립공원(Caladesi Island State Park)까지 연결되어 있다. 건너편에는 586번 도로 서쪽 끝을 지나 Dunedin Causeway를 통해 갈 수 있는 허니문 아일랜드 주립공원(Honeymoon Island State Park)이 있다.

아무리 플로리다라 하더라도 아직은 4월이라 덥지는 않을 줄 알았다. 차로 남쪽으로 계속 내려오면서 플로리다에 가까워질수록 습도가 있는 대기의 냄새가 달라짐을 감지할 수 있었다. 뭔가 미지근하고 바다 내음 같은 것인데 글로 표현하기 묘한 향이다.

세인트피터즈버그에서의 첫 자전거 투어

숙소에서 하루를 쉬고 나니 더욱 여유가 생겼다. 세인트피터즈버그(St. Petersburg) 쪽으로 자전거로 가려고 이른 아침부터 자전거를 꺼내어 여러 가지 점검을 한 후 일단 출발했다. 목표를 세인트피터스버그의 데멘스 랜딩공원(Demens Landing Park)으로 했다. 원래 그곳까지 갔다가 다시 점심에 맞추어 숙소 근처로 돌아오는 계획이었으나 여러 가지 이유로 계획대로 하지는 못했다. 숙소에서 나와 686번 도로를 남쪽으로 달리다 92번 고속도로를 만나면, 고가 밑으로, 세인트피터스버그의 92번, 687번, 4번가 사우스와 공통인 도로의 남쪽으로 계속 달린다. 약 1시간가량 계속 달리다가 피넬라스 트레일(Pinellas Trail)을 만나면 좌회전한 후 자전거로 4분만 가면 도착한다. 숙소에서 거리가 22km이니, 왕복으로 44㎞를 쉬지 않고 달린다고 하면 세 시간 반 만에 돌아올 수 있다고 예상했다. 그런데 현실은 그렇게 하기 어려웠다. 일단 자전거 성능 때문에 시간이 상당히 더 걸리고, 힘도 두 배나 더 소모되었다. 물론 평소 집에서 타던 자전거에 비해 성능 차이가 있을 줄은 알았지만, 예상보다 더 차이가 났다. 그러나 어쩔 수 없는 일이다. 그럼에도 기왕에 저질러진 일인데, 어차피 넘어야 할 산이기에 공원을 목표로 도로를 타고 페달을 밟았다. 당연히 실제로 시간은 예정보다 훨씬 더 넘게 걸렸다. 이유는 성능도 성능이지만, 자전거를 타보니 여러 가지 튜닝해야 할 것들이 이것저것 많이 튀어나왔다. 안장과 커버 그리고 브레이크 손잡이 각도, 자전거 내비게이션 부착 등이다. 게다가 엉덩이 통증을 완화하기 위해 한국서 가져온 안장 커버가 자전거 안장에 잘 맞지 않고 벗겨져서 고정하는 데도 시간을 많이 썼다. 그 외에도 한국서 가져온 헬멧 턱끈이 느슨해져서 조여야 했고, 일체형 고글이 눈과 잘 맞지 않아 분해해서 처음부터 다시 조립하였다. 내비게이션 부착 커버의 경우, 난반사 방지와 유격이 있는지 돌지 않도록 단단히 고정해야 하고, 부착 위치 또한 자전거 탔을 때 쉽게 볼 수 있는 방향으로 조정과 조임을 반복했다. 그러다 보니 힘 소모가 많았고 시간이 많이 경과했다. 더욱이 4월이라도 플로리다 낮 기온은 35도를 기록하며 무더웠다.

어렵게 땀을 흘리며 공원 한복판에 도착하여 주변을 둘러보니, 그래도 고생한 보람은 있었다. 물가에서는 탬파만이 한눈에 보이고, 시원한 바람이 불어 힘들게 자전거 타고 오면서 흘린 땀을 날려주니 가슴까지 시원했다. 오는 길에서는 덥고 힘이 들어 주변을 즐기지는 못했다. 마리나(Marina) 설비와 피어(Pier), 요트 계류장에는 흰색의 요트들이 돛을 내리고 나란히 줄 서 있어 눈을 시원하게 해주었는데, 바닷가에 오면 왠지 익숙한 풍경이다. 간간이 있는 벤치에는 열대 나무들이 시원한 그늘을 내려준다. 공원은 시민들이 휴식할 수 있도록 깨끗하게 정리되어 있고, 차를 공원 안쪽에 주차할 수 있게 되어, 공원을 방문하는 사람들이 쉽고 편리하게 이용할 수 있도록 하였다.

공원 지형은 멕시코만 안쪽의 탬파 만에 반도처럼 불쑥 솟아 있고, 아직 오전이라 바닷바람이 시원했다.

숙소 방향으로 돌아오는 길목의 Carillion 공원

숙소로 돌아오는 길은 한낮임에도 불구하고 갈 때 비해 덜 부담이 되었다. 왔던 길을 가는 여정이라 앞쪽의 불확실한 것들이 없어서인지, 주변의 주택과, 정원, 사람들의 일상들이 눈에 들어왔다.

자전거 타기를 마친 후, 덥기도 하고 너무 힘에 부쳐, 오늘은 먼 거리 이동 시에 더 이상 자전거를 이용하지 않기로 했다. 간단히 숙소에서 휴식을 취한 후 차를 가지고 베이쇼어 대로 인근의 밸러스트 포인트 공원(Ballast Point Park)과 탬파 다운타운과 가까운 데이비스 아일랜드 비치(Davis Islands Beach)를 차례로 들렀다. 밸러스트 포인트 공원에서는 늦은 오후임에도 햇빛이 어찌나 강하고 따가운지 모자 없이는 걸어 다니기도 힘들 정도였다. 한국에서 출발할 때 하나 가져오기는 했지만, 모자의 중요성 때문에 숙소에 갈 때 마트 들러 여분의 모자를 하나 사기로 했다. 공원에는 낚시를 좋아하는 시민들을 위해 낚시할 수 있는 편의 시설로 다리 같은 낚시용 부두

Ballast Point Park의 Fishing Peer에서 바라본 탬파 다운타운

(Fishing Pier)를 설치해 놓았다. 자연히 낚시하는 사람들이 많이 보이고, 데크 위로는 산책 나온 사람들이 낚시하는 사람들을 구경한다.

고기를 낚는 낚시꾼 주변에는 구경꾼들이 모여드는 것은 어디서나 똑같다. 사진을 찍고 있을 때, 낚시하던 한 남자가 어디서 왔냐고 말을 붙인다. 한국이라 했더니 딸이 비티에스(BTS) 좋아한다고 하며 웃는다. 참으로 방탄소년단은 유명하기도 하다. 바닷물이 깨끗하여 물속 물고기들의 모습이 훤히 다 보인다. 고기떼가 있길래 손가락으로 가리켰더니. 그 고기들은 미끼를 잘 안 무는 고기라고 한다. 물고기 중에도 지능이 높은 고기도 있나 보다. 인간이 보낸 미끼를 안 물다니! 요즘 어렵게 모은 돈들을 피싱 조직에 빼앗기는 사람들이 있다는데 고기에게 한 수 배워야 할 것 같다. 고기를 왜 잡느냐고 물었더니, 먹으려고 잡는다는 대답에, 물어본 필자가 머쓱했다. 추가 설명으로 아내가 일본인인데 생선을 좋아한다고 한다. 이해가 조금 갔다. 그러다 뜬금없이 밤에는 낚시하기 좋아진다고 한다. 낮은 덥지만 밤에는 지내기 좋다는 말로 이해했다. 긴 피어(Pier)를 잠깐 모자 없이 걸었는데 얼굴의 색이 빨갛게 변했다. 피어가 끝나는 지점에서 누군가 빨간색 모자를 흘리고 갔다. 모자를 사려고 가면서 문득, 자전거 거치대를 사서 자전거를 차밖에 걸고 다니면 어떨까 생각해 봤는데, 번쩍 아주 좋은 생각이라는 결론을 냈다. 어제 하루 차에서 지내봤는데 차 안에 자전거가 있으니 차 안이 약간 자유롭지 못했다. 자전거가 차 안에 없다면 차 내부의 환경이 획기적으로 개선될 것 같았다. 문제는 차에 맞는 적절한 가격의 거치대(Rack)를 어디서 어떻게 구하느냐가 관건이다. 검색해 보니 좋은 것들이 보이기는 하는데 하나같이 온라인 구매라서 나 같은 여행자에겐 배달지가 없으니 그림의 떡이다. 나중에 깨달은 것이지만, 숙소를 예약한 후 숙소를 배달지로 하면, 여행자들도 온라인 구매가 가능하다. 숙소에서는 배송된 물건을 보관하고 있다가, 고객에게 전달한다. 당시에는 그걸 몰랐다. 그래서 일반 오프라인 매장(Offline Shop)에서는 팔지 않고, 오프라인 매장은 오직 Walmart에서만 파는 걸로 나와 있는데, 문제는 자전거 1대 혹은 2대용 거치대는 매진되어 있고, 필자에게는 불필요하고 가격도 비싼 4대용 거치대는 재고가 많이 남아 있었다. 포기하는 심정으로, 조금 멀리 떨어진 지점까지 검색해 보았더니, 2개의 지점에 재고가 있는 것으로 나타나, 밤 운전 안 하는 금기를 깨고 갔더니, 두 곳 모두 재고가 없고, 재고 관리상의 에러였다. 맥 빠져 10시 넘어 숙소에 와서 여러 궁리를 했다, 검색 지역을 넓혀 탬파 지역 전체를 보니 3곳의 지점에 있는 걸로 나온다. 월마트는 6시에 영업 시작, 11시 영업 종료라 내일 아침 일찍 세 지점을 방문해 보기로 하고 잠을 청했다. 어제부터 감기 증세가 있다. 가래로 기침이 나고 목도 아프다. 여기 도착해서 여러 가지 여유 없이 여행 준비 현장 세팅하느라 피곤했던 것 같다. 다행스럽게도 평소에도 감기약을 잘 안 먹으니. 특별히 감기로 인해 일정상 변경할 것은 없다.

자유 여행 팁 | 구글맵은 여행자의 필수 동반자

누구의 도움 없이 자유로이 해외여행을 하고자 한다면, 휴대 전화에서 구글맵 사용법을 잘 알면 한결 수월하다.

사실 구글맵 사용법은 젊은이들에게는 특별한 것도 아니다. 단지 컴퓨터나, 휴대 전화의 제한된 기능만을 사용하는 분들에게 필요한 조언이다. 나이가 드신 분 중에는 젊은이 못지않게 능수 능란하게 휴대전화를 다루시는 분도 있지만, 그렇지 못한 분도 있다. 그런 분들은 젊은 분들 특히 자녀나 잘 아는 분께 배워 보면 어떨까? 필자는 자유 여행 초기에 휴대 전화는 물론이요, 몇 년 전에는 고가의 초소형 노트북을 가지고 다녔으나, 휴대 전화의 기능이 다양해지고부터는 노트북은 이래저래 짐만 될 뿐, 사용해야 하는 당위성을 찾을 수 없어서 이제는 휴대하지 않는다.

여행자는 여러 가지 인터넷 포털 검색을 통해 필요한 정보를 얻는다. 그러나 구글맵을 활용하면 굳이 인터넷에 접속하여 검색을 하지 않더라도 정보를 얻을 수 있다. 그 정보란 여행자에게 필요한 모든 정보라고 해도 과장된 것은 아니다. 인터넷이라 하지 않고, 굳이 구글맵이라고 한 것은, 여행자에게 필요한 기본적인 정보를 인터넷 검색을 최소화한, 맵을 통하여 포탈에 있는 정보들을 얻을 수 있기 때문이다. 구글맵에는 많은 정보가 있지만 여행자들이 많이 쓰는 기능에 관해서만 설명해 보겠다.

구글은 엄청난 양의 정보를 가지고 있다고 보기 때문에, 필자는 평소에 '구글이 세상을 지배할 것'이란 말을 가끔 가족들에게 했었다. 삼국지에서 제갈량의 신출귀몰한 전략은 사전에 수집된 정보가 아니고서는 불가능했을 것이다. 정보수집과 이를 활용하는 것의 중요성은 예나 지금이나 굳이 설명할 필요는 없겠다. 한 가지 아쉬운 것은 구글맵이 국내의 영토에 대해서는 완벽하게 작동하지 않는다. 이유는 국내법상 국내의 지도 관련 데이터를 반출할 수 없기 때문이다. 이에 대한 반작용으로 국내의 네이버 지도, 티맵, 카카오맵 등이 국내 이용자에게 여전히 사랑받고 있다. 이해해야 할 것은, 구글맵이 국내 영토에 적용하는 것이 완벽하지 않다는 것이지, 국내에서 사용할 수 없다는 것이 아니니 이점 잘 이해하시기 바란다. 다시 말하면, 국내의 실생활에서는 사용하지 않아도, 국내에서 구글맵을 금지한 나라가 아닌 이상 사전에 모든 나라의 여행 정보를 얻을 수 있다. 그러므로 구글맵의 사용법에 생소한 분들은 집에서 수시로 연습하든지, 혹은 실제 필요성에 의한 적용 등, 구글맵을 통한 정보수집 능력을 높여야 한다.

구글맵이 작동 안 하는 나라는, 중국, 러시아, 북한, 이란, 시리아, 쿠바 등 대부분이 미국과 대척 관계에 있는 나라들이다. 혹시나 이런 국가들을 여행하고자 한다면 우리나라의 네이버 맵처럼, 그 나라 고유의 맵을 활용하는 것이 좋다.

다음은 그들 국가에서의 구글맵을 대체할 수 있는 매핑 플랫폼 서비스이다.

국가	대안	비고
중국	바이두맵(Baidu), AutoNavi	
러시아	Yandex Maps	
베트남	Maps4D	
쿠바	Maps.me	
이란	Neshan Maps	
공통	OpenStreetMap, Sygic Maps	

만약 이러한 나라들을 여행할 계획이 있다면 사전에 이들에 대한 애플리케이션을 내려받아 설치하고, 사용법을 숙지하여 현지에서 곤란을 겪는 일은 없어야 한다. 이 외에도 분쟁지역이나 시리아, 북한 등의 국가에서도 역시 불가능하다. 또한 생각보다 많은 국가에서 구글의 주요 기능인 스트리트뷰를 기능을 금지한 경우가 있는데, 예를 들면 독일 같은 나라인데, 이는 사생활의 침해 가능성 때문이다.

그렇다면 여행자에게 필요한(다른 것들도 많지만) 구글맵의 기능들은 무엇이 있으며, 내용은 무엇인지 살펴보자.

1. 위치기반 모든 내비게이션 기능(많은 부분 국내 포탈에서도 제공함)

1.1 모든 교통수단에 대한 정보 제공(자가용, 자전거, 도보, 대중교통: 철도, 버스, 지하철, 택시, 선박, 트램 등 모든 정보 제시

1.2 목적지까지의 경로 제공, 대안 경로 제공(대안 제시), 옵션 선택 기능(유로도로, 무료도로, 고속도로, 일반도로, 최단 거리, 최소 시간 등)

1.3 대안별 소요 시간 제공

1.4 현재가 아닌 미래 시간 정보도 제공

1.5 현 위치가 아닌 특정 위치에서의 목적지까지의 정보 제공

1.6 인터넷 불통 지역 대비 오프라인 지도 설정 기능 제공(실시간 정보는 아님)

2. 숙박 시설에 대한 상세 정보

2.1 관심 지역의 위치별 숙박 시설 정보 제공

2.2 숙박 시설 공유 애플리케이션 간의 가격 비교표 제공

2.3 숙박 가능 여부 실시간 제공

2.4 숙박시설별 이용자 후기 평가 점수제공

3. 특정 지역에 대한 다양한 정보 제공

3.1 필요한 정보의 해당 각종 인터넷 사이트와 쉽게 연결

3.2 공연장, 박물관, 미술관, 음식점, 쇼핑 센터 등 정보 및 쉽게 예매할 수 있도록 해당 사이트 바로 연결

3.3 관심 지역의 거리 모습(스트리트 뷰)

3.4 해당 지역 유명 관광지 소개 및 방문자 관련 후기 쉽게 접근 가능

3.5 관심 장소에 대한 영업시간 등 여행자들에게 필요한 정보 제공(예: 지금 출발하면 종료 30분 전 등등)

3.6 관심 관광 상품의 패키지 혹은 가이드 전문 사이트 연결

3.7 관심 지역의 역사, 문화 등의 연결사이트 제공

이처럼 구글맵 통하여 여행자에게 필요한 거의 모든 정보를 얻을 수 있다. 내비게이션 기능, 시설물 정보, 여행자에게 중요한 숙소 정보, 쇼핑몰의 영업시간, 관광지, 패키지 업체와 가이드 업체, 예매가 필요한 경우 구매가 가능하도록 알선하는 등 구글맵이 없으면 여행이 불가능할 정도이다.

한 가지 아직 우리나라 영토에 대한 구글 지도 정보를 사용하지 않으니, 사용법 숙지 기회가 없어서, 자유 여행을 꿈꾸는 사람들에게는 좋은 일은 아니다.

또한 구글맵이 강력한 것은 혹시 인터넷이 안 되는 지역에 오프라인 지도 생성 기능을 이용하여 내비게이션을 사용할 수 있다는 장점이 있다. 오프라인 지도 생성은 가능하면 국내의 WIFI 환경하에서 여유를 갖고 하면 도움이 된다. 내비게이션 기능을 사용할 때, 인터넷이 안 되는 지역에 진입하면, 특별한 조치를 하지 않아도 오프라인 지도로 전환한다. 그리고 1개 지역이 끝나면 다음 지역으로 자동 전환된다.

구글맵으로 내비게이션으로 활용하려면 당연한 것이지만, 단순히 휴대 전화를 거치대에 장착하고 휴대 전화 화면에 디스플레이 된 것을 따르는 것이다. 이 방법을 사용하려면 휴대 전화 거치대를 준비하면 도움이 된다. 두 번째는, 미러링 기능을 이용

하여, 유무선 폰 프로젝션(블루투스 이용)을 통하여 차량의 모니터에 내비게이션을 디스플레이 하는 방법이다. 이 경우 해당 차량이 이를 지원하는 기능이 있어야 한다. 즉 모든 차량이 다 가능한 것은 아니며, 아이폰의 경우는 애플 카플레이(CarPlay), 구글의 경우 안드로이드 오토(Android Auto)이다. 국내에서는 구글맵을 사용할 수 없으나 티맵 혹은 카카오맵이 가능한 차량이 있다. 좀 더 효과적으로 하려면 본인이 사용하는 전화기 대신 공전화기를 활용하면 연결할 때마다 연결/해지하는 귀찮은 일을 줄일 수 있다. 공전화기는 자체 인터넷 기능이 없으므로 주전화기의 모바일 핫스팟 기능을 활성화해야 한다. 요즘은 무선도 가능하지만, 유선으로 할 경우는 차량과 전화기를 연결해 주는 연결 케이블이 필요하다. 케이블은 휴대 전화 충전케이블을 이용하는데, 연결 포트의 형태가 A to C 혹은 C to C 두 개 모두 준비하면 좋다. 이 케이블은 민감하므로 에러가 나거나, 디스플레이가 안 되는 경우 대부분이 케이블이 원인인 경우가 많다. 또한 전화기의 충전 포트에서도 에러가 종종 나는데, 그 이유는 자세히 알 수가 없다. 즉 같은 모델의 하나의 휴대폰은 충전은 되는데 안드로이드 오토는 구현되지 않는 경우가 있다. 또한 연결 케이블이 너무 길거나, 저급한 것을 사용하면 에러가 날 수도 있다.

탬파를 떠나 남쪽으로

아침 일찍 일어나 체크아웃(Checkout) 준비하고, 자기 전에 온라인상에서 검색 결과 재고가 있는 것으로 나타나 있는 탬파의 매장으로, 자전거 거치대를 사러 갈 준비를 했다. 만약에 거기의 세 군데 모두 없다면 자전거 전문 Shop을 가보려고 했는데, 첫 두 지점을 갔더니 없어서 맥이 풀렸다. 그리고 마지막 세 번째 지점에 갔는데 눈이 번쩍 뜨이고 반가웠다. 마트 한군데 이동하려면 1시간 정도인데 그러기를 반복하면서 맥 빠지는 순간 마지막 마트에서 발견한 것이다. 직원이 좋아하는 필자의 표정을 보더니 뭐 좋은 일 있냐고 묻는다. 그간 일을 대충 설명하고 너희 마트 좋은 곳이라고 치켜세우고 나왔다. 결국 마트들을 왔다 갔다 하는 것이 탬파를 동-서, 남-북으로 횡단한 모양새가 되었다. 물건값을 계산하고 포장을 뜯으려는 순간, 아차! 박스에 있는 설명서에 설치 가능 차종과 불가능 차종 목록이 있는데, 포드 익스플로러는 98~2010년형은 가능하지만, 11~20까지는 불가능으로 표시되어 있었다. 필자의 렌터카는 22년형인데, 이후 것은 언급이 없었다. 혹시나 만일에 사태에 대비해서 쓰레기통에 반으로 찢어버린 영수증을 회수하고, 설치하기 위해서 꼼꼼히 설치 매뉴얼을 보았다. 설치가 가능할 것 같아 마트 주차장에서 펼쳐 놓고 공구 없이 설치를 시도했는데, 천만다행으로 설치가 가능했다. 거치대 설치를 완료하고, 차 안에 있던 자전거를 꺼내

거치하니 속이 후련했다.

거치대를 설치하고 나니 피곤이 몰려와서 잠시 쉬었다가 어제 자전거로 둘러보기로 했지만 피곤하여 미루었던 탬파 시내와 베이쇼어 대로(Bayshore Blvd)로 향했다. 이 길은 시내와 가깝고 세계에서 제일 긴 보도라는 약 8km의 유명한 길이며, 필자는 차를 주차하고 자전거길로 왕복 16km 자전거를 타기로 했다. 베이쇼어 대로는 탬파만 안쪽의 힐즈버러 만(Hillsborough Bay)을 끌어안듯 감싸면서 탬파의 다운타운 쪽으로 향해 있다. 해변으로 넓게 조성된 길은, 주변의 건물들과 탬파시의 스카이라인, 다리와 바다의 풍경이 시원하게 뚫려 있어 길을 따라 산책이나, 조깅, 자전거 타기도 제격이다. 베이쇼어 대로는 Platt St. Bridge 앞에서 끝나면서 탬파의 다운타운이 시작된다. 어쩌다 속이 답답함을 느끼는 사람은 한 번쯤 와서 천천히 걸어 보는 것도 좋을 것이다. 물론 사정이 허락할 때에 한해서다.

차량 거치대에 올려진 자전거와 피터 O. 나이트 공항

베이쇼어 대로(Bayshore Blvd)가 거의 끝나는 지점에서 힐즈버러 만(Hillsborough Bay) 쪽, 삼각형으로 돌출된 데이비스 아일랜드(Davis Islands)의 남쪽 끝에 가 보았다. 바다가 시원하게 열려 있고 규모가 작지 않은 경비

행기 공항인 피터 O. 나이트(Peter O. Knight) 공항이 보인다. 공항을 통해서 본 탬파 다운타운이 인상적이다.

탬파 지역을 뒤로 하고 자전거를 다시 차에 싣고서 클리어워터 비치(Clearwater Beach) 방향으로 차를 몰았다.

산호초(Coral barriers Reef)들로 이어진 벨에어 비치(Belleair Beach)와 클리어워터 비치(Clearwater Beach)는 아름다운 해변으로 이름나 있고, 필자처럼 단기로 방문하는 관광객뿐 아니라 이 지역 사람들과 휴가차 가족과 함께 사람들이 즐겨 찾는 휴양지이다. 필자는 일정 때문에 이곳에서 여유롭게 숙박하지는 않았지만 궁금하여 이곳을 떠나기 전에 들러 보았다.

클리어워터 비치(Clearwater Beach)로 가려면 동쪽에서 코트 스트리트(Court St.)를 따라 서쪽으로 직진하다가 클리어워터 메모리얼 코즈웨이(Clearwater Memorial Causeway) 길에 있는 코즈웨이 바이웨이(Causeway Byway) 다리를 건너 끝까지 가면 된다. 끝에 있는 회전교차로의 좌측으로 바로 주차장이 보여 이곳에 주차하고 비치 산책을 했다. 역시 명성대로 많은 리조트와 호텔, 별장이 줄지어 들어서 있고, 해변의 모래는 희다 못해 눈이 부시다. 가지런히 줄지어 있는 야자수 들은 이곳이 남국 낙원의 상징인 듯했다. 그냥 가기 섭섭하고, 그렇다고 수영복 갈아입고 물속으로 첨벙첨벙하기는 그렇고, 해서 신발과 양말을 벗어 놓고 해변 모래사장을 잠깐 걷는 것으로 타협을 보았다.

이물질이 하나 없는 밀가루 같은 느낌? 발가락 사이를 간질이면서 스르르 빠져나가는 모래는, 고향 강가 모래에서 뛰어놀던 어린 시절 기억을 떠오르게 했다. 지금은 하구를 막아버려 모래들은 사라지고 오염된 호수처럼 변한 고향의 강이지만, 나의 기억 속에는 지금의 현실과 다른 것이 들어 있다. 주차장에서는 곧바로 낚시 장소 겸 시민들 편의 시설인 60 Fishing Pier로 가는 곧게 뻗은 잔교 형태의 다리가 나온다. 이 다리는 해변에서 바다로 300m 정도 곧게 뻗어 있고, 중간과 끝에는 햇빛과 비를 피할 수 있도록 지붕이 있는 파고라 구조물이 있다.

이곳은 슈가 샌드(Sugar Sand)라고 부르는 해변의 모래와 함께, 멕시코만으로 지는 낙조가 유명하다.

클리어워터 비치(Clearwater Beach)에서 걸프 대로(Gulf Blvd)를 남쪽으로 샌드키 다리(Sand Key Bridge)를 건너면, 샌드키(Sand Key)공원이 나오고 이곳에 주차하고 자전거를 내려 잠시 자전거를 타면서 주변을 감상했다.

걸프 대로(Gulf Blvd) 주변은 많은 콘도형 휴양 시설이 늘어서 있고, 해변에는 드문드문 해수욕과 일광욕을 즐기는 사람들이 보인다. 날씨는 덥지만, 아직 4월이라서 그런지 많은 사람이 모인 곳은 보기 힘들다.

Clearwater와 Sand에서 699번 걸프 대로(Gulf Blvd)를 따라 계속 남쪽으로 산호초 섬들이 길게 이어지고, 이곳에는 해변 휴양지들이 발달해 있다. 우측으로는 멕시코만 방향으로 눈부신 백사장들이 끝도 없이 이어진다. 조그만 우리나라의 만리포, 해운대, 경포대 해수욕장들이 생각난다. 걸프 대로(Gulf Blvd)의 남쪽 끝은 피넬라스 베이웨이(Pinellas Bayway)로 연결되고 좌회전해서 진행하면 275번 고속도로를 만난다.

이 지역을 뒤로 하고, 새러소타(Sarasota), 시에스타 키(Siesta Key), 포트마이어스(Fort Myers)를 거쳐, 플로리다반도 남쪽 끝에 있는 에버글레이즈 국립공원(Everglades National Park) 방향으로 가려고 275번 고속도로 남쪽으로 진입했다. 물론 그곳은 하루 만에 갈 수 있는 거리는 아니다. 오늘은 일찍부터 해변의 산책, 자전거 타기 등 여러 곳에서 일정을 보냈기 때문에 적당한 곳에서 하룻밤 쉬어 가기로 했다. 그래서 탬파에서 1시간 반 거리의 선샤인 스카이웨이 다리 (Sunshine Skyway Bridge) 중간에 휴게소(Rest Area)가 있어 그곳에서 식사도 하고, 아예 차박을 하기로 했다. 이 다리는 St. Peterburg에서 새러소타, 포트 마이어스로 가는 길인데 다리 길이만 약 9km에 달하는 사장교이다. 이 다리는 플로리다뿐만 아니라, 세계적으로도 유명한 다리로, 다리 중간쯤에서 교각의 높이가 서서히 높아지다가 양쪽의 주탑은 사장교로 우리나라의 서해대교와 흡사하다. 다만 주탑으로 가기 전에 교각이 서서히 높아지므로 운전하면서도 급한 경사가 느껴지며, 주탑을 연결하는 케이블의 금빛이 눈부시게 보인다. 또한 주변의 수평선과 스카이라인이 매우 뛰어나게 아름다운 것으로 유명하다. 멀리서 보면 중간에 사람의 눈썹처럼 불룩 솟

선샤인 스카이웨이 브리지

아 있는데 이는 내해인 탬파만(Tampa Bay)으로 선박의 출입이 자유롭게 한 것이다.

다리 1/3 지점과 2/3 지점에 낚시꾼들을 위한 피싱 피어(Fishing Pier)가 있다. 이곳에 각각 휴게소도 있으며 여기서 바라보는 멕시코만의 선셋(Sunset) 광경은 아름답다. 다리의 통행료로 1.5불 받는데, 주의할 점은 다리 통행료와는 관계없이 피싱 피어로 가기 위한 통행료는 별도로 지불해야 한다. 물론 낚시 목적이 아니더라도 차량이 통과할 때 지불해야 한다.

차박하기로 한 휴게소가 다리 중간으로 날씨도 너무 더워 어쩌면 밤새 시동을 걸고 에어컨을 켤 수도 있는데, 연료가 얼마 남지 않아 건너편에서 기름 넣고 되돌아왔다. 물론 통행료도 또 지불했다. 차 안에서 식사 마치고 자전거를 타고 피싱 피어를 달렸다. 피싱 피어로 들어가기 위해서는 자전거로 간다고 해도 입장료를 지불해야 한다.

돌아와 잠시 휴식을 취한 후 이내 잠이 들었고, 이튿날 오전 8시까지 푹 잤다. 새벽부터 자전거 거치대 건으로 매우 분주했고, 피곤한 날이었다.

자전거 거치대를 사면서 얻은 교훈도 있다. 장기간 여행자들은 숙명처럼 여행 중에 어쩔 수 없이 이런저런 이유로 마트에서 물건을 산다. 필자는 살 때 주는 영수증을 마트 입구에 설치된 휴지통에 버리는 습성이 있다. 그러나 장기간 여행하다 보면 쓰레기통을 뒤지는 일이 두세 번은 생긴다. 그러니, 필자처럼 어리석은 일을 안 하려면, 물건을 산 도시를 떠나, 다음 도시에서 버리면 된다. 물론 영수증을 버려서 받는 불이익이 사소한 것이라도 기분이 좋지 않다.

다리 위에서 아침을 맞다

차 안에서 아침을 맞이하는 것이 오늘이 두 번째이다. 간편식으로 아침 식사를 하고, 커피 마시고 뒷마무리하니 오전 9시가 다 돼서야 출발할 수 있었다. 전체적으로 얼마의 날짜가 걸릴지는 모르지만, 일차적으로 목적지는 키웨스트로 잡았다. 현재의 속도나 계획으로 보면 3~4일 걸릴 것으로 예상된다. 일정을 진행하는 과정에서 들러야 할 곳이 나오면 쉬어 가는 셈으로 숙박할 예정이다. 남쪽 해변 쪽에 관심을 두고 가는 도중, 시에스타 키(Siesta Key)와 Longboat key 섬에 들러, 자전거를 타고 섬 일대를 둘러보았다. Longboat key로 가려면 선샤인 스카이웨이 브리지(Sunshine Skyway Bridge) 동쪽 끝에서 19번, 41번 도로를 거쳐, 64번 도로로 우회전, 안나 마리아 아일랜드(Anna Maria Island Bridge) 다리를 건너 789번 걸프 드라이브(Gulf Drive North)의 남쪽으로 가야 한다. 실수로 64번으로 변경하는 지점을 그냥 지나가는 바람에, 존 링링 코즈웨이(John Ringling Causeway)까지 와서 789번 도로의 북쪽으로 거꾸로 가야 했다. 여행이란 그런 것인가 보다.

섬은 플로리다 키 웨스트(Florida Key West)처럼 길쭉하게 이어진 산호초(Coral Barriers Reef)가 이어져 있다. 좌우로 고급 주택과, 고급 펜션 등이 줄지어 있다. 중간중간 적당한 거리마다 마리나(Marina)와 부두 등과 배가 드나들 수 있도록 아름다운 곡선의 등 굽은 작은

Longboat key섬 해변 길

다리들로 이어져 있고, 도로의 양쪽 편에는 고급 음식점들과 자연경관이 바다와 잘 어우러져 있다. 공원 지역과 골프장, 그리고 자연경관과 조경이 잘 되어 있는 자전거 도로가 있어서 휴양지로서의 면모를 잘 갖추고 있었다.

끝도 없이 이어진 백사장은 산호 부스러기 모래인데, 이 해변의 모래를 역시 슈가 샌드(Sugar Sand)라고 부른다. 백사장의 경계에는 잘 다듬은 것처럼 줄지어 서 있는 야자수 사이로 햇빛에 반짝여서, 선글라스 없이는 해변을 걷기가 불편하다.

Longboat key섬에서 자전거 휴식

사설 펜션처럼 보이는 건물의 주차장이 여유가 있어 보이길래, 그곳에 차를 주차하고 섬을 둘러보기 위해 자전거를 내려 출발했다.

그런데 의외로 자전거를 타는 사람들이 꽤 있었다. 아마도, 이곳으로 휴가차 온 사람들이 자전거 하이킹을 즐기는 것 같다. 이곳은 자전거 타고 다니면서 여유 시간을 즐기기에는 천국과 같은 곳이다. 자전거를 배려한 별도의 도로가 있는 것은 물론이고, 차도에도 자전거가 우선이다. 단 우리 서울의 한강변 자전거 도로에서 로드 자전거처럼 스피드를 낼 경우는 차도를 타고 가야 한다. 자전거 전용 도로는 보행자 겸용이고 이 경우에는 반대로 보행자가 우선이지만, 보행자가 별로 없으니 자전거 타기가 여유 만만하다. 자전거를 타고 서두르지 않고 느긋하게 여기저기 둘러보게 되면 늘 새로워 보이는 멋진 풍광과 고요함을 즐길 수 있다. 이곳은 서두름이란 단어와는 거리가 먼 지역처럼 느껴진다. 더욱이 자전거 타기 좋게 언덕도 없는 도로가 해변 따라 길게 이어지고 따끈한 해변, 백사장 등이 어울려 필자도 이곳에 살고 싶다는 충동이 느껴진다. 그야말로 태초에 인류의 조상이 살았던 지상낙원이 바로 여기다 하고 싶을 정도이다. 그만큼 자연히 사람들의 표정에도 여유가 있어 보인다. 이곳에 살 수 있는 여건이 안 된다면, 대안으로 일정에 여유가 있으면 2박 정도만이라도 더 머물면서, 멍때리며 지내고 싶은 충동도 느껴진다. 하지만 떠나야 하니 언젠가는 다시 오리라는 기약을 하며, 떠난다는 아쉬움을 달래 본다.

세 시간 정도 멋진 풍광에 빠져 자전거를 타고 나서 차가 세워져 있는 곳으로 가려는데 문제가 생겼다. 주차 장소를 찾을 수가 없었다. 주차하고, 자전거를 타고 출발할 때 깜박 잊고 휴대 전화에 주차

장소를 등록하지 않았다. 설상가상으로 길가에 있는 휴양지 건물들이 비슷비슷했다. 한참을 헤매다가, 비슷한 곳에 자전거를 타고 들어갔더니, 경비 한 명이 사나운 개처럼 쫓아와 알아들을 수 없는 말을 퍼부으면서, 손으로 나가라고 사납게 행동한다. 일단 외부 차가 주차 금지인 줄 모르고 주차했다고 말하고, 내 차가 안에 주차된 듯하니 확인해 보고, 있으면 자전거 싣고 바로 나가겠다고 했다. 잠시 잠잠하게 있더니, 자리 비운 사이에 내가 몰래 주차했나 싶어 분을 못 이겨 화를 많이 낸다. 그런데 안으로 들어가 봤더니 내가 주차한 곳도 아니었다. 내가 장소를 착각하고 있었다. 다시 자전거를 타고 나와서 한참을 우왕좌왕한 끝에 휴대 전화에 장소 검색을 하고 나서, 있음 직한 곳을 찍고 가서야 겨우 차를 찾았다.

인근 식당에서 점심을 먹고, 오던 길을 되돌아 나와 시에스타 키(Siesta Key) 섬으로 갔다. 그곳의 해변 백사장을 잠시 산책한 후 바로 출발했다. 오랜만에 이곳에서 한가로운 시간을 가졌고, 여유롭게 이곳 경치에 빠져 즐기는 바람에 일정이 지체되었다. 몇 군데 더 들르려던 계획을 포기하고 바로 예약한 숙소로 출발했다.

오는 도중 산불 경고 메시지가 차량의 내비게이션을 통해 나오고, 비가 억수같이 쏟아져, 속도를 30km 이하로 운전하며, 위험에 대비했다. 세차게 쏟아지는 비 덕분에 이곳저곳 다니면서 더럽혀졌던 차가 깨끗하게 세차되었다. I-75 고속도로로 남진하다, 빅 사이프러스 국립 보호구역(Big Cypress National Reserve Area) 전에 있는 숙소에 도착하였다.

빅 사이프러스 국립 보호구역은 서울시 면적의 10배보다 조금 더 넓고 플로리다 남단 에버글레이즈(Everglades) 국립공원 바로 북쪽에 있다. I-75 고속도로는 이 지역을 동서로 가로지르고 있으며 빅 사이프러스 국립 보호구역은 에버글레이즈 국립공원의 북단에서 동서로 가로지르는 41번 고속도로 사이에 있는 방대한 지역이다. 이곳에는 소나무, 야자수, 맹그로브, 사이프러스 등이 우거진 습지 낙원으로 불리며, "죽기 전에 꼭 보아야 할 절경 1001"에 포함되어 있다. I-75 고속도로의 북쪽 지역에 이 지역의 인디언 부족인 세미놀(Seminole) 족의 보호구역이 있고, 이곳에 캠프장과 종합 리조트가 있어 가족 단위로 찾는 휴양지이다. 이곳 역시 인디언 보호구역으로 유료 투어를 할 수 있다. 이곳으로 가려면 미코스키(Miccosukee) 인디언들의 보호구역이 있는 I-75 고속도로에서 84번 W. State Rd 북쪽으로 자동차로 30분 정도 가야 한다.

이른 아침부터 자전거를 타고 여러 곳을 방문하는 등, 하루에 많은 일정을 소화하고 숙소에 도착하니 피로가 몰려왔다.

섬들을 줄줄이 연결한 끝의 키 웨스트

숙소에서 숙면을 하고 간단히 아침 식사를 하고 나니, 다시 활기차게 하루를 시작할 에너지를 얻었다. 하지만 언제 무슨 돌발 상황이 생길지 모른다. 장기 자유 여행자에겐 곳곳에 변수가 도사리고 있다가 시시때때로 위험하거나, 귀찮은 일들을 만들어 낸다. 4월 초인데도 플로리다의 날씨는 기온과 습도가 높아, 혹시 차량용 냉장고가 있지 않을까 해서 찾아보았으나, 오프라인 마트에서 찾을 수가 없어 포기했다.

오늘은 계획을 전면 수정하여 먼저 키 웨스트(Key West)를 방문하기로 했다. 숙소에서 약 350km 정도 거리이고, 4시간가량 걸린다. Key West의 지명 중, 왜 Key 인지 궁금했는데, 스페인어 어원을 둔 "낮은 섬 혹은 산호초로 이루어진 작은 섬"의 뜻이라고 한다. 가는 길은 I-75 고속도로로 가다가, 27번, 997번 도로를 거쳐, 1번 고속도로로 가게 된다. 1번 고속도로는 외길이고, 금요일이라 그런지 도로 입구인 Key Largo부터 교통체증이 심해서 더디게 갈 수밖에 없었다. 알고 보니 고속도로상에서 대형 사고가 발생한 것이 원인이었다. 경찰차와 앰뷸런스, 크레인, 레커차 등이 뒤범벅이 되어 차는 꼼짝도 하지 않다가 30분 만에 길이 열렸다. 키 웨스트 가는 길목에 타버니어(Tavernier) 인근에 AT & T Store가 보이길래 현지 통신 수단을 하나 더 확보하려고, Pre-Paid 유심을 사려하였다. 그러나 AT

& T의 5G망이 필자가 국내에서 산 삼성의 S20 안드로이드 폰이 호환되지 않아 실패했다. 공연히 이것저것 테스트해 보느라 시간만 낭비했다. 나중에 알아본 바로는 한국에서 산 S20 5G 기종은 AT&T에서는 5G로 인식하지 못하는 오류가 있어, AT & T의 통신망에 개통 자체가 안 되는 것이었다.

키 웨스트로 가는 1번 고속도로는 일명 '오버시즈 하이웨이(OverSeas Highway)'로 불리는 환상적인 드라이브 길이다. 오버시즈 하이웨이(OverSeas Highway)는 바다 위로 드라이브하듯 섬과 섬 사이의 수많은 다리를 건너고, 길의 좌우에는 간간이 바다와 습지, 맹그로브 나무 등이 있다. 플로리다반도 끝에서 각 섬(Key) 간에 염주를 꿰듯 연결한 이 고속도로는 그 자체로 대단한 볼거리이다. 여행객들은 그 길을 즐기듯이 드라이브하는 것이 여행 경험이 되는 것이다. 이 도로는 경부고속도로의 약 반 정도인 200km가 넘는 길이로 섬 간을 연결하는 교량의 숫자만도 40개가 넘으며, 각 교량은 육지의 다리와 다르게 선박이 통과할 수 있도록 중앙 부위가 불룩 솟아 있다. 이 중에 세븐 마일 브리지(Seven Mile Bridge)는 11km가 넘는 길이로 마치 물 위를 달리는 듯한 짜릿한 기분을 느낄 수 있으며, 낚시인들을 위한 시설도 있다. 이 다리뿐 아니라 낚시 시설이 있는 다리들이 간간이 있는데 그런 다리에는 주차 시설이 잘되어 있어서 낚시를 즐기려는 사람들에게 편의를 제공하고 있고, 예외 없이 많은 차가 주차되어 있다.

6시간의 운전 끝에, 키 웨스트에 도착하였다. 시간은 많이 걸렸지만, 워낙 이른 아침에 출발하여 점심때가 조금 지난 시간에 도착했다. 서둘러 간단히 점심을 해결하고 자전거 탈 준비를 했다. 이럴 때 차를 가지고 다니면 장단점이 있다. 사람들이 많이 가는 구역에 가까이 가려면 주차비를 제법 내고 주차해야 한다. 그렇지만 조금 거리가 떨어지면 무료거나 저렴하지만 피곤하게 걷는 거리가 길어진다. 그런 것들은 여행자보다 현지인들이 잘 알고 있으므로 필요할 때는 가끔 도움을 청하기도 한다. 필자는 자전거가 있으므로 어느 정도의 거리는 개의치 않고, 편리한 곳에 주차했다. 구글 지도상의 거리로 보아 자전거로 3분 거리 골목에 무료 주차하고, 자전거로 탐방을 시작했다. 자전거를 타고 여러 골목길을 지나 먼저 도착한 곳은 Whitehead St.와 South St.가 만나는 코너 지점에 있는 최남단 포인트 기념구조물 앞이다. 'SOUTHERNMOST POINT CONTINENTAL U.S.A'라고 쓰여 있는 이 육중한 콘크리트 구조물 앞에는 많은 사람이 사진을 찍으려고 줄을 서 있었다.

원래 이같이 써 놓은 안내판은 아주 간단한 것이었는데, 사람들이 자주 가져가 버리는 바람에 시에서는 할 수 없이 현재 모습의 움직이기 힘든 구조물로 변경했다고 한다. 더욱이 이 장소는 최남단도 아니라고 한다. 최남단은 트루먼 해군 경비구역(Truman Annex)

최남단 포인트 기념구조물

안에 있는데, 민간인 출입 통제구역이다. 줄을 꿋꿋이 서 있는 사람들의 면면들을 보니 히스패닉들이 대부분이고, 간간이 중국인도 보인다. 히스패닉들은 쿠바나 멕시코에 대한 향수 때문인 것 같다. 이 인근 거리에는 특이하게도 닭들이 떼 지어 활보하는데, 심지어 병아리 떼까지 몰고 다니면서, 대로 중앙선을 넘나들고, 차량 통행에도 아랑곳하지 않고 활보한다. 우리가 흔히 볼 수 있는 닭보다는 덩치가 조금 작고, 생김새는 똑같다. 처음에는 집에서 기르는 닭이 우리에서 탈출한 것인 줄 알았는데, 가는 곳마다 여기저기 많은 닭이 보이고 주차한 차 밑이나, 인근 주택의 정원까지 점수하고 있었다.

도시지역에서는 처음 보는 광경인데, 야생은 아니지만 특별히 한 개인의 소유도 아닌 것 같다.

이곳에서 Whitehead St.를 따라 서쪽으로 걸어서 8분만 가면 헤밍웨이 집(Ernest Hemingway Home & Museum)이 나온다. 이곳은 볼거리가 별로 없는 키 웨스트의 유일한 유료 Museum이다. 내부는 여러 사진과 함께 헤밍웨이가 이곳에서 '킬로만자로의 눈'과 '누구를 위하여 종을 울리나'를 집필한 흔적들이 보인다.

최남단 포인트 기념구조물. 주변에 닭들이 많이 보인다.

헤밍웨이 집과 내부

미국은 사람들이 모일 정도의 장소라면 무조건 외부에서 안 보이게 펜스를 치고 방문하려는 사람들에게 입장료를 받는다.

집 내부에는 고양이들이 자주 보이는데, 헤밍웨이가 키우던 6개 발가락이 있던 Snowball의 후손들이라 한다. 볼거리가 없음에도 사람들이 오는 이유는 남쪽 끝이라는 호기심 때문으로 추정되는데, 어쩌면 필자가 여행하는 이유와도 닮아 있는 것 같다.

자전거를 타고 키웨스트의 서쪽 지역으로 달리다 보면 페리 부두가 있고, 서남 끝에는 '포트 재커리 테일러 역사 주립공원(Fort Zachary Tailor Historic State Park)'과 트루먼 워터프런트 공원(Truman

트루먼 워터프런트 공원

Waterfront Park)이 자리하고 있다.

넓지 않은 지역이라 3시간 정도 자전거를 타고 다니면 골목과 해변들을 다 둘러볼 수 있고, 실제로 포트 재커리 테일러 역사 주립공원(Fort Zachary Tailor Historic State Park)의 해변은 민간인 출입 가능한 미국의 대륙 최남단이라고 한다.

주택가와 상업시설로 가득한 섬에서 이곳은 이곳에서 흔치 않은 공중화장실이 있는데, 관리인이 날이 어두워지면 자물쇠로 잠가 버린다.

우리가 특별한 위치에 거주하지 않는 한, 일상생활에서 해넘이 장면을 감상하기는 쉽지 않다. 특히 도시 생활하면 더욱 확률은 없다. 해돋이는 동해안으로 가지만, 해넘이는 서해안으로 가야 하는데, 세 가지 조건이 맞아야 감상할 수 있다. 하나는 날씨가 맑아야 하고 수평선에 띠처럼 두르고 있는 구름도 없어야 한다. 두 번째는 해 지는 방향으로 수평선에 섬이 없어야 한다. 서해안에는 동해 일출과는 달리 은근히 석양 광경을 방해하는 섬들이 많다. 마지막 조건은 관람자의 마음이다. 키웨스트에는 유명한 해넘이를 감상할 수 있는 포인트가 있다. 최남단 포인트 기념 구조물이 있는 화이트헤드 거리(Whitehead St.)의 동쪽 대로가 듀발 거리(Duval St.)인데 이 도로 북쪽 끝에 있는 말로이 광장(Malloy Square)이 바로 해넘이 감상 장소이다. 자전거로 도착한 시각이 해가 지는 시각이라 잠시 멈추고, 멕시코만 너머로 오묘한 빛을 뿜으며 가라앉는 태양의 경이로운 광경은 오랫동안 지워지지 않을 것 같다.

지형의 생김새는 거기에 사는 사람들의 성향도 바꾸는 것 같다. 플로리다주 자체가 반도 지형인 데다, 대부분이 습지이고, 곳곳에 석호와 호수들이 흩어져 있다. 해수면에서 고도가 제일 높은 봉우리가 105m에 불과하다고 하며, 지대가 낮다 보니 키웨스트로 가는 1번 고속도로를 건설할 때 흙을 구하는 것이 이슈가 될 정도였다고 한다. 이렇게 키웨스트처럼 통로가 하나뿐이고 자루처럼 생긴 반도 지역에 사는 사람들은 배타적이고, 속이 좁은 경우가 있다. 이곳에서 몇몇 상점과 주민들과 접촉해 보았는데 그런 느낌을 받았다. 필자 개인적으로는 추천하고 싶지 않은 여행지이다. 이곳의 물가는 다른 곳에서 살 수 있는 대안이 없어서 그런지 다른 곳과 비교하여 비싸다. 여러 날 머물면서 해수욕이나 배 타고 나가서 낚시할 것 아니면, 볼거리는 그냥 하루면 충분하다. 근처를 자전거로 다 둘러 보니, 이곳 주차장도 밤샘 주차를 불법으로 간주하고, 화장실은 야간에 모두 닫는다. 모든 섬이 다 동일하다. 어제 예약한 숙소에 들어와서 저녁 식사 후에 내일의 일정을 생각해 봤다.

에버글레이즈 국립공원

어제의 고단함을 잊고 이곳 최대의 국립공원인 에버글레이즈(Everglades) 국립공원에 가보기로 했다. 이곳은 세계 최대의 늪지대 공원이고, 늪지라서 갈 수 있는 곳도 매우 제한적이지만 그 크기는 실로 방대했다. 유네스코 세계문화유산에 등재된 이곳은 미국에서도 데스밸리 국립공원, 옐로스톤 국립공원 다음으로 넓은 곳으로, 넓이가 서울시 넓이에 10배에 육박한다. 거대한 습지대로, 아열대 동식물들이 서식하고, 민물과 바닷물이 뒤섞여 매우 독특한 생태환경을 이루고 있다. 하지만 이 넓은 공원에 일반인들이 접근할 수 있는 지역은 지극히 제한적이다. 일부 도로와 수로를 이용한 투어가 있지만 그것도 제한적이다. 이 공원에는 입구가 네 군데 있으며, 출입은 유료이고 요금의 형태는 각각 다르다. 국립공원 연간 패스, 일과성(7일간 유효), 차 한 대당 요금, 그냥 차량 없이 들어가는 개인당 요금 등으로 구분된다. 정문은 마이애미 남쪽 홈스테드(Homested)에 있고, 공원 동쪽은 겨울철에만 운영하는 체키카(Chekika), 마이애미에서 가장 가까운 공원 북쪽의 샤크 밸리(Shark Valley), 서북쪽에 위치해서 탬파(Tampa) 방향에서 들어올 때 이용하는 걸프 코스트(Gulf Coast) 등이 있다. 정문에 있는 어니스트코(Ernest Coe) 여행 안내소에서 출발하면, 파헤오키(Pahayokee) 전망대를 거쳐 플라밍고(flamingo)까지 차로도 갈 수도 있다. 플라밍고는 입구가 아니며 단지 남단에 안내소만 있다.

홈페이지 www.nps.gov/ever/index.htm에 들어가면 내용을 한글로도 자세히 볼 수 있다. 공원은 각 입구 간에 연결이 안 되어 있어, 입구에서 다른 출입구로 횡단이 안 되니 주의해야 한다. 여행자들이 공원을 빠르게 탐방하고 싶다면 역시 투어 회사들이 운영하는 투어 프로그램 활용하는 것이 가장 현명한 선택이다. 투어 전문회사들은 많이 있으며, 여행 안내소에서, 본인의 취향과 일정에 맞는 프로그램을 안내받으면 된다. 투어 프로그램이 없이 본인이 직접 탐방하려면 보통 두 가지 방법이 있다. 하나는 정문인 어니스트코에서 출발하여, 파헤오키 전망대(입구 여행안내소에서 21km)를 거쳐 플라밍고 안내소(파헤오키에서 40km)까지 가는 왕복 122km인데, 걸어서는 불가능하고 자전거로 가도 하루에 122km는 무리가 있으니, 승용차로 가는 편이 좋다. 다만 파헤오키 전망대까지는 자전거 왕복도 가능하다. 두 번째는(많은 사람이 선택하는 방법) 북쪽 중앙에 있는 샤크밸리로 가는 방법이다. 마이애미에서 가까우며, 이곳으로 가려면 마이애미에서 41번 고속도로로 서진하면 된다. 샤크밸리에서는 수로를 따라 나란히 있는 탐방로를 통해서 탐방로 끝에 있는 전망대까지의 왕복 여정이다.

필자는 샤크밸리의 입구로 공원을 탐방하기로 했다. 공원 입구의 방문자센터에 있는 요금소를 통과하면 주차장과 탐방로가 연결되어 있어서 이 도로를 통해서 걷거나, 자전거 혹은 트램 등을 이용하여 12km 떨어진 전망대까지 탐방할 수 있다. 도로 주변은 수로와 연계되어 있어 자연 탐방과 습지 탐방을 만끽할 수 있는 장점이 있다.

샤크밸리 입구

이곳도 국립공원으로 입장료가 있으며, 연회비로 차량당 그냥 한 번은(7일) $30, 걸어서는 $15이다. 안에서 자전거 대여도 해 주고, 또한 공원 코끼리 차처럼 생긴 트램을 타고 투어도 할 수 있는데 모두 유료이다.

걷고 싶은 탐방객들은 걸어도 되지만, 왕복으로 약 24km 정도이므로 더운 날씨에 하루를 할애하여 걷기에는 조금 힘들기는 하다. 이곳 주민이 아니고 여행자라면 체력의 안배라든지 일정 등 여러 가지 본인의 사정을 고려해서 신중하게 결정해야 하지만, 걸어서 가는 탐방로 투어는 추천하지 않는다. 실제로 출발할 때 트램이나 자전거가 아니라 걸어서 출발한 사람들은 중간에 포기하고 되돌아오는 사람들이 대부분이다.

더욱이 플로리다 남단은 일년내내 고온 다습하다는 것을 간과하면 안 된다. 이런 날씨에 24km는 아무리 평지라도 힘들다. 더구나 가는 길에 나무는 있지만, 길가에 큰 교목은 드물어 쉴 만한 그늘이 아예 없고, 앉아 쉴만한 벤치도 없다.

필자처럼 차에 자전거를 매달고 다니면서 그때그때 이용하지 않는 여행자라면 옵션이 2가지 있다. 가장 어려운 걸어서 하는 도보 탐방은 빼고, 자전거를 빌려서 탐방하기가 있는데, 자전거 렌트하기는 어렵지 않다. 요금소를 지나면 바로 주차장 옆에 렌탈 샵(Rental Shop)이 있다. 그리고 두 번째가 트램 투어가 있다. 이용하기가 편안하고, 가면서 설명도 해주기 때문에 가장 좋다. 물론 유료인 점을 알아야 하고, 더 중요한 것은 일정 시간에 출발하니, 출발 시간을 미리 알아보는 것이 좋다. 우리가 공원에 가면 보통 코끼리 차라고 부르는 형태의 차다. 필자는 필자 소유의 자전거를 이용하여 투어했는데, 자전거를 탈 수 있는 사람들에게는 자전거 타기를 권하고 싶다. 기왕 방문했으면 포기하지 말고 트램이라도 타고 둘러보자.

이곳의 탐방로는 수로를 따라 조성되어 있고, 수로 주변에는 맹그로브 등 교목과 관목의 중간 형태의 활엽수들이 무성하고 좌측에는 함초처럼 다년생 염생식물들이 무성하다. 아마 이곳의 수로들은 바닷물과 연결되어 염분을 함유한 것 같다. 길 주변의 수로에서 사람들의 이목을 끄는 많은 수생 동물들이 있는데 파충류와 열대성 어류들이 보인다. 자전거를 세워 놓고 물속을 들여다보면 거북이와 자라 등 여러 수생 동물과 팔뚝만 한 물고기가 훤히 보인다.

큰 물고기는 갈색에 검은 점이 있으며 주둥이는 뾰족하고, 송어처럼 생겼는데, 고기 이름은 모르겠다. 궁금해서 인터넷을 검색해

샤크밸리 전망대

탐방로 수로와 수생 생물들

보니 Florida Gar라고 하는데, 이것도 필자가 잘 모르는 동갈치라고 되어 있다. 이 물고기들이 떼 지어 있고 조용히 물속에 떠 있어 손으로 만지고 싶은 충동을 느낀다. 그 옆에는 악어가 한가롭게 떠 있지만 양쪽 다 긴장감은 없는 것으로 보아 악어가 배가 고프지 않나 보다. 먹잇감이 지천이니 순해진 것 아닌가 생각된다. 가장 관심을 끄는 것은 역시 악어이다. 탐방로 입구 근처에서 처음 만난 악어 한 마리에는 사람들이 여럿이 모여 구경하지만, 탐방로 전체 24km를 가다 보면 시들하다. 악어가 물고기 떼처럼 여기저기 너무 많기 때문이다.

필자도 자전거를 타고 가다 쉴 새 없이 타고 내리고 사진 촬영을 반복했다가 나중에는 시들해져 그냥 죽 자전거를 타고 가며 눈으로 보기만 했다. 오가는 길에 보이는 악어는 셀 수 없이 많고, 어떤 녀석은 아예 탐방로 위에 나와 꼬리를 흔들고 활보하며 시위도 한다. 조류는 당연히 먹잇감이 풍부하니 많고, 흰색의 왜가리와 가마우지 같은 종류의 조류들이 보인다. 길에는 이들의 배설물도 도로 여기저기 있다.

거북이와 민물 자라들이 보이고 이름 모를 물고기들이 그야말로 물 반 고기 반이다. 고기들은 모두 팔뚝만 한데 가마우지에게는 천국이다. 횟집의 뜰채로 건져도 하나 가득 잡을 것 같다. 세상에 이런 곳도 있구나 싶을 정도로 악어가 많고 거북이, 자라, 새 등 자연 그대로 있는 모습이다. 악어도 큰 것부터 작은 것까지 다양하다. 이곳은 두 종류의 악어가 공존하는 유일한 곳이라 한다. 두 종류 중 하나는 입의 모양이 U자형으로 생긴 앨리게이터(Alligator)이고, 다른 하나는 입이 뾰족한 크로커다일(Crocodile)이다. 또한 이곳에는 입이

좌 크로커다일, 우 엘리케이터. 두 종류가 같은 장소에 공존한다

뾰족한 게이비얼(Gavial) 악어와 미시시피 케이맨(Mississippi Caiman) 악어도 있는 악어의 천국 같은 곳이다. 전망대에 오르면 드넓은 공원의 지평선이 보이고, 아래쪽에는 악어들의 모습들이 보인다. 이곳에서 평생 볼 수 있는 악어를 모두 본 느낌이다.

41번 고속도로와 평행한 수로는 Air Boat로 투어도 할 수 있으며, 이곳에는 Miccosukee 인디언들의 촌락들이 있는데, 관광객을 위한 기념품 가게도 있고 학교도 있다. 체험 프로그램도 운영하며 물론 가이드 투어도 할 수 있다. 인디언 촌락의 투어는 그들의 역사 즉,

Miccosukee인디언들의 촌락 입구

백인들이 들어오면서 바뀐 자신들 생활의 변천에 관해 설명하고, 이곳에 많이 서식하는 악어 쇼가 펼쳐진다. 또 그들만의 목공예 만드는 과정도 보여주고 판매도 한다.

물론 이곳도 입장료가 있으며 21불 정도다. 마을 입구는 투어하지 않을 경우, 기념품 가게까지는 입장료 없이 들어갈 수 있다.

오늘이 이곳의 부활절 연휴 인지라 많은 탐방객들이 보이고, 자전거를 약 4시간 그것도 뜨거운 날씨에 탐방한 후라서, 갈증과 허기를 느껴 길가에 주차한 차 안에서 준비해 온 간편식으로 점심을 대신했다.

숙소로 가기 전에 안전상의 이유로 미국에서의 통신 수단을 하나 더 확보하기 위해 VERIZON Store에 들러 Pre-Paid Phone을 개통하고 숙소로 향했다. 필자는 여행 준비 기간 중에 온라인 직구를 이용해서 1개월짜리 미국의 Pre-paid 유심을 사서 공전화기에 장착해서 다니고 있다. 해외에서 장기적으로 자유 여행을 하는 사람은 휴대 전화의 의존도가 높은 관계로, 혹시 모를 상황에 대비해서 복수의 휴대 전화를 사용한다.

마이애미 사우스 비치

사실 마이애미는 추운 지방에 사는 사람들의 매력적인 겨울철 휴양지이기는 하다. 전체 지역을 다니면서 즐기기에는 너무 넓기에, 거주민이 아닌 이상, 몇 개로 나누어 그 지역과 정해진 테마에 집중할 수밖에 없다. 오늘은 마이애미에서 다운타운을 빼고, 세계 최고 4계절 휴양지인 마이애미 비치, 사우스 비치(South Beach)를 둘러볼 예정이다. 걸어서 다니기는 지역이 넓어 차에 자전거를 매달고 195

웨스트 41번가 수로 다리 위

번 고속도로로 비스케인만(Biscayne Bay)을 건너서 비치의 북쪽으로 향했다. 세계인들의 마음을 설레게 하는 사우스 비치는, 마이애미 다운타운의 동쪽에 남북으로 긴 산호초가 발달한 섬이다. 동쪽 해변은 고운 모래가 끝도 없이 드넓은 백사장이 펼쳐져 있다.

다운타운과는 비스케인만(Biscayne Bay)을 가운데 두고 여러 개의 다리가 연결되어 있어 굳이 섬이라는 느낌도 들지 않는다. 미국 동남부인 플로리다는 특히 수로가 발달하여, 물류 교통이 매우 편리하고, 이를 이용할 수 있도록 기본 시설들을 정교하게 조성해 놓았다. 15번가부터 남북으로 뻗어 있는 오션 드라이브(Ocean Drive)의 서쪽은 상가들이 빈틈없이 들어서 있다. 특히 허기진 해수욕객, 서퍼들뿐만 아니라 여행자들의 허기를 채워 줄 수 있는 식당들이 즐비하다. 오션 드라이브(Ocean Drive)뿐 아니라 남북으로 뚫린 A1A 간선 도로의 양쪽에는 화려한 호텔과 레지던스형 숙박업소들이 줄지어 있다. 특히 6번가와 14번가 사이의 오션 드라이브에는 파스텔톤의 오래된 건물들이 촘촘히 있는데 이곳을 아르데코 지구라고 부르며 미국의 역사 지구로 공식 지정되어 있다.

필자는 사우스비치(마이애미 비치) 지역으로 들어와 웨스트 41번가에 있는 성 패트릭 천주교 성당(St. Patrick Catholic Church) 인근에 주차하고 자전거를 내렸다. 이번에는 주차 위치를 찾지 못하는 실수를 하지 않으려고 주차 위치를 휴대 전화에 등록하였다.

사우스 비치라고 부르는 23번가 남쪽 지역은, 1980년대에 이 지역을 개발하면서 넓고 화려한 해변으로 많은 사람이 찾는 유명 휴양지가 되었다. 또한 이 지역은 쿠바나 중남미 문화와 미국 본연의 문화간 차이를 느낄 수 있는 지역이다. 해변 쪽은 공원 지역인데 자전거를 탈 수 있도록 도로와 기본 시설이 잘되어 있으며, 외부 동력으로 움직이는 전동 킥보드나 전기 자전거 등은 공원 경찰(Park Police)이 막고 있다.

이곳은 경찰이 State police, city police, sheriff, State Trooper 등 다양한데 무엇이 다른지 완벽하게 이해하지 못한다.

여성들은 비키니, 남성들은 수영복 차림에 웃통은 벗은 것이 이곳 사우스비치 기본 복장인 듯하다. 이런 복장을 하고 오랜 시간 햇빛에 노출해도 화상을 입지 않을까? 그것도 해변만 아니라, 안쪽의 도로에서도 마찬가지로 그렇게 하고 다닌다. 만약 여행객이 잠시라도 그런 복장을 하게 되면 다른 여러 문제점은 제쳐 두고라도, 이곳의 강렬한 햇빛에 당장 화상을 입고 병원에 갈 것 같다. 이곳에 머무는 토박이들 경우와 외지에서 휴양차 장기 체류하는 사람들은 가능하겠지만 여행객에게는 어림도 없다. 그러므로 한국에서 온 여행자들은 피부가 노출되지 않도록 대비해야 한다. 특히나 물속에 있을 때 더 주의해야 한다. 시원한 바닷물로 인해 강한 햇빛을 느낄 수 없는 사이에 피부가 익어가기 때문이다. 필자도 물속에서 잠깐 팔을 노출했는데 피부가 벗겨진다. 히스패닉 계통으로 보이는 이곳의 대다수 사람의 피부색은 구릿빛이 아니고 거의 검은 색이다.

거리의 건물들은, 아트 갤러리 등 개성 있는 상점들이 많이 있어 뉴욕 맨해튼의 소호(SoHo)와 비슷한 느낌의 소비(SoBe-South-Beach)라고 칭한다. 필자는 곳곳을 자전거를 타고 투어를 했지만, 필자처럼 자전거가 준비 안 된 사람들은 아르데코 웰컴센터에서 가이드 투어도 할 수 있다.

사적지로 지정되었다고 하는 에스파뇰라 웨이(Espanola Way)는 워싱턴 애비뉴(Washington Ave.)와 펜실베이니아 애비뉴(Pennsylvania Ave.) 사이에 있다. 작은 레스토랑과 상점들이 있는 이곳을, 필자가 이른 시간에 들렀을 때는, 코로나 여파인지 아니면 너무 이른 시간대라서 그런지 생각과 달리 한적했다. 마이애미 비치 골프클럽(Miami Beach Golf Club)이 있는 메리디언 애비뉴(Meridian Ave.)와 데이드 대로(Dade Blvd) 코너에는 인근에 '사랑과 고통의 조각(The Sculpture of Love and Anguish)' 이라는 거대한 청동 조각상 작품이 있는데, 하늘을 향해 뻗은 사람 손 밑에 절규하는 인간들의 군상이 새겨져 있다. 이는 2차대전 당시 나치에 의해 희생된 유대인을 추모하기 위한 것이라고 한다.

사랑과 고통의 조각(The Sculpture of Love and Anguish)

필자가 보기에는 큰 팔은 무언가 고통으로부터 구해 달라는 고통스러운 손길을 절규하듯 하늘을 향해 뻗는 것 같고, 아래쪽에 매달리거나 땅에서 힘들게 기도하는 사람들은 구원의 손길만이 유일한 희망으로 여기며 사력을 다하는 모습이다. 생존을 향한 인간의 의지와 본능은 어디서나 같은 모습이다. 이 작품은 당시의 홀로코스트에서 생존한 조각가의 작품이라고 하는데, 마이애미 비치와 어떤 연결 고리가 있으며, 왜 이곳에 설치되어 있는지는 잘 모르겠다.

다시 동쪽으로 나와 Ocean Drive를 따라 자전거로 타고 가다가, 비치의 공원 지역의 산책로를 따라 남쪽으로 느긋하게 미끄러지듯 내려갔다. 오전임에도 꽤 많은 인파가 해변으로 모여들기 시작했다.

대부분 가족 단위로 짐들이 많은지 이동용 짐수레에 무언가를 잔뜩 싣고 끌고 간다. 얼핏 보기에도 파라솔 등과 깔개, 아이들 모래놀

해변으로 몰려나오는 인파

이 장난감, 수건, 물 등이다. 어디서나 이것은 비슷하다. 해변에는 바닷물과의 경계에 검은색의 띠가 해변을 따라 둘러 있는데 이것은 파도에 밀려 떠내려온 해초들이 모래 위에 올라온 것이다. 해변에는 형형색색의 파라솔이 있는데 파란색은 파란색끼리 분홍색은 분홍색끼리 띠를 이루어 가지런히 설치되어 있고, 파라솔 밑에는 파라솔 색과 같은 색깔의 긴 선탠 의자가 두 개씩 놓여 있는 것으로 보아 업자가 임대하는 파라솔인 것 같다.

개인이 가져온 것들은 전망이 좋은 곳에서 조금 밀려나 뒤쪽에 중구난방 설치해 놓고 있다. 우리나라도 이와 비슷하다. 아직은 자전거가 진행하는데 사람 때문에 방해되지는 않는다. 아마도 해변의 수많은 숙소에서 아침 식사를 마친 휴양객들이 몰려나올 시간이 다가오는 것 같다. 이곳에서는 호주 브리즈번(Brisbane)의 해변에서 보았던, 바닷물이나 모래에서 나온 사람이 샤워할 수 있는 시설이 보

사우스포인트 파크 피어(South Point Park Pier)

이지를 않는다. 호주의 골드코스트 해변에서 해수욕을 즐기는 사람들을 위한 설비는 세계 최고인 것 같다.

천천히 자전거를 타고, 남쪽 끝 '사우스포인트 파크(South Point Park)'에 도착했다. 공원의 바다 쪽 끝에는 길게 피어(Pier)가 설치되어 있는데 바다 쪽의 탁 트인 조망은 물론이고 살짝 휘어진 사우스비치의 해변을 바라보기 좋은 위치이다.

피어에서 바라본 비치는 알록달록한 파라솔과 사람들로 가득 찬 것처럼 보이고, 그 뒤쪽으로는 호텔들이 파란 하늘 속에 묻혀 있는 듯 멋진 스카이라인이 보인다. '사우스포인트 파크 피어(South Point Park Pier)'서 우회전하여 알턴 로드(Alton Rd.)를 타고 북쪽으로 향하면서 다시 마이애미 비치 골프장 왼쪽 길로 주차된 곳에 왔다. 북쪽 마이애미 비치 끝의 내륙 쪽인 1번 고속도로와 826번 도로 교차점 인근에 있는 '스페인 수도원(The Cloisters of the Ancient Spanish)'까지는 20km가 넘는 거리이므로 왕복으로 45km이다. 자전거로 가기에는 약간 먼 거리이므로 자전거는 차에 거치했다. 이 수도원은 원래 스페인의 세고비아에 지은 것을 미국의 부호가 사들여, 분해한 후

사우스비치 해변

배로 미국으로 들여왔으나, 재정난 등으로 소유주가 몇 번 바뀌는 등의 곡절 끝에 이곳 마이애미에 조립되었다고 한다. 필자가 방문했을 때는 한적했지만, 아직도 주말에는 미사를 볼 수 있고 가끔 결혼식도 열린다고 한다.

사실 차를 타고 혼자서 시내의 주변을 관광한다는 것은, 수박 겉핥기식의 여행이 되기 쉽고, 시내라서 교통사고의 위험도 있고 주차의 문제에 항상 직면하게 된다. 이런 곳을 여행의 목적에 맞게 여행하기로는 자전거를 탈 수만 있다면 자전거가 제격이다. 다만 필자는 귀국 시에 포기할 생각으로 저렴한 자전거를 샀다. 그래서 그런지, 자전거가 무겁고 성능이 좋지 않아서 답답할 때가 있어, 서울에 두고 온 필자의 자전거가 생각났다. 가끔은 차라리 중고 자전거를 샀으면 어땠을까 하는 생각을 해본다.

자전거를 차에 챙겨 넣고, 드라이브하면서 코랄 베이 쪽을 둘러보았으나, 역시 차로는 수박 겉핥기식이다. 이번에도 같은 이유이지만 자전거는 잘한 선택이다. 자전거 타기는 장점도 있지만, 단점으로는 내리고 타고를 반복해야 하므로 사진을 남기기 어렵다는 것이 있다. 하루 종일 자전거로 이곳저곳을 둘러보고 장시간 돌아다녔더니, 엉덩이도 아프고 피곤이 몰려와 숙소로 향했다.

장기간 여행을 하다 보면 날짜와 요일을 착각하는 경우가 있다. 마이애미시 중심가에 숙소를 예약했는데, 큰 실수를 했다. 예약한 날은 오늘이 아니고, 내일이었다. 여행하다 보면 실수도 더러 하는데, 이런 실수는 처음이다. 여행자의 의도와 다를 때는 차박을 하면 된다. 이곳의 휴게소 등에 주차를 허용하는 공간들과 편의 시설들이 갖추어져 있기 때문에 별 신경 안 쓰고 해결할 수 있었다. 이럴 경우 식사는 간편식으로 간단히 해결하면 된다. 다행히 사우스 마이애미의 94번 도로 인근에 적당한 숙소를 구했다. 피곤하지만 식료품을 사기 위해 마트를 방문해 우리나라 감귤같이 생긴 것이 있어서 맛이 궁금해 사 보았는데 잘한 선택이었다. 우리나라의 귤과 맛은 대동소이하고 작은 오렌지 느낌! 먹기 편리하고 쉬 상할 것 같지도 않았다. 필자는 여행 중 자주 이용하는 과일은 사과인데, 나름대로 사과를 고르는 요령은 있다. 대부분의 한국인은, 단단하고 아삭한 식감의 사과를 선호하는데, 미국의 마트에서도 잘 모르면 제일 비싼 것을 사면 실패 확률이 낮다. 마트에서 사과를 살 때 무른 사과를 안 먹으려면, Honey Crispy, Pink Lady를 사면된다. 이밖에 마트에서 자주 볼 수 있는 품종은 아니지만, Wine Snap(먹어본 것 중 최고였다), Envy, Jazz 정도까지는 먹을 만하다. 필자처럼 자전거 타면서 다니는 사람은 백팩에 빵과 사과, 귤 등을 넣어 다니면, 쉴 때마다 즐길 수 있어, 여유롭게 여행의 즐거움을 누릴 수 있다.

간단히 식사를 마치고, 다음 여정 준비와 지난 여정의 기록 남기는 일을 잊지 않고 마무리하였다. 여유가 있어 가볍게 맥주를 한 캔을 마시니 여행의 운치가 더 나는 듯했다. 여행의 목적은 자유를 얻고, 그 자유를 몸으로 느끼고자 함이지만, 거기에 대한 합당한 가격의 대가를 치러야만 비로소 얻을 수 있는 것이란 사실 또한 체험한다.

작은 세상에서 서로 생각의 차이가 있지만 네 탓만 하지 않고, 서로 이해하는 분위기가 되었으면 하는 바람이 있다. 차이로 인한 스트레스에 도피하듯 떠나온 영혼의 뒤에 대고 무책임하다고 말할 수는 없지 않겠나?

마이애미시 중심가와 남부 교외 지역

어이없는 착각으로 계획에도 없는 차박할 뻔했으니 힘든 날로 예상했다. 다행히 별 탈 없이 당일 숙소를 쉽게 구해, 차박은 면했지만, 하루 일정이 바뀌어 계획을 다시 잡아야 하니, 집중력이 흐트러지고 머릿속이 복잡하다. 이렇게 머릿속이 복잡하면 어김없이 어이없는 실수를 또 하게 되는데, 오늘은 이런 것을 조심하기로 했다.

사실 미국에는 유료의 캠프시설이 많이 있어, 안전하게 차박할 수 있다. 물론 무료인 곳도 있지만, 무료인 경우라도 화장실은 물론이고, 아침에 샤워할 수 있는 곳도 있다. 어제의 실수는 아마도 숙소에 대해서는 언제든 대안이 있다는 생각 때문에 방심해서 그랬는지도 모른다.

마이애미 시내의 중심가는 얼기설기 입체 교차로식의 고속도로들이 밀집해 있다. 그중에 교통량이 많은 도로는 유료도로도 있다. 유료도로는 별도의 도로로 구분된 곳도 있지만, 기존 도로의 가장 좌측 한두 차선 이용하여 구분 시설을 해 놓고 유료화한 것들이다. 처음에는 모르고 운전하면서 당황했다. 본격적으로 마이애미 중심가의 고속도로를 여러 번 왕복해 보니 알게 되었다. 유료의 인식은 자동카메라 차 번호 인식 방식이다. 어제 오늘, 이 사실을 모르고 이 길로 많이 다녔다. 한 가지 특이한 것은 운전할 때 정신 바짝 차리고 했는데도, 도로를 갈아타라는 내비게이션에서 왼쪽 나들목, 오른쪽 나들목으로 나가라는 것을 헷갈려 자꾸 실수한다. 그게 필자의 잘못인 경우도 있지만, 제대로 했는데도 반대인 경우가 있는데, 요즘 공사를 하는 구간에 대해, 구글이 몇 군데 업데이트하지 못한 것 같다. 심지어는 두 번이나 역주행 차선으로 진입해, 식은땀을 흘리며 후진해 나오기도 했다. 결국은 여러 번의 실수와 시행착오로 길을 잘못 들어 돌아가기를 반복하면서 조금씩 알게 된 것이다. 목적지까지 10분 거리를 시행착오를 하면 20분~30분이 걸리기가 다반사다. 한국에서 익숙하지 않은 렌터카로 미국 여행을 시도하시려는 사람들은 이점에 주의해야 한다. 중소형 도시에서는 유료도로와 복잡한 입체교차로가 거의 없으나 규모가 큰 도시에는 교통량 때문에 도로가 복잡하고, 왼쪽과 오른쪽 나들목으로 바꾸어야 하는 거리가 짧아, 그 구간에서 차선을 여러 번 바꾸기에는 거리상으로 여유가 없는 경우도 빈번하다.

카페에서 커피 한 잔과 함께 가볍게 식사하고 잠시 휴식을 취한 후, 어제 아쉽게도 대충 차로 훑어보고 지나갔던 곳을 자전거를 타고 돌아볼 계획이다. 중심가에서 멀지 않은 곳에 주차하고, 휴대 전화에 위치 표시를 한 후 자전거를 타고 다운타운으로 향했다. 다운타운은 대부분 사무용 고층 건물들의 집합으로 건물들로부터 나오는 열기 때문인지 후덥지근해서, 마이애미 항에 있는 베이사이드 마켓플레이스(Bayside Marketplace)로 갔다. 자동차가 아닌 자전거를 이용했기에 카페에 들러 커피 한잔으로 더위도 식힐 겸 여유를 즐기며 휴식을 취했다. 창밖으로는 비스케인 만이 보이고, 정박한 유람선과 요트들이 한가로워 보인다.

미국의 동남부 지역 중 특히 남쪽은 지역적으로 중남미에 가까워서 그런지, 여타 다른 미국의 분위기와는 다르다. 언어만 해도 영어를 잘하지는 못하지만, 더 알아듣기 힘들고, 아예 필자가 미국인이 아니란 걸 알고, 처음 보는 데도 스페인어로 말을 건다. 길거리에 보이는 행인들의 분포 역시 히스패닉 계통의 사람들이 대다수이다. 특히 숙소에서 체크인 할 때 심하다. 고급 호텔에 숙박하지 않아서 그런지 영어가 아닌 스페인어로 시작한다. 아마도 숙박업소에서 히스패닉 계통의 직원들을 채용하다 보니 그런 현상이 생기는 것 같다. 필자가 눈을 동그랗게 뜨고 침묵하면 그제야 자기와 다른 사람이란 걸 인지한다.

이곳 베이사이드 마이애미 항에서는 비스케인만 크루즈를 할 수 있다. 여행객들은 특별히 예약하지 않아도 여러 크루즈 투어 회사의 선착장에서 티켓을 구입할 수 있다.

필자처럼 자전거를 타고 투어 하는 여행객이 아니면 다운타운을 둘러볼 때는 메트로 무버(Metro Mover)를 이용하여 시내 이곳저곳으로 쉽게 이동할 수 있다. 전용 고가레일로 다니는 셔틀처럼 운행하는데 세 개의 노선이 있으니, 행선지별로 선택하여 이용하면 된다. 구글 지도나 인터넷상에 표시된 대로 따르기만 하면 된다. 구글 지도를 마이애미 다운타운 지역으로 열고 'Metromover'를 검색하면 화면에 모든 정류장이 순식간에 팝업된다. 그러므로 필자와 비슷한 나이의 여행자라면, 허전하겠지만, 특별히 오프라인의 종이지도에 표시된 노선도가 필요 없다.

마켓플레이스에서의 휴식을 뒤로 하고, 베이프런트 공원(Bayfront Park)으로 갔다. 미국에는 땅에 여유가 있어서 그런지 정말 공원이 많다. 대규모의 국립공원을 비롯해, 주립공원과 그리고 도시 요소

요소 마다 공원이 조성되어 있어, 시민들의 편의 생활과 도시의 미관을 동시에 해결하고 있다. 우리가 가지고 있는 것 중 미국보다 좋은 것이 많이 있지만, 우리보다 잘 계획되어 관리하는 공원 시설들은 부럽다. 공원에는 Dade County War Memorial이란 전쟁 기념물이 있다. 미국의 공원의 특징 중의 하나는 대부분의 공원에는 이런 식의 전쟁 기념물이 있다는 것이다. 아마도 많은 전쟁을 치렀다는 방증이 아닐까? 기념물 한쪽에는 우리가 잘 아는 맥아더 장군의 'WE SHALL WIN OR WE SHALL DIE'라는 글귀가 새겨져 있다. 원형 극장도 있으며, 대관람차가 있어 비스케인만을 높은 곳에서 조망할 수도 있다.

공원을 벗어나 남서쪽 다운타운 교외 지역으로 자전거를 몰았다. 리틀 하바나(Little Havana) 라는 쿠바인들의 마을에 도착했는데 이곳 중 8번가라는 뜻의 칼레오초(Calle Ocho)가 유명하다. 골목마다 기념품 상점과 작은 식당들이 모여 있는데, 이곳에서 쿠바산 시가도 구매할 수 있다고 한다. 쿠바 향수가 있는 사람들이 이곳으로 쿠바 음식을 즐기러 온다고 한다. 그런데 역시 코로나 여파인지 관광객은 별로 눈에 띄지 않는다.

마이애미 남서쪽에 있는 코럴 게이블스(Coral Gables) 지역은 자전거를 타고 가기는 먼 거리일 것 같아 자전거는 포기하고, 차에 실었다. 가는 도중에 있는 코코넛 글로브 지역은 천천히 드라이브하면서 투어를 대신했다.

다시 자전거 투어를 하기 위해 코럴 게이블스 중심가 지역 인근에 주차할 곳을 찾는데, 가끔은 자전거 타는 것보다 더 어려운 것이, 주차할 장소를 찾는 일이다. 여기서는 다들 자기 집 앞에는 자기와 관련이 없어도 주차 금지 팻말과 차주 비용으로 Tow 하겠다는 경고 표지판들로 빈틈이 없다. 그렇다고 유료 주차장 찾기도 쉽지 않다. 아마도 외부 관광객들이 유료 주차장을 이용하지 않고 무단으로, 주차하는 모양이다. 할 수만 있다면 이럴 때는 유료 주차를 하는 것이 여러모로 이득이다. 공연히 무료 주차구역을 찾으려고 골목골목 탐색하며 시간을 허비하기보다는, 안전하게 주차하고 그 시간에 여행에 집중하는 편이 훨씬 낫다. 마이애미에서 자세히 보면 보도 경계석(Curb Stone)에 붉은색을 칠한 구역이 있는데, 그 구역은 무료 주차구역이다. 드물지만 찾지 못할 것도 아니다. 반대로 노란색 칠해진 구역에 하면 안 된다. 필자는 반대로 생각했었다. 왜냐하면 보통의 필자 나이 또래의 사람들의 색에 대한 개념은 붉은색은 왠지 '금지 혹은 경고'의 이미지로 각인되어 있기 때문이다.

자전거 타고 둘러보기 좋은 마이애미시 남쪽 코럴 게이블스

그런데 이상하게도 유료로 돈을 지불하고 주차하고 나서면, 얼마 안 가서 꼭 무료 주차장이 보인다. 자전거가 아니라 걸어서 투어하는 여행자들은, 주민들의 편의를 위해 운영하는 코럴 게이블스 트롤리(Coral Gables Trolley)를 이용하면 된다. 특이 사항은, 그동안 가지고 다녔지만 사용해 보지 못했던, 급할 때 차내에서 사용할 수 있는 소변기를 사용해 본 것이다. 만족도 100%다.

빌트모아 호텔(Biltmore Hotel) 전경

코럴 게이블스 지역은 마이애미와 독립된 작은 도시로, 울창한 가로수로 남국의 풍취가 풍기는 부유한 지역이다. 중심지역인 미러클 마일(Miracle Mile) 지나, 자전거 타기에 한적한 지역에 '빌트모아 호텔(Biltmore Hotel)'이 있다. 국립 사적지(National Historic Landmark)로 지정된 이 호텔은 원래 1926년 지어질 당시에는 호텔이었지만, 2차대전 당시 병원으로 이용하다, 종전 후 마이애미 주립대의 의과대학으로 이용하였다. 다시 원래의 기능인 호텔로 거듭난 것은 1987년이다. 복잡한 과거가 있는 호텔이지만, 마치 관공서같이 아무 일도 없었다는 듯 의연하게 자태를 유지하는 외관이 아름답다. 이곳 자전거로 순회한 후 주차한 곳으로 가는 길목에 있는 베니션 풀(Venetion Pool)을 방문했다. 관광객에게 큰 볼거리는 없지만 조성 당시 채석장을 개조하고, 샘에서 물을 채운다는 것이 특이하다.

복잡한 시내를 뒤로하고 I-95 고속도로 끝에서 913번 도로를 따라가면, 마이애미비치 남쪽에 있는 버지니아 키(Virginia Key)와 비스케인 섬(Key Biscayne)에서, 크렌던 공원 그리고 주택가를 지나면 '빌 백스 케이프 플로리다 주립공원(Bill Baggs Cape Florida State Park)'이라는 다소 이름이 긴 공원이 나온다.

Cape Florida 등대

공원 내 공용 시설 전경

이 공원에 온 이유는 지도상에서 Biscayne만이 끝나고 대서양을 조망하기 좋은 곳으로 보였기 때문이다. 사실 덥고 복잡한 마이애미 다운타운에서 차로 20분 정도면 도착하는 곳이지만, 짧은 시간의 드라이브만으로도 여행자를 보통의 세상에서 천국과 같은 곳으로 인도한다.

이곳에는 대서양의 관문이기에 큰 등대가 있을 것이란 필자의 예상대로, 1825년에 세워진 멋진 등대(Cape Flolida Light House)가 있다. 이 등대는 대서양에서 플로리다로 이동하는 선박들의 안전 항해를 위해 세워졌으며, 일반인들에게 내부를 공개한다.

공원의 입장은 주립공원으로 입장료를 지불해야 하지만, 그만큼 공원에는 캠핑할 수 있는 모든 시설이 갖추고 있을 뿐만 아니라, 청결하게 관리도 잘 되어 있다. 피크닉할 수 있는 장소에는 바비큐 시설이 있고 인근에 낚시인을 위한 부두 시설과 식당과 카페도 운영하고 있다. 공원 내부에는 자전거 도로도 잘 조성되어 있어 자전거를 타기에는 좋은 장소이다. 공원 자체의 자연스러운 모습과 좋은 위치에서 보이는 환상적인 경치에 마냥 미국이 부러웠다. 부러우면 지는 거라 했는데도, 부러운 건 어쩔 수 없었다. 물론 들어올 때 입장료를 지불하고 입장 했음에도 아까운 생각은 전혀 들지 않았다.

자전거를 타고 가면서 동영상을 촬영했는데 다음에 이런 기회가 있으면 Gopro를 준비해야겠다는 생각이 들었다. 자전거를 타면서 사진을 찍으려면 그때마다 내렸다 탔다를 반복해야 하는데 귀찮아져서 사진을 잘 안 찍고 그냥 지나가는 경향이 있다. 아내와 같이 여행할 때에 비해 사진 촬영 횟수는 많이 줄었다.

빡빡한 일정을 마치고 숙소에 도착하여 식사를 마치고 휴식을 취하니, 마치 꿈을 꾸는 것만 같다. 내일의 계획도 새로 설정하고 가족과 소통도 해야 할 것으로 보인다. 다른 가족들도 마찬가지지만, 이번 여행에서 집에 두고 온 아내가 마음에 걸린다.

이곳 미국에 도착하자마자 감기 때문에 한동안 아주 불편했지만, 이것 때문에 일정을 변경하거나 여행의 본질적인 일정에 변화를 줄 정도는 아니었다. 한국에서 출발하는 비행기 안에서 뒷좌석 두 칸 건너의 어떤 승객이 심하게 기침하기에 코로나가 아닐까 하는 마음에 몹시 불안했었다. 거기에 더해 애틀랜타 도착 후 여러 가지를 한꺼번에 쉬지 않고 여행 준비와 세팅하느라 무리했더니, 감기에 딱 걸린 것이다. 아내와 북유럽 여행할 때 핀란드 헬싱키에서 에스토니아 탈린으로 가는 카페리에서 몹시 기침하는 사람들이 주변에 있어, 혹시 감기 옮을 것 같다는 예감이 딱 맞아떨어진 상황과 아주 흡사하다. 필자는 감기에 걸려도 감기약을 먹지 않으니 약 구할 필요는 없지만, 콧물과 함께 목이 따갑고 기침이 나와 사람들이 있는 곳에 갈 때는 신경이 쓰였다. 혹시 코로나 아닐까 생각도 해 봤다. 내일 증세를 더 두고 봐야 할 것 같다.

인간은 늘 새롭고 자극적인 것을 더 바란다. 특히 먹는 문제가 해결되면, 관심이 엉뚱한 방향으로 쏠린다. 우리 세대 전에는 두 번에 걸친 세계 대전과 6.25 사변과 같이 우리의 일상을 송두리째 앗아가는 극적인 전쟁이 있었다. 세월이 지난 후 영화나 TV에서는 이와 관련한 콘텐츠들이 발전했는데, 현재는 갈등을 넘어 평화의 시대가 도래하고 좌우의 대립 관계가 희박해졌다. 구소련이 붕괴하면서 국경의 엄격한 규제도 완화하면서, 여행의 수요가 폭발적으로 증가했다. 자연히 숙박과 항공 등 교통 관련 공유경제 관련 기업들이 급성

장했다. 하지만 요즘 우크라이나 전쟁 때문에 신 냉전 시대가 오는 것 같아, 당분간은 코로나 이전의 여행 여건으로 되돌아가지는 못할 것 같다. 국경 폐쇄는 아니지만 전쟁 지역으로 여행한다는 것은 위험한 일이라 포기한 러시아와 시베리아 횡단 여행을 미룬 것이 요즘 후회가 된다.

한동안 여행과 관련한 오락 프로그램부터 전문 기행 프로그램들이 코로나로 한동안 재탕만 하다가, 코로나 규제가 풀린 요즈음 다시 기지개를 켜고 있다. 단지 현재 진행 중인 전쟁의 향배와 중국의 개방 여부에 따라 단기적인 영향을 받을 것으로 예상된다. 필자는 그래도 현재가 여행하기에 적기라고 생각한다. 여러 국가, 그중에서 인구가 많은 중국과 인도에서 여행 봇물이 터지면 전체적인 여행 비용의 상승은 물론이고, 여행객 증가에 따른 서비스 질 저하 등이 뒤따를 수 있다는 우려를 하는 것이다. 이와 더불어 인기 지역으로의 사람들의 쏠림 현상은 불을 보듯 뻔하다. 왜냐하면 과거보다 여행이 가능한 지역이 줄어들었지만 여행을 하고자 하는 사람은 줄지 않았고, 더욱이 그동안 눌려 있던 욕구가 한꺼번에 터지기 때문이다. 한마디로 여행지에서의 여행객의 밀집도가 높아질 것이 예상된다.

이곳 미국의 동부 해안과 남쪽 해안 지역은 지형적으로 특징적인 것이 있다. 워낙 보초 섬들이 많고, 이들이 막은 내해는 물론이고, 발달한 삼각주 덕에 거미줄처럼 수로와 운하로 채워져 있다. 각 운하와 섬에는 틈새마다 고급 주택가들이 들어서 있고, 개별 요트 계류장 등 부두 시설들과 편의 시설들이 촘촘히 들어서 있다. 그러다 보니 섬과 육지, 섬과 섬, 운하들을 가로지르는 교량이 유난히 많다.

그런데 이 교량들은 내해에 있는 조그만 어선이나, 개인 요트, 크루즈선 같은 선박들의 출입로를 봉쇄하는 역할을 하게 된다. 즉 차량 통행을 위해 건설한 교량이 선박의 운행을 못 하게 하는 셈인데, 이 문제를 해결하기 위해 이곳의 다리는 세 가지 형태로 건설했다. 하나는 마치 멀리서 보면 눈썹처럼 중앙 부분이 불룩하게 해서 즉 중앙 부분의 교각을 높게 하여 선박이 통과할 때 교량 상판이 걸리지 않도록 하는 방법이다. 이 경우 차량은 마치 높은 언덕을 올라갔다가 내려오는 기분이 든다.

또 하나의 방법은 사장교(서해대교 방식)나, 현수교 형태인데, 양측에 교각을 높이 세우고 상판을 케이블의 인장력으로 지지하는 형태로 선박이 출입할 수 있는 공간을 확보하는 방법이다. 이곳에서는 대부분이 사장교이고 현수교는 보지 못했다. 마지막으로 선박이 지나갈 때 기계적으로 상판을 들어 올리는 방법이다. 우리가 알고 있는 추억의 영도다리 형태이다. 이때 차량은 신호등이 있어서 지루하지만 기다려야 한다. 필자가 이곳에서 차를 운전하며 들어 올리는 다리 앞 신호등에서 여러 번 기다렸기 때문이다. 빌 백스 케이프 플로리다 주립공원(Bill Baggs Cape Florida State Park)에서 돌아오는 길에 갑자기 폭우가 쏟아지기 시작했고 마침 다리를 들어 올리는 바람에 한동안 기다려야 했다.

포트 로더데일에서 마주친 위기

감기로 인해 몸이 불편하지만 그래도 오늘은 많이 나아가고 있다. 어젯밤부터 줄기차게 쏟아지기 시작한 비는 아침이 되었는데도 기세가 꺾이지 않고 점점 더 거세어진다. 감기를 핑계로 숙소에서 꼼짝하지 않고 그냥 하루를 보낼까 하다가 잠깐 비가 소강상태라 10시 반이 넘어서 포트로더데일(Fort Lauderdale)을 목적지로 하고 우중에 차를 몰았다. 마이애미의 북동쪽에 있는 시의 모습이 궁금했다. 마이애미는 이번 여행 외에도 몇 번 방문했었지만, 지척에 있는 포트로더데일(Fort Lauderdale)은 일정 때문에 방문할 기회가 없었다. 중간에 Hollywood란 지역이 있기는 하지만, 마이애미시에 붙어 있다는 인식이 들 정도로 경계구분도 모호하다. 이번에도 공교롭게 비가 쏟아지는 상황이라, 역시 인연이 없구나 싶은 생각이 잠시 들었다. 포트로더데일(Fort Lauderdale)은 미국의 베네치아라고 부를 만큼 운하가 많은 도시인지라, 어느 정도의 비라면 자전거로 운하의 일부라도 둘러볼 생각이었다. 시 자체는 강과 호수 그리고 바다가 내륙으로 깊숙이 들어온 형태의 만(Bay)으로 이루어진 곳에 수로가 그물처럼 조성된 모습이다. 가지런하게 조성된 운하를 따라 고급 주택가들이 촘촘히 들어서 있어, 마치 수상에 떠 있는 듯하다. 그러나 한 가지 이탈리아의 베네치아와 다른 점은 물이 깨끗하다는 것과 건축물들이 바닷물 속에 잠긴 것이 아니라는 것이다. 그리고

해변길의 세찬 바람

이동 시에는 도로가 잘 나 있으므로 차량을 이용하는 것이 편리하지만, 운하를 이용할 수 있다는 것은 유사하다. 비가 몹시 쏟아지는 관계로 걷거나 자전거는 포기하고 가운데 도로를 따라 운하 몇 군데를 들러보고, 라스올라스(Las olas) 거리와 인근 지역을 차로 돌아 해변으로 갔다. 비가 많이 쏟아져 차에서 내리기조차 힘든 상황이라서 복잡한 거리는 서행하면서 주변을 둘러보았다. 동쪽 편의 보초로 이루어진 해변을 가기 위해서는 운하에 놓아진 다리를 건너야 하는데, 다리는 선박이 지나갈 때마다 들어 올려 선박이 통행할 수 있도록 해야 한다. 때마침 다리를 들어 올리는 중이라 한참 동안 기다려야 했는데, 이제 이곳에서 이런 일은 익숙해졌다.

다리를 건너면 바로 Las Olas Beach가 나오는데, 평일인 데도 아침부터 계속 내린 비 탓인지 도로는 꽉 막혀 꼼짝 안 한다. 교통 사정은 마이애미보다 못하고, 공용 해변임에도 화장실 시설이 눈에 띄지 않는다. 대서양과 인접한 사우스 로더데일(South Lauderdale) 비치 대로에서 비가 옴에도 불구하고 북쪽으로 잠시 자전거를 이용했다가 폭우로 중단했다. 폭우도 폭우지만 바람도 거세게 불기 시작하여 해변에서 자전거를 타는 것은 위험한 일이다. 중간중간에 길이 비로 인해 폐쇄된 곳도 있었다. 이제는 이곳에서 여행이 문제가 아니라 안전이 문제가 되기 시작했다. 내륙의 운하 쪽의 수위가 올라가는지 비치로드에서 고속도로로 들어가는 교량을 하나씩 통제하고 폐쇄되기 시작하여, 서둘러 해변 쪽을 빠져나와 간발의 차이로 해변 도로에서 고립되는 것을 모면했다. 안전이 중요하므로 아쉽지만, 예정된 나머지 일정을 모두 포기하고 숙소로 돌아왔다.

숙소에서 TV 통해서 홍수 상황을 지켜보고 있는데 포트로더데일(Fort Lauderdale)의 기록적인 폭우는 지금까지의 하루 최고 기록 강우량은 1979년의 370mm인데, 오늘 그 두 배 가까운 660mm가 내렸다고 한다. 거의 모든 도로가 일시 폐쇄되고 국제공항인 할리우드(Hollywood) 공항도 폐쇄되었을 뿐만 아니라, TV에는 항공기 일부도 물속에 잠긴 화면도 보인다. 일찍 포기하고 숙소로 오길 잘했다는 생각과 함께, 올해 1월 호주 여행 중, 서호주의 북서쪽 인적이 드문 고속도로에서, 폭우로 인해 고립될 뻔한 사고가 생각났다. 필자는 가끔 무모하게 행동하는 경향도 있는데 지금까지는 운이 좋아서 그것으로 인해 큰 사고는 없었지만, 항상 그러리라는 것은 보장하지 못하니 조심해야 한다.

숙소로 돌아오는 과정에 비가 와서 가뜩이나 운전하기 어려운데, 자꾸 이곳 시스템의 오류로 길이 어긋난다. 며칠 전 시내 중심가 고속도로에서 겪었던 것처럼, 오른쪽 나들목으로 나가라는 메시지가 나오는데 실제로는 직진인 경우가 많고, 반대의 경우도 있었다. 돌아가는 길에 역주행 차선으로 들어서는 실수를 두 번이나 했는데, 이곳 길에 익숙하지 않은 데다, 비로 인해 시야가 좋지 않은 것도 한몫했다. 정말 큰일 날 뻔했다. 물론 나의 실수지만 이곳은 마이애미보다도 더 여유가 없는지 차들이 비가 옴에도 감속하지 않고 속도가 무척 빠르다. 고속도로도 간혹 -전부는 아니지만- 일부는 타이어가 잠기는 구간도 지나왔으며, 고속도로를 벗어난 일반도로에는 타이어가 1/5 정도 잠길 정도로 이미 침수가 된 부분도 곳곳에 있었다.

늦은 점심을 위해 잠시 쉬었다가, 물을 비롯해 필요한 것들을 사러 마트에 왔지만, 폭우가 쏟아져서 차 안에서 한참 동안 기다려야 했다. 오나가나 비 때문에 어려움을 겪는다. 여행 중에 비가 오면 행동이 부자유스러울 뿐만 아니라, 시야가 좋지 않아 여행의 질은 많이 떨어진다. 하지만 이처럼 통제 불가한 상황에서 이루어지는 과정과 이를 극복하는 것에서 한층 더 여행의 참맛을 느낀다.

우리가 해외여행을 한다는 것은 가보지 않은 길을 가는 것이 대부분이지만, 한 번 가 본 곳을 또 시간을 달리해서 여행하는 것에도 의미가 있는 것 같다. 가보지 않았던 곳을 여행할 때는 사전에 그곳의 정보를 최대한 습득하여, 실제 여행할 때 변수를 줄여 나가려고 노력한다. 무턱대고 가는 경우도 있지만, 필자의 경우 일반적으로는 관련 정보를 많이 파악하고 출발하는 편이다. 하지만 그렇게 준비하고 간다고 해도 도움이 되긴 하지만, 그것으로 순간순간 벌어지는 변수까지 대처하기는 충분하지 않다. 그런 경험에 비추어 볼 때, 전혀 벌어지지 않을 것으로 생각한 일들이 생기고, 그것으로 인해 상황은 뒤죽박죽 복잡하게 엉키고 만다. 여행자들에게 바람직한 것은 모든 것이 단순하게 전개되어 여행 자체에 집중하는 것인데, 실제로는 우리 뜻대로 되지 않는다. 하지만 이에 맞서 극복하면서 앞으로 나아갔을 때 여행의 진정한 기쁨을 느낄 수 있는 기회가 온다. 우리가 제대로 여행했다고 하는 경우는 주변의 경관이 여행자의 정서와 일치감이 느껴질 때이다. 사실 표현하기조차 어려운 일이다. 그러므로 전에 왔던 곳을 여행할 때는 이미 많은 정보가 있으므로 좀 더 집중하여 여행을 즐길 수 있는 장점이 있다.

내일은 팜비치(Palm Beach)를 거쳐서 올랜도로 향한다. 팜비치(Palm Beach)에는 유명한 미국의 전 대통령 도널드 트럼프(Donald Trump)의 마라라고(Mar-a-Lago)가 있는 곳이다. 퇴임할 때 미국 기밀문서를 빼돌린 혐의로 연방 FBI의 압수 수색을 당한 트럼프(Donald Trump) 전 대통령의 사저인데, 뉴스에서만 보던 곳을 꼭 한번 보고 싶고, 이곳에는 트럼프(Donald Trump) 소유의 마라라고(Mar-a-Lago) 고급 호텔과 골프 코스도 있다고 하여, 이번 여행의 여정 중에 있으니 들러 볼 예정이다. 올랜도(Orlando) 가기 전에 1박을 더하고 올랜도(Orlando)에서는 3박을 할 계획인데, 올랜도(Orlando)에서의 일정은 디즈니랜드(Disneyland)와 유니버설 스튜디오(Universal Studio)를 어떻게 할 것인가에 의해 정해진다. 그 이후의 일정은 일단 서배너(Savahnah)와 찰스턴(Charleston)을 지나 샬럿(Charlotte)을 지나면서 그때 결정하면 된다. 아울러 그레이트 스모키(Great Smoky) 산맥을 가로질러 트레일을 할 것인가 혹은 우회할 것인가 결정해야 한다. 왜냐하면 그곳을 가려면 날씨 상황에 따라 약간의 사전 준비가 필요하기 때문이다.

서배너(Savahnah)와 찰스턴(Charleston)은 영화 "바람과 함께 사라지다"의 진행 무대가 됐던 곳이기도 해서 들를 예정이다. 그곳을 지나면 테네시주의 내슈빌(Nashville)에 진입한다. 테네시주에는 대표적인 도시가 내슈빌 이외에도 멤피스가 있는데 특히 멤피스(Memphis)는 로큰롤(Rock & Roll)의 제왕 엘비스 프레슬리(Elvis Presley)의 숨결이 녹아 있는 도시이다. 앞으로의 여정 계획들은 시간이 되면 좀 더 충분한 정보를 토대로 결정하겠지만, 두려워서 우회하기보다는 예정한 계획을 지켜서 진행하려 한다.

자유 여행 팁 | 미국의 유료 고속도로와 역주행 주의

마이애미를 비롯하여 대도시의 도시 인근과 중심가를 포함하여 교통량이 많은 곳은 유료도로로 지정한 곳이 많다. 유료도로는 별도의 도로가 아닌, 기존 고속도로의 일반적으로 좌측 한두 개 차선을 유료도로(Express Toll Lane) 지정하여 운영한다. 필자가 처음에 개념을 못 잡고 혼란스러웠던 것은 유료도로는 별도의 도로라는 선입관 때문이었다. 그 외의 고속도로는 특별한 경우를 제외하고는 유료는 드물다. 우리나라의 경우 모든 고속도로가 유로인 것과는 대조된다. 그리고 고속도로는 도시와 도시 간의 도로로서 그 기능적 역할을 하는데 미국의 대부분 고속도로는 시 중심부와 다운타운을 관통한다. 다만 외곽으로 우회하는 기능은 반드시 있지만, 경부고속도로나 우리나라 고속도로처럼 서울 언저리에 와서 슬그머니 없어지는 경우는 드물다. 우리나라 대동맥인 경부고속도로는 한남대교 남단에서 갑자기 일반도로로 바뀐다.

역주행의 첫 번째 가능성은 이미 소개했듯이, 미국의 규모가 큰 도시에서는 주요 간선 도로와 고속도로는 시내 중심가, 다운타운에 집중적으로 모여 있다. 시내 중심가를 관통하는 고속도로는 마치 고층 건물같이 입체 교차로 형태로 되어 있어 자연히 복잡하다. 그러다 보니 입체 교차로상에서 나들목이 좌 혹은 우측으로 촘촘하게

나 있으므로 급하게 차선 변경이 쉽지 않다. 특히 길에 익숙하지 않은 외지 여행객에게는 매우 어려운 상황이 생긴다. 일반적으로 들어오고 나가는 길은 차량 진행 각도가 있어 길을 잘 몰라도 역주행은 쉽지 않은데, 간혹 들어오는 입구 바로 옆에 나가는 입구가 근접해 있고, 입출 각도가 애매하게 되어 있는 곳이 있다. 흔치 않지만 복잡한 도심에서, 제한된 공간을 활용하려다 보니 그렇게 한 것으로 보인다. 이러한 곳에서 내비게이션에 의존해 운전하는 여행자는 자칫 나가는 곳으로 착각하고 들어오는 입구로 차를 몰고 갈 수 있다. 이것이 역주행이라고 느끼는 순간, 서로 당황하고 필자를 바라보고 있는 맞은편 운전자는 놀란 표정과 화난 표정을 짓는다. 이런 경우로 세 번이나 역주행했고, 그중 한 번은 정말 치명적일 뻔했다.

역주행의 두 번째 가능성은 미국은 땅 여유가 많아서 상행과 하행의 차선이 우리처럼 중앙선으로 구분되지 않고, 중간에 화단이 있는 경우가 많다. 화단의 폭이 넓어 반대편 차선이 가끔 운전자의 눈에 안 보일 때도 있다. 문제는 그런 도로로 좌회전할 때 역방향을 반대 방향 차선으로 착각하고, 역방향의 1차선 쪽으로 좌회전하는 역주행을 하기가 쉽다. 두 번 실수했는데, 한 번은 정말 큰일 날 뻔했다. 반대편에서 고속으로 내 차를 향해 달려오다 급브레이크 밟고, 사람들이 모두 차를 세우고 날 바라다보고. 어찌나 놀랐던지 안전지대에 온 후에도 한동안 기다려 진정한 후 가야 했다.

팜비치의 마라라고

연속 3일째 날씨가 좋지 않지만, 그나마 폭우는 멈추고 흐리고 바람만 불기에 다행이다 싶다. 오늘은 I-95 고속도로로 북상하여 포트로더데일(Fort Lauderdale) 북쪽에 있는 폼파노 비치(Pompano Beach)로 진입한 후 A1A 도로를 드라이브 혹은 차를 주차하고 간간이 자전거를 타며 갔다. 1차 목적지는 팜비치(Palm Beach)에 있는 트럼프(Donald Trump) 전 대통령의 사저인 마라라고(Mar-a-Lago)이다. 바람이 거세어 해변의 야자수들은 육지 방향으로 구부러져 마치 폭풍우에 비닐우산이 뒤집힌 형상으로 휘청거려 위태로워 보였다. 북상해 가면서 다행인 것은 간간이 해변에 화장실 등 여행자 편의 시설들이 잘 갖추어져 불편한 점이 없다는 것이다. 잠시 쉬어 가고 싶은데 A1A 도로변에는 마땅한 카페가 안보이길래 A1A 도로를 벗어나 서쪽의 한 카페에서 간단히 요기하면서 커피를 즐겼다. 잠시 휴식 후 다시 해변으로 나와 전망대에서 바닷가를 바라보니, 이상한 장면이 보인다. 모래사장으로 차도 다니고 있었다. 이건 이해가 된다 하더라도 오토바이도 다니고, 전동 킥보드, 심지어 자전거를 타는 모습도 보인다. 우리나라 해수욕장 해변 모래사장에서는 있을 수 없는 광경이다. 필자도 자전거를 내려 해변에서 타 보았는데, 일반도로에서 타는 것과 큰 차이가 없었다. 모래가 밀가루처럼 곱고, 약간 회색에 가까운데 마치 굳은 땅처럼 자전거 바퀴가 전혀 빠지지 않았다.

A1A 도로를 타고 북상 계획을 할 때, 해변과 인접한 도로에 적절히 주차할 곳이 없을까 걱정했는데 의외로 마이애미의 사우스 비치나, 키 웨스트는 주차장에 대해 인색하지는 않아서 쉽게 주차할 수 있었다. 팜비치에 도착해서는 바닷가라서 그런지 바람이 다시 거세어지고, 걷기조차 힘들어 자전거는 엄두도 나지 않았다. 게다가 갑자기 빗발마저 강풍을 타고 거세져서 그야말로 사면초가였다. 마라라고 북쪽 지역의 일반 주택가 주차장에 주차할 무렵, 비는 점점 잦아졌지만 여전히 바람이 거세고 자전거를 타게 되면 사진 찍기도 불편해서, 자전거는 포기하고 걸어서 둘러보기로 했다.

마라라고에 도착하니, 예상대로 무장한 경비들이 정문에 배치되어 있는데, 정문 쪽으로 가까이 갔더니 오지 말라고 손짓하길래 사진만 몇 컷을 찍었다. 정문의 경비가 손짓으로 가던 길을 계속 가라고 해서 해변 쪽으로 더 나아가 사우스 오션 대로(South Ocean Blvd)와 서던 대로 (Southern Blvd) 삼각 분기점에서 유턴하였다. 전임 대통령이고 또 한참 선거 준비를 하는 와중이니 경호와 경비는 중요한 사항이겠지! 한 바퀴 돌고 차로 돌아와 웨스트 팜비치(West Palm

팜비치에 있는 트럼프의 마라라고 사저

Beach)의 다운타운을 방문했다. 4월 중순 비수기에 고르지 않은 날씨 탓인지, 거리는 한산하고 인적이 드물다.

다운타운에서 북쪽에 약 8km 지점에 매너티 라군(Manatee Lagoon)이 있는데 이곳에 가면 미국 근해에서만 볼 수 있는 매너티를 볼 수 있다. 매너티는 흔히 인어라 불리기도 한다는데, 새끼를 안고 젖을 먹이는 모습이 마치 사람과 흡사하기 때문이라고 한다. 매너티와 모양이 비슷하여 구별하기 어려운 듀공이라는 또 다른 바다 포유동물이 있는데 꼬리 모양으로 구별한다고 한다. 매너티는 따뜻한 바다에 살아야 하는데 추위에 약해서 수온이 낮으면 폐렴에 걸려 죽는다고 한다. 실제로 매너티가 이곳으로 회유하는 이유는 플로리다의 바닷물이 따듯하기 때문이라고 한다.

얕은 바다에 살며, 주식은 해초인데 몸무게가 200~600kg 정도 나간다니, 실로 바다코끼리이다. 흥미로운 동물을 볼 수 있는 기회가 되면 놓치지 말기를 바라지만, 라군 운영 측은 반드시 볼 수 있다고 보장하지는 않는다고 한다. 필자도 날씨 탓에 실제로 보지는 못했다.

A1A 도로는 팜비치에서 북상하면서 1번 고속도로와 겹치며 사라졌다가 다시 나타났다가를 반복하다가 스튜어트 비치(Stuart Beach)에 도달하여 계속 북상한다. 이 길로 계속 가다 보면 포트 피어스(fort Pierce) 방향으로 좌회전하면 '매너티 관람 및 교육센터(Manatee Observation and Education)'가 있는데 여기서도 운이 좋으면 매너티를 볼 수 있다. 기왕에 팜비치를 방문하게 되면 1박을 하고 사우스코브 내추럴 에어리어(South Cove Natural Area)에서 산책을 하는 것도 좋겠지만 일정상 계속 이동했다.

애초 계획은 포트 피어스(fort Pierce)에서 하루 쉬고 올랜도를 가려 했으나, 비교적 이른 시각에 예정된 일정을 소화했기 때문에 올랜도로 바로 가기로 하고 출발했다. 가는 도중 졸음이 밀려와 I-95 고속도로상 휴게소에서 잠시 눈을 붙인 후, 좀 더 휴식을 취하면서 숙소를 알아보고 예약을 마쳤다. 숙소는 디즈니랜드에 갈 것을 염두에 두고 올랜도 중심가의 동남부로 정했다. 타지에서의 야간 운전은 위험이 따르므로 적어도 오후 6시 전에 도착할 수 있도록 서둘렀지만, 외곽 남쪽에서 올랜도 중심부로 진입하는데 교통체증으로 인해 예정보다 늦은 시간에 도착했다.

올랜도의 월트 디즈니 월드

올랜도는 20여 년 전에 아내와 함께 여행한 경험이 있는 곳이다. 당시 월트 디즈니 월드(Walt Disney World-WDW)의 테마파크인 매직 킹덤(Magic Kingdom)에서 여러 놀이시설을 즐기다 그만 멀미가 난 기억이 있다. 플로리다의 주도(State Capitol City)는 탤러해시(Tallahassee)이지만, 올랜도(Orlando)는 마이애미(Miami), 잭슨빌(Jacksonville), 탬파(Tampa) 등과 함께 플로리다주의 대표 도시이다. 그러나 올랜도는 내륙에 있어서, 여타 플로리다의 주요 도시가 가지는 남국의 장점, 매력적인 백사장과 해수욕장이 없다. 월트 디즈니 월드(Walt Disney World)와 유니버셜 스튜디오(Universal Studio), 케네디 우주 센터(Kennedy Space Center) 등을 빼놓으면 별로 방문할 필요성이 의심되는 그런 도시이다. 월트 디즈니 월드(Walt Disney World)는 전 세계에 있는 크고 작은 디즈니 계열 테마파크의 종합판이라 할 수 있다. 면적이 110km²로 여의도 면적의 38배이므로 그 규모가 상상 이상으로 크고 넓다. 또한 LA에 있는 디즈니랜드보다도 약 15배가 크다고 하고 동두천시보다 넓으니, 가히 그 규모는 놀랄 만하다. 그 넓은 부지 내에는 매직 킹덤(Magic Kingdom), 애니멀 킹덤(Animal Kingdom), 할리우드 스튜디오(Hollywood Studio), 앱콧(Epcot) 등 4개의 테마파크와 식당, 쇼핑, 공연 관람 등을 할 수 있는 다운타운 디즈니가 있으며, 이외에도 블리자드 비치(Blizzard Beach)

와 타이푼 라군(Typhoon Lagoon) 등 폭풍을 주제로 한 워터파크가 있다. 이 넓은 곳 전체를 대충이라도 둘러볼 요량이면 5~7일은 필요하다. 앱콧만 가는데 입장료만 우리 돈으로 환율 1,300원/달러로 하면 20만 원이 들고, 전체를 다 둘러보려면 역시 입장료만 인당 50만 원 이상 지불해야 한다. 그 외에 주차비와 소소하게 들어가는 비용은 포함하지 않았다. 다 둘러보려면 서두른다 해도 올랜도에 WDW만 위해 6~8일 숙박을 해야 한다는 계산이 나오며 숙박비 또한 만만치 않다. 필자와 같이 장기적으로 혼자 다니는 여행자에게는 잘 맞지 않는 개념이다. 그래서 필자는 아내와 함께 갔었던 매직 킹덤은 생략하고, 동물을 주제로 한 애니멀 킹덤 역시 취향이 아니고, 만화영화 또한 아동을 동반하지 않았으니 역시 생략하니, 앱콧만 남았다. 특히 LA와 동경의 디즈니랜드에는 없는 테마파크이기 때문에 앱콧만 가기로 했다. WDW의 테마파크를 입장하려면 당연히 티켓을 구매해야 하는데, 거두절미하고, 인터넷 홈페이지에서 구매하면 된다. 절차는 매우 간단하다. 디즈니 공식 홈페이지(http://disneyworld.disney.go.com/)에서 회원가입하고 원하는 날짜에 원하는 테마파크를 선택한 후 결재를 진행하면 된다. 결재는 신용 카드로 하는 것이 편리하다. 결재하고 나면 이메일로 바코드가 전송되어 받을 수 있다. 그러면 구매는 끝이다. 티켓을 구매한 후 실제로 원하는 테마파크에 입장하는 가장 좋은 방법은 남들 하는 대로 따라 하는 것이다. 어차피 처음 오는 곳이니, 서로 우왕좌왕하는 것은 우리네와 똑같다. 하지만 그중에도 경험이 있는 사람이 있으므로, 그곳에는 사람이 많이 몰리므로 따라 가면 된다.

일단 대중교통을 이용하는 사람들은 거의 없다. 이곳 올랜도에서의 각종 테마파크를 섭렵하려면 케네디 우주센터를 제외하고는 자유 여행이 제격이다. 케네디 우주센터는 현지 투어를 진행하는 것이 낫다. 자유 여행을 하면서 대중교통을 이용하면 쓸데없이 길 위에서 버리는 시간 낭비가 많으므로 자동차로 이동해야 한다. 이곳이 워낙 한적하고, 넓기 때문이기도 하지만 이 사람들 문화 자체가 그렇다. 이해하기 쉽게 이야기하자면 차가 없으면 이동이 불가능하다고 생각하면 된다. 여기도 대중교통은 있지만 면피성이다.

입장을 할 때는 3단계를 거쳐야 한다. 차로 원하는 테마파크로 진입하면 주차장이 먼저 나타나고, 주차장에 들어가려면 주차비를 정산하는 게이트를 통과하게 되는데 이때 티켓 구매 때 지불한 가격에 포함이 안 되어 있어 주차비는 별도이다. 그러니까 주차장에 진입하려면 추가로 입장료를 내야 한다. 필자의 주차비는 승용차 기준으로 25불이나 하니까 적은 돈은 아니다. 일단 주차하고 나서 이곳을 방문하는 사람들이 워낙 많으니 두리번거릴 것도 없고, 안내요원들이 입장하는 요소요소에 배치되어 있으니 그냥 남들 하는 대로 따라 하면 된다.

두 번째 관문은 짐 검사 게이트이다. 이곳에 별일 없으면 그냥 통과하는데, 의심스러운 백팩을 메고 가면, 검사할 수도 있지만, 그렇다고 백팩을 포기하면 안 된다. 물이라든지 필요한 소지품을 넣어 가야 하므로 꼭 가져가야 한다. 마지막 세 번째 관문은 진짜 구매해 둔 티켓(인쇄하지 않고, 휴대 전화의 바코드만으로도 가능)을 보여 주고 입장하면 된다. 필자는 숙소에서 출발할 때 생수와 보온병에 커피를 준비해 왔는데, 내부에는 배고플 때 해결할 수 있는 길거리 음식들이 많이 있다. 입장 후에는 본격적으로 각 테마 파크의 특성에 맞게 즐기면 되는데, 앱콧을 기준으로 설명해 보겠다. 일단 추가로 내는 요금은 없으니, 테마별로 구분된 시설에 일일이 다 들어가 보자. 줄을 서서 차례를 기다릴 수 있지만 생각보다 줄이 빨리 줄어드니 포기하지 말고 기다려서 즐겨 보도록 하자. 입장해서 볼 것들은 Spaceship earth, The seas with Nemo & Friends, Awesome planet, Journey into imagination 등등이다. 입장해서 참여하게 되면, 이 테마가 의도하는 것을 이해할 수 있다. 개인적으로는 Awesome planet이 인상 깊었다. 각각의 진행은 차례가 오면 탈 것이 준비되어, 타기만 하면 자동으로 움직여 참여자들은 그저 즐기기만 하면 되는 것이다.
편안하고 시스템이 정교하니 꼭 해보길 권한다. 이 테마들은 콘텐츠가 충실하고 섬세하니, 우리도 이런 것들은 눈여겨볼 필요가 있다고 생각했다. 국내의 테마파크도 앞으로는 더 나아질 것을 기대해 본다.

국가별 축제 테마

이곳의 하이라이트는 호수를 가운데 두고 세계 각국의 프렌드십 테마파크이다.

애니메이션 꽃장식

테마 거리 중앙 호수

필자가 방문한 기간이 운 좋게도 부활절과 겹친 기간이다. 이렇게 온 세상이 꽃으로 뒤덮인 것으로 착각이 들 정도로 빈틈없이 화려하게 장식했다. 더 놀라운 것은 월트 디즈니의 애니메이션에 등장하는 모든 캐릭터 꽃으로 제작하여 가는 곳마다 테마별로 배치한 점이다. 이곳저곳에 같은 캐릭터인데도 크기와 모양도 다양하게 만

국가별 테마 거리

들었다. 어떻게 저토록 꽃으로 정교하게 만들었을까 하고 감탄하게 만든다. 필자는 사전에 알지 못하고 이곳을 방문했지만, 앱콧에서는 해마다 이 기간에 인터내셔널 FLOWER GARDEN FESTIVAL이 열린다고 한다.

이렇게 축제 기간에 이곳에 오게 된 것은 우연이자 행운이었다. 여행자들은 계획을 잡을 때 특정 테마를 선정하고 지역과 시기를 선정하기도 한다. 이때 특정 트레일, 오지 탐방 등과 함께 특정 축제는 사람들이 선호하는 테마이다. 어디서나 마찬가지이지만, 이런 기간에는 지역의 숙박비가 두세 배 상승하고, 모든 물가가 비싸지는 단점도 있는데, 여기도 예외는 아니다. 사실 플로리다 주명은 '꽃의 부활절 (Pascua Florida)'에서 유래했다고 하니, 이 시기에 맞춰 꽃 축제를 하는 것은 자연스러운 결과인지도 모른다. 호수 둘레를 꽃으로 장식하고, 그사이 사이에 둘러 가며 세계 각국의 특징적인 건축물들이 들어서 있다. 건물에는 공연장이나 선물 코너, 식당들이 들어차 있어서 알차다는 느낌이 든다. 먹거리가 다양해서 필자도 허기를 느낄 때마다 조금씩 음식 맛을 보았다. 날이 더워서 그런지 아이스크림을 파는 노점에는 늘 줄이 길고, 인기 있는 먹거리에도 줄이 길다.

이곳에 세계 각국이 있는데, 영국, 프랑스, 이탈리아, 독일, 노르웨이 이외에도 미국, 캐나다, 멕시코, 모로코, 일본, 중국, 인도 등이 있는데 한국은 없다. 이유는 이해하지만 그래도 서운하다.

테마파크 입장하기 전까지는 164불의 입장권 구매와 25불의 주차비를 지불하면서까지 와야 할까 의구심이 들었는데, 다 돌고 나니 고개가 끄덕여지고, 가성비가 나쁘지만은 않았다. 한가지 미국관은 시간에 맞추어 가면 배우 역할을 하는 사람들이 연극을 하는데 재미있다. 미국의 탄생과 자유의 가치 이런 것들이다. 테마공원에서 거의 하루를 보내고 공원을 나서며, 올랜도 약간 북쪽에 있는 한국 식품점인 ○○ 마트에 가서 김치와 해물, 그리고 한국식 반찬류들을 쇼핑하고 숙소로 돌아왔다. 숙소 오는 도중 주유소에 들렀는데 난데없이 노숙자로 보이는 사람이 다가와서 뭔가 할 얘기가 있다고 접근하길래, 행색을 보니 지저분하고 악취도 나는 것 같아서 기름 넣는 것을 포기하고 그냥 숙소로 왔다. 숙소에 와서 생각해 보니 마약을 한 것 같았다. 마약을 하는 것도 개인의 선택이요 자유라고 방관하는 미국을 이해하려고 노력 중이다.

세인트존스 강변이 아름다운 잭슨빌

미국과의 시차로 아침에 가족들과 영상 통화를 했다. 이렇게 여행을 장기간 다니면 가족이 그립다. 그러나 서로 바쁘게 지내다 보면 잊히게 된다. 어쩌면 여행으로 인한 짧은 이별이 필요할 수도 있다는 생각이 들 때도 있다.

혼자서 일정을 소화하니, 도착하여 적응해 나가던 초기보다 조금 빠르게 여정을 소화하고 있는 것 같다. 그러나 방문 예정지를 생략하거나 대충 지나와서 그런 것은 아니다. 덕분에 계획에는 없었지만, 이곳에서 멀지 않은 곳에 사는 지인에게 방문할 수 있는 여유도 생겼다. 하지만 방문할지는 좀 더 생각해 보고 결정하기로 했다. 그보다는 서북쪽으로 여행지를 좀 더 광범위하게 확장할까 생각 중이다. 지금 결정하기보다는 앞을 진행 과정에서 구체적으로 계획을 수정할 생각이다. 후보지로는 이틀의 일정이 필요한 오클라호마와 일주일 이상이 필요한 캔자스와 미주리주도 생각해 보았다.

필자가 운전할 때 3가지 방법으로 안내용 내비게이션을 운영한다. 차량에서 제공하는 것, 가지고 다닐 수 있는 가민(Garmin), 그리고 구글맵을 이용한 내비게이션인데, 그중에 주가 되는 것은 구글맵이다. 보통 차량의 매립형 내비게이션은 사용하지 않는다. 안드로이드 오토(Android Auto)를 이용하여 구글맵 내비게이션을 차량의 모니터에 구현하므로 그 기능을 잃게 되기 때문이다. 그래서 요즘

차 중에는 자동차 회사제공 내비게이션은 없애고, 모니터만 제공하는 차들도 있다. 가민 내비게이션은 지도를 광역으로 설정하여, 대체로 차가 진행하는 방향을 가늠하는 용도로 사용한다.

한 가지 주의할 점은 운전 도중 이미 설정한 노선보다 좀 더 빠른 경로가 있다고 메시지가 나오고, 그 경로로의 안내를 원하면 탭 하라고 나온다. 그런데 경험에 의하면 그렇게 하지 않는 것이 오히려 안전하다. 보통 시내에서 일부 구간의 정체가 있거나, 공사나 다른 문제가 있을 때, 그러한 안내가 나오는 경우가 있는데, 빠르기는 하겠지만, 경험상 그렇게 빠른 것도 아니면서 좌회전, 우회전을 반복해 가며 꼬불거리는 경로로 안내한다. 그리고 위험할 수 있다. 오늘도 하마터면 큰 사고가 날 뻔했다. 좌측으로 차선을 바꾸려는데 좌측 차선 뒤에서 엄청나게 빠른 속도로 차가 돌진해 와서 그대로 충돌할 뻔했다. 물론 방향 변경 지시 등을 작동했고 서서히 진입을 시도했는데, 차선을 변경하려 할 때 보이지 않던 차가 마치 총알이나 비행기처럼 쌩하는 굉음을 내고 스쳐 지나갔다. 순간 등골이 오싹했다. 그 차는 필자가 차선 변경하려는 것을 알고도 그런 속도로 달려왔을까? 또 다른 경우는 내비게이션에서 빠르게 가는 길을 알려주길래 따라가다가 역주행했다. 약 20m 정도이고, 그나마 교통량이 적어서, 후진으로 수습했지만 후진하는 동안 내내 긴장감은 이루 말할 수 없었다. 그러므로 당초에 설정된 루트를 변경하지 않는 것이 안전하다.

I-45고속도로로 북상하다가, 데이토나 비치(Daytona Beach) 동쪽 해안도로인 A1A 도로를 북상 중 해변에서 휴식을 취했다.

며칠 전 팜비치 때와는 달리 날씨도 쾌청하고 바람도 거세지 않아 모래사장에서 자전거를 타고 해변 산책을 했다.

팜비치에서와 같이 모래 해변에서 자전거, 세그웨이, 킥보드 등을 탈 수 있다는 것이 믿기지 않는다. 역시 마찬가지로 모래는 정말 밀가루처럼 곱다. 이곳 데이토나 비치에서는 자동차 경주를 볼 수 있다. 경기장은 데이토나 비치 인터내셔널 공항(Daytona Beach International Airport)과 가까이 있다. 가는 길은 I-4와 I-95 고속도로 교차점 북쪽 시 초입에 있다.

해변에서의 휴식을 끝내고, I-95고속도로에 들어서자마자 차들이 정체되어 있다. 원인은 잭슨빌로 가는 고속도로상에서 교통사고가 크게 났기 때문이다. 차들이 파손된 형태를 보니 많은 사람이 치명적으로 다쳤을 것 같았다. 이곳에도 우리나라 고속도로처럼 졸음운전에 대한 위험과 경각심을 주는 문구들이 걸려 있는 것으로 보아, 아마 졸음운전이 원인일 가능성이 크다. 호주에서 여행할 때, 고속도로상에 있는 재미있는 졸음운전 관련 경고 문구 하나 예를 들어 보겠다. 'REST or RIP' 라고 써 있길래 처음에는 뭐지? 했다. 우리말로 의역하면 '죽지 않으려면 쉬었다 가라'라는 뜻인데 RIP는 'Rest in Peace'로 죽은 자의 명복을 비는 문구이다.

리버워크에 있는 아담한 공원

잭슨빌에 도착하여 숙소로 바로 가지 않고 노스뱅크 리버워크(Northbank Riverwalk) 주차장에 차를 세우고 자전거를 내렸다. 주차장 옆에는 세인트존스 강변을 따라 걷거나 자전거를 탈 수 있는 산책로가 조성되어 있다.

주차장 바로 옆에는 시드니 J. 게펜 공원(Sidney J. Gefen Park)이라는 자그맣고 아담한 공원이 있다. 산책로를 따라 시원한 강바람을 가르며 달리는 자전거 라이딩은 짜릿한 즐거움이었고, 강 건너의 스카이라인은 덤이었다. 잠깐씩 자전거를 세워 놓고 걷기도 하고, 멋진 스카이라인 사진도 찍고, 간간이 있는 벤치에 앉아 여행의 고단함을 잊었다. 자전거를 타고 사우스 뉴난 스트리트(South Newnan St.)까지 갔다가 되돌아왔다. 잭슨빌은 인구 약 90만 남짓의 중형도시로, 미국의 7대 잭슨 대통령의 이름을 딴 것인데 우리나라의 창원시와 자매도시다. 남북전쟁 시 시가는 대부분 파괴되었다가 현재의 모습은 그 이후에 재건된 것이다. 이곳 주차장은 합리적이다. 차를 주차한 주차장은 시내 중심가 강변에 있으면서도 일정 시간은 무료인데, 깨끗하게 잘 정돈되어 있고, 표지와 방향 등이 아주 간결하게

아름다운 세인트 존스 강변 풍경

설치되어 있어 여행자가 찾아다니던 그런 스타일의 주차장이다. 잭슨빌은 그런 면에서 마음에 꼭 드는 도시다. 다음 방문 예정 도시는 서배너(Savannah)인데 그곳도 그럴지 모르겠다. 보통 필자같이 차를 이용하여 이곳저곳 떠돌아다니며 여행하는 사람은 시내의 주차장 몇 군데만 들러보면, 그곳의 인심과 사람들의 심성 등을 대략 짐작할 수 있다. 어떤 곳은 곳곳에 차주 비용으로 끌어가겠다는 (Tow) 위협적인 팻말이 촘촘히 있는 곳도 있다. 이런 곳은 왠지 사람들의 표정도 편안해 보이지 않고 경직되어 있다. 아마도 그들은 그곳에 묻혀서 살고 있으므로 모르겠지만, 필자같이 이곳저곳 기웃거리는 여행객에게는 금방 비교가 된다.

자유 여행 팁 | 미국의 국립공원 연간 패스

미국은 워낙 땅이 넓고, 대자연의 조건이 지역별로 특색이 있기에 많은 국립공원이 있다. 물론 우리나라도 국립공원 제도가 있다. 그러한 자연을 대상으로 공원 자체는 미국의 위대한 보물이며, 국립공원 제도는 미국의 뛰어난 제도 중의 하나이다. 그러므로 미국을 중장기로 자유 여행을 하게 되면 일부러 피하려 하지 않는 한, 국립공원을 거치지 않는 경우는 드물다. 사실 미국 여행에서 국립공원을 가보지 않는 여행은 속된 말로 '앙꼬 없는 찐빵'처럼 제대로 한 여행이라 이야기하기도 어렵다. 공원 관리는 부러울 만큼 잘 되어 있고, 방문자가 최대한 자연을 즐길 수 있도록 조성해 놓았다. 그래서 혹자는 국립공원을 다녀온 후 샌프란시스코, 로스앤젤레스, 뉴욕, 보스턴, 워싱턴, 시카고, 라스베이거스 등등 도시의 화려한 불빛과 스카이라인이 그렇게 좋아 보이지 않는다고도 한다.

미국 국립공원은 인공적으로 아름답게 조성해 놓아 시민들의 휴식 공간을 제공한 것이 아니라, 입구에서부터 상상도 못 할 대자연의 풍경들을 접한다는 것이 가장 큰 특징이다.

그러나 거의 모든 국립공원은 유료 입장이고, 공원마다 요금이 다르며, 요금도 만만치 않다는 사실이다. 그리고 항상 장기적으로 사용하는 사람들에게 유리하도록 요금체계가 되어 있어 단기로 방문하는 여행객에게는 가성비를 기대하기 어렵다. 예를 들면 하루만 입장하고 싶어도, 아니면 2시간만 머물고 싶어도 그런 요금이란 존재하지 않는다. 무조건 최소 7일 요금을 지불해야 한다. 즉, 잠깐 들르는 여행자들은 특별한 경우를 제외하고는 공원 한군데에 일주일씩 머무르는 경우는 드물기에 아주 많이 불리하게 되어 있어, 인근의 거주민이나 장기적으로 휴가를 즐기려는 사람들에게는 유리하다.

자유 여행자들은 다음 사항들을 참고해 보자.

National Park Annual Passes 가격: $80(유효기간 1년)(군인: 무료, 4학년: 무료, 장애인: 무료, 자원봉사자: 무료, 시니어(62세 이상): 할인 등의 제도가 있으나, 미국 시민권자와 영구체류자에 한하니, 한국인은 해당 없음.)

어떻게 구입하나: 공원 입구 매표소, 혹은 방문자센터. 온라인 구매는 미국에 거주지가 있을 때 가능(배송지 문제). 그러므로 국내에서 출발하는 여행자는 최초 방문 국립공원 매표소에서 구입하면 된다.

현금, 카드 가능

일회성 국립공원 입장료는 공원마다 다르고, 대개 $20~$50이고, 유효 기간은 7일이 보통이다. 그러므로 연간 패스를 구입하여 3회 이상을 방문하면 남는 장사이다.

Pass를 받으면 뒷면에 최초 방문 공원에서 서명해야 하며, 이는 유효기간에 대한 등록이다. 등록은 두 사람이 할 수 있으며 서로 다른 날로 서명할 수 있다.

여행자들이 알면 도움이 되는 미국의 국립공원에 대해 좀 더 소개하자면

미국에 국립공원 등의 National~ 하는 Site가 423개이다.

그중에는 국유림, 국가 보호구역, 국가기념물, 국가사적지, 국가 기념관이 포함되어 있다.

그것들 모두가 국립공원은 아니다. 국립공원은 63개뿐이다.

모든 주에 국립공원이 있는 것은 아니고 50개 중 30개 주에만 있다.

국립공원이 가장 많은 주는 캘리포니아 주로 9개로 다음과 같다. 북쪽으로부터 나열하면 Redwood, Lassen Volcanic, Yosemite, Pinnacles, Kings Canyon, Sequoia, Death Valley, Channel Islands, Joshua Tree 등이다.

주립공원은 Annual Pass로 입장할 수 없다.

애리조나, 유타, 콜로라도주에 있는 공원 중 인디언 보호구역 등에 있는 공원은 Annual Pass로 입장이 안 되니 꼭 참고할 것. 별도로 입장료를 지불해야 한다. 이들 공원은 63개의 National Park에는 포함되어 있지 않다.

Monument Valley: 나바호 인디언 보호구역으로 입장료는 사람 수대로 지불한다.

Horseshoes Bend: 호스슈벤드의 전투를 기념하는 '국립군사공원이며 차량당 입장료 지불

Antelopecanyon: 나바호 인디언 지역으로 입장료 지불

이외의 국립공원에 관한 내용과 National~에 대한 정보는 인터넷 사이트를 검색하여 사전에 지식을 조금이라도 가지고 가서 여행 중에는 여행 자체를 즐기는 데 시간을 사용하도록 하자.

* 국립공원 사이트: www.nps.gov (구글에서 검색하면 한글로도 볼 수 있다.)
* 역시 구글에서 more than just parks의 검색어를 넣으면 morethanjustparks.com 으로 연결할 수 있다.

여유롭고 관대한 도시 서배너

서배너(Savannah)로 가는 길은 순탄하지 않았다. I-95 번 고속도로가 끝도 없이 밀리고, 차량 정체가 장시간 되니 중간에 졸리기까지 하다. 한참 지나와서 보니 대형 교통사고가 나서 도로를 통제하는 바람에 지루하게 밀린 것이다. 이곳 고속도로에서도 사고가 자주 나는가 보다. 어제도 I-95 고속도로에서 사고가 나는 바람에 차들의 정체가 심했는데 같은 길에서 벌써 두 번째이고 미국 고속도로에서 사고를 목격한 것은 벌써 세 번째이다. 대부분은 졸음운전이 원인으로 보인다. 그런 사고가 발생할 가능성은 늘 있기는 하지만, 자주 이런 상황이 있다는 것은 우연일 듯하다. 이런 경우 이 주변에 휴게소라도 있으면 좋겠다는 생각과 왜 이런 곳에 휴게소를 설치하지 않았을까? 하는 의구심이 들었다. 계속 지체되어 기다리다 고속도로를 빠져나와 주유소에 들러서 기름 넣고, 낮잠 조금 자고 나니 기분이 한결 나아졌다. 달콤한 휴식을 끝내고 서배너 다운타운을 목적지로 정하고 차를 몰았다.

서배너에 도착하여 시내 가운데 위치한 포사이스(Forsyth) 공원 측면에 주차하고, 자전거를 내려서 공원을 한 바퀴 돌았다. 다운타운에서 멀지 않은 주택가에 있는 공원은 인근 주민들이 산책하기 편리하게, 분수와 피크닉 테이블이 갖추어져 있고, 어린이를 동반했을 경우 필요한 그네, 미끄럼틀 등 시설들이 있어 아이들이 뛰어

포사이스 공원 산책로의 오크트리와 스패니시 모스

노는 모습들을 볼 수 있다. 우리도 비용이 좀 더 들더라도 부모들이 걱정하지 않고 아이들이 놀 수 있는 실질적인 시설을 하면 어떨까? 하고 생각해 보았다. 공원에서부터 시내 중심가 전체를 다 돌아도 4km가 안 될 것 같아 다운타운 방향으로 페달을 밟았다.

서배너는 사우스캐롤라이나(South Carolina) 서배너강(Savannah River) 남쪽에 있는 인구 13만 명이 조금 넘는 조지아주에서 가장 오래된 항구도시이다. 습지에 조성되어 있지만, 시내에 들어서면 전혀 그런 느낌은 들지 않는다. 남북전쟁 당시 같은 조지아주의 애틀랜타를 비롯하여 격전지로 유명하다. 하지만 잭슨빌과 달리 남북전쟁으로 덜 파괴되어 전쟁 이전의 건물들과 식민지풍의 건물들이 건재한다. 따라서 시 자체는 오래된 건물에서 풍기는 느낌 때문에 고풍

포사이스 공원 내에 있는 미-서 전쟁 기념 동상

포사이스 공원 내에 있는 남북전쟁 추모탑

스럽게 느껴질 수 있다. 그래서 서배너는 지난 시대의 영화 세트장으로 보인다고도 하지만, 그렇게 오래된 것으로만 보이지는 않는다.

포사이스 공원에서 서배너강 방향으로 드레이턴 스트리트(Drayton St.) 길을 따라서 가다 보면 리버 스트리트(River St.)와 만나게 된다. 거기서 좌측으로 가면 존슨 스퀘어(Johnson Square)와 엘리스 스퀘어(Ellis Square)를 만날 수 있다. 시 규모가 작아 걸어서 다운타운을 관광한다 해도 3시간이면 둘러볼 수 있을 것 같다. 서배너 강변의 산책로로 가는 길에 리버티 가(Liberty St.)와 에이버컴 가

(Abercom St.)가 교차하는 곳에 있는 아름다운 모습의 세례자 성 요한 바실리카 성당(The Cathedral Basilica of St. John the Baptist)이 있다. 이 성당은 미국 남북전쟁 전인 1876년에 지어졌지만, 한 차례 화재로 소실되었다가 1900년에 재건되어 다시 문을 연, 건축물이 아름다운 성당이다. 이 성당은 절제된 높이의 쌍둥이 첨탑도 아름답지만, 지나치지 않게 장식된 스테인드글라스가 있는 내부는 더 아름답다. 전체적으로 스페인 영향을 받아들인 식민지 형식의 느낌을 준다. 성당을 지나서 서배너 강변으로 계속 가면 에밋(Emmet) 공원이 나오고, 공원 한쪽에는 오래전에 서배너항을 비추어 길잡이 역할을 했다는 Old Harbor Light가 나온다. 리버 스트리트를 따라 강변길을 산책할 수 있으며, 이 길로 계속 가게 되면 처음 출발한 에밋 공원으로 오게 된다. 돌아오는 길에 강 쪽을 바라보며 스카프를 흔드는 소녀상(Waving Girl Statue)이 있다. 예전에 강을 통해서 서배너항에 들어오는 배들을 향해 환영하는 모습과 항을 떠나는 배에 앞으로의 무사 항해를 빌어주는 그런 모습이라 한다. 이렇게 한 바퀴 도는데 자전거로 30분이 채 안 걸린다. 그리 크지 않은 에밋 공원 내에는 이 지역에서 흔히 볼 수 있는 오래된 Oak Tree가 있는데, 솜털처럼 생긴 기생식물인 '스패니시모스(Spanish Moss)'가 가지마다 걸쳐 있어 바람에 흔들거린다.

공원 중앙에는 베트남에서 전사한 군인들을 기리기 위해, 대리석으로 된 베트남 지도가 인공으로 만든 조그만 연못 중앙의 바위 위에 놓여 있다. 지도 위에는 군화와 철모를 씌워 놓은 소총 조형물이 있다.

다시 자전거를 타고 시티마켓을 들른 후 차가 있는 곳으로 돌아와 근방에 있는 카페에 들어갔다.

지금의 속도로 여행하게 되면 일정이 당겨질 것이다. 추후 사정을 보아 아내가 합류하겠다고 한 것은 애초 집에서 출발할 때 아내도 반은 동의한 상태여서, 나머지 여행에 동행하는 일정으로 계획을 세웠던 터다. 아내와 통화로 확정 지을 수는 없지만 나머지 일정에 합류하기 어렵다는 느낌을 받았다. 언제쯤 이후의 경로와 일정을 다시 설정해야 하는 것이 적당할까? 생각을 거듭했다.

2~3일 뒤에는 산악 지방을 돌아서 녹스빌(Knoxville)로 방향을 잡았지만, 마스터스의 고향 오거스타에 들를 것인지는 결정 못 했다.

서배너에 오기 전에 마이애미와 잭슨빌 등의 도시를 들렀다 왔는데, 어떤 도시에 머물렀을 때 그 도시에서의 여행의 질은 날씨가 좌우하는 경우가 많았다. 날씨가 나쁘다고 해서 좋아질 때까지 기다릴 수 없는 것이 여행자들의 숙명이다. 그래서 여행 계획을 잡고 스케줄을 구체적으로 정할 때는 여러 루트의 정보를 통해서 현지 여행 기간 중의 날씨를 보아가며 한다. 지나치게 덥거나 추운 것도 문제지만, 비가 많이 오게 되면 여행은 망친다. 우선 비가 오면 다른 위험이 없더라도 활동에 제약이 많이 생기는 것은 물론이고, 시야가 좋지 않기 때문에 여행의 질이 떨어진다. 여행은 눈으로 보는 것이 90%라고 생각한다. 그러므로 특수하게 동계 스포츠를 즐기려는 목적이 아니면 추운 계절이나 비가 많이 오는 계절은 피해서 여행 일정과 지역을 선택해야 하는데, 평균적인 데이터에 의존하다 보니 생각한 것과 실제가 다를 수 있다. 또한, 장기 여행을 하다 보면 계절이 바뀌어 예상치 못한 날씨 상황에 직면하기도 하니 이 점도 고려해야 한다. 포트 로더데일에서 만난 폭우와 폭풍은 전혀 생각지도 못한 일이었다.

또 하나는 지역의 선택이다. 대부분의 선진국은 온대지방이나 약간 추운 지방에 있다. 그런데 자유 여행을 하게 된다면 우리를 보호해 주는 안전망은 우리 스스로 밖에 없다. 그러므로 지역적으로 치안이 취약한 지역이나 분쟁지역, 여기에 더해 위생관리가 잘 안되는 국가나 질병 발생할 소지가 있는 지역들은 가지 않을 예정이다. 취향에 따라서는 아프리카, 인도, 그 외 쿠바, 멕시코, 중남미 등 오지와 위험 지역을 선호하며 여행을 하는 사람도 있다. 이것과는 달리 일시적으로 치안이 불안하거나, 독재 정권이 지배하는 나라들은 안전이 확실하게 보장될 때까지 기다렸다가 가는 것도 방법이다. 그리고 동남아의 여러 국가 중에 우리가 잘못 이해하고 있는 것 중의 하나는, 우리가 보통 겨울에도 더운데, 여름에는 얼마나 더 더울까? 하는 생각을 하는 사람들이 있다. 필자도 그렇게 생각했었지만, 동남아의 날씨는 우리나라의 한여름인 7, 8월이라 해서 우리나라 날씨가 더워지는 만큼, 이에 비례해서 더 더워지는 것은 아니다. 단지 건기와 우기가 있을 따름이다.

또한 우리가 개별 자유 여행을 하다 보면 개인이 다 못 챙기는 것이 있을 수 있다. 이런 경우를 대비해서 일단 여행지 도달하기 며칠 전에 현지 가이드라든지 현지 패키지를 이용하면 개별 자유 여행 시 빠지는 것을 보완할 수 있을 뿐만 아니라 새로운 사람을 사귀는 기회도 된다. 특히 이런 경우는 한국인이 운영하거나 한인 가이드를 배정하는 경우도 많기 때문이다.

숙소로 출발하기 전에 카페에 들러 케이크와 커피로 간단히 허기를 채우고 잠시 휴식을 취했다. 카페에 앉아 오랜만에 여유로운 마음으로 창문을 통해 이곳 풍경과 지나가는 사람들을 바라보았다. 반려견을 데리고 혼자 다니는 사람들이 의외로 많았고, 운동으로 조깅하는 사람을 빼고는 걸음걸이에서 서두름을 찾아보기 어려웠다. 열려 있는 창문을 통해 눈이 마주친 중년 부인에게 손을 살짝 흔들었더니 미소와 함께 역시 손을 흔들어 주었다.

그런데 또 실수했다. 카페를 떠날 때 손가방을 두고 온 것이다. 보통 필자는 자전거를 타기 때문에 고글과 헬멧은 기본이고, 장갑과 백팩을 메고, 백팩에는 내비게이션용의 공전화기, 일반 안경, 신용카드가 들어 있는 작은 손가방을 넣어 가지고 다닌다. 모두 분실해도 여행 일정에 영향을 주지 않는 것들이다. 신용카드는 종류별로 몇 개를 따로 가지고 있고, 안경도 여벌로 2개 더 가지고 다니기 때문이다. 계산하려고 손가방을 꺼내고 그것을 탁자에 놓지 않고 빈 의자에 놓은 것이 실수였다. 탁자에는 필자의 여러 물건이 있어서 의자에 놓은 것이다. 출발하고 20분쯤 지나서 얼핏 생각이 나서 차를 세우고 확인해 보니 역시나 없었다. 구글에 나와 있는 전화번호로 전화했더니, 보관하고 있으니 언제든 찾으러 오라고 한다.

필자 같은 평범한 사람은 평소에 느끼는 기쁨도 평범하다. 그런데 잃어버렸거나 두고 온 물건을 찾았을 때의 기분은 그중 단연 최고다.

물건을 잃어버리는 것 중, 대부분은 나의 실수에 의한 것이다. 도난으로 분실하는 것은 드물고, 두고 오거나 흘리거나 한 것이다. 보통 국내에서 두고 온 물건은 찾을 확률은 거의 100%에 가깝지만, 해외여행 중에는 거의 제로에 가깝다. 그래서 이번에 손가방을 되찾은 것은 그만큼 기쁨이 크고, 도시의 좋은 이미지는 덤이다.

역사의 도시 찰스턴

대부분이 다 그런 것은 아니었지만, 찰스턴(Charleston)으로 가는 길은 서배너로 갈 때 사고로 교통체증이 있었던 것에 비해 고속도로에서 제 속도를 내고 달리니 출발부터 순조로웠다. 보통 기분이 우울할 때도 있지만, 차를 운전하게 되면 대부분 기분이 좋아진다. 아침에 숙소에서 짐을 꾸리고 나서 커피 한잔을 하면서 구체적으로 오늘의 목적지와 어떤 활동을 할 것인지를 결정하고 나서 차를 몰고 일단 출발하면, 밤사이에 있었던 여러 가지 번뇌는 잊히고 기분이 상쾌해진다. 오늘은 거기에 더해 차 길도 시원하게 뚫려, 가는 길의 주변 경치가 더욱 아름다워 보인다. 운전하면서 사진 몇 장을 휴대 전화로 찍었는데, 위험한 행동인 것 같아 다음부터는 차 안에 설비를 고정하는 것도 방법이라는 생각을 했다. 물론 혼자서 운전할 때만 이런 장치가 필요해 보인다. 오전 이른 시간에 찰스턴에 도착해서, 다운타운 지역에 주차하고 자전거를 내렸다. 보통 도심에 들어오면 주차 걱정을 하게 되는데, 필자는 보통 공원 근처를 알아보고는 했다. 그런데 오늘은 토요일이라서 그런지 공원뿐 아니라 다운타운에도 주차할 공간이 넉넉하다. 화이트 포인트 가든(White Point Garden)에 있는 Confederate Defenders of Charleston(찰스턴의 남부 동맹군) 기념 동상 인근에 주차했다.

주차 문제와 더불어 여행 중 머릿속에서 떠나지 않는 과제는 급하게 화장실이 가고 싶을 때 어떻게 할 것인가이다. 가장 많이 가는 곳은 주유소이지만, 모든 주유소가 다 관대한 것은 아니니, 추후 여행 시 참고하면 도움이 된다.

사우스캐롤라이나주의 동남부에 있는 찰스턴(Charleston)의 예전 이름은 찰스타운(Charlestown)이었는데 1783년에 현재의 이름으로 바뀌었다고 한다. 필자가 이 도시에 관심을 가지는 이유는 이 도시에서 남북전쟁이 시작되었고, 영화 '바람과 함께 사라지다'에서 이곳과 관련이 있는 인물도 등장하기 때문이다.

1861에 시작된 남북전쟁은 그해 4월에 이곳 찰스턴 앞바다의 조그만 섬 요새인 섬터요새(Fort Sumter)를 남부군이 공격하면서 전쟁의 서막이 열렸다. 당시 이곳은 남부군 지역이었으나, 북군이 점령하고 있었기 때문이다.

전쟁 전 1600년대부터 주의 주요 항구로서, 실제로 시내를 돌아보면 식민지풍의 건물들이 아직도 많이 남아 있다. 다운타운 지역이 역사 지구인데, 구역이 그리 크지 않기 때문에 웬만하면 걸어서도 관광할 수 있다. 이 지역을 프렌치 쿼터(French Quarter)라고 부른다. 1680년대에 프랑스 신교도들이 이주하면서 원래 성벽으로 둘러싸인 이 지역을 나중에 미국의 국가 사적지로 지정하면서 프렌치 쿼터라고 명명했다고 한다. 전 세계적으로 프랑스인들이 프랑스가 아닌 지역에 이주하여 마을이나 지역에 몰려 살게 되는 지역을 프렌치 쿼터라고 부르는데, 이러한 지역이 몇 군데가 있다. 미국에만 찰스턴 외에 뉴올리언스, 샌프란시스코, 세인트루이스 등 세 곳이 더 있으며, 이중 뉴올리언스는 필자의 이번 여행지에 포함되어 있다. 사실 프렌치 쿼터, 코리아타운 등은 개념은 비슷한 것에서 출

마차를 타고 단체로 현지 투어하는 관광객들

발했다고 보아야 할 것 같다. 용기를 내서 낯선 땅으로 이주했지만 그래도 생활 방식과 같은 언어를 쓰는 사람들끼리 모여서 생활하고 싶지 않았을까? 그러나 전 세계 거의 도시마다 있는 규모가 큰 차이나타운과는 비교도 할 수 없다.

필자는 자전거를 타고 골목들을 다녔는데 오전 11시가 지나면서 차츰 여행객들이 많이 보이기 시작했다. 대부분 가이드가 있는 단체 관광객들로, 나이가 많아 보이고 은퇴한 후 노년을 즐기려는 할머니, 할아버지들이 많다. 일부 사람들은 마차를 타고, 마부의 설명을 들으면서 천천히 둘러보는 사람들도 꽤 있다.

시청 건물이 있는 브로드 스트리트(Broad St.)와 미팅 스트리트(Meeting St.) 사거리에는 시청뿐만이 아니라, 건너편에 성공회 성당인 세인트 미카엘 성당(Saint Michael's Church)과 우체국 박물관이 있어, 마차가 오랫동안 서서 마부의 설명이 길어진다. 일부 사람들은 강변에서 걷거나 조깅하는데, 그런 사람들은 이곳 주민으로 추정된다.

프렌치 쿼터에 있는 역사적 건물 좌로부터 시청, 우체국박물관, Saint Michael's 교회

찰스턴에서는 과거 노예 제도가 있었던 시절에 노예시장과 노예 경매 시장이 있어서 18세기부터 1865년 남북전쟁이 종료될 때까지 현재의 아프리카계 미국인들이 대규모로 이주한 항구 역할을 했다고 한다. 노예의 거의 절반이 이곳 찰스턴 노예 경매장을 통해서 상품으로 거래가 이루어졌다고 한다.

현재 노예시장 박물관(Old Slave Mart Museum)이 스테이트 스트리트(State Street)와 찰머스 스트리트(Chalmers St.)에 있으며, 옛날에 실제 경매 시장이 있었던 자리에는 표지판이 있는데, 이스트 베이 스트리트(E. Bay St.)와 브로드 스트리트(Broad St.) 가까운 곳에 있다.

이스트 베이 스트리트의 애저스 와프(Adgers Wharf) 인근에는 과거 프렌치 쿼터의 흔적인 성벽의 벽돌 유적이 있으며, 서쪽으로는 파스텔 색조의 색색의 주택들이 있는데 이 건물들을 통칭하여 Rainbow Row라고 부른다. 이곳도 여행객들이 모여 사진을 많이 찍는 곳 중 하나다.

다운타운의 남서쪽을 흘러 버뮤다 해 쪽으로 흘러가는 애슐리 강(Ashley River)은 영화 '바람과 함께 사라지다'에서 '스칼렛 오하라(비비언 리 분장)'가 열렬히 사랑했던 '애슐리 윌크스(레슬리 하워드 분장)'의 이름과 같다. 거의 논픽션에 가까운 소설을 당시 남북전쟁 중 남부 연합의 중심지였던 애틀랜타에 거주하던 작가가 쓴 소설을 영화화한 것이다. 영화에서 레트 버틀러(클라크 게이블 분)의 고향이 바로 이곳 찰스턴이다. 그는 물자가 부족한 남부 연합에 유럽으로부터 물자를 반입하는 통로로 찰스턴과 서배너를 택했다.

조지아주의 애틀랜타에 살았던 저자 마가렛 미첼은, 전쟁의 발생지인 이곳을 부각하고, 소설을 통해 실제 남북전쟁의 다큐를 만들고 싶지 않았나? 생각해 보았다.

오거스타, 샬럿을 거쳐, 체로키까지

아침 식사를 하고, 망설이다가 조지아주의 오거스타를 거쳐 컬럼비아로 가기로 했다. 사실 오거스타는 예정에 없던 경유지이다. 골프를 좋아하는 사람이라면 알고 있는 미국 PGA의 메이저 대회 중 하나인 '마스터즈 토너먼트'가 매년 4월 초에 열리는 곳이다. 철저한 회원제로 운영하고, 배타적인 운영으로 유명하기도 해서 망설였지만, 그냥 오거스타 시에서 골프장인 '오거스타 내셔널 골프클럽(Augusta National Golf Club)'을 스쳐 지나가기로 했다. 차를 안전한 곳에 세우고, 정문 앞에서 골프장을 보려 했으나, 담으로 둘러쳐 있어서 내부는 보이지 않았다. 마치 축구나 야구 운동 경기장처럼 내부를 볼 수 없게 높은 담으로 장벽을 둘러 쳤다. 사실 어느 골프장이든 미국의 골프장들은 담이 없는 것이 특징인데 특이하다, 정문에는 무장한 경비들이 있는 것으로 보인다. 원래 오거스타 골프장은 1930년에 US 아마추어, US 오픈, 브리티시 아마추어, 브리티시 오픈 등 당시 4대 메이저를 제패한 보비 존스에 의해 건설되었고, 1934년에 이곳에서 마스터스를 창설하였다. 미국의 PGA 골프대회 중 골프장을 옮기지 않고 매년 같은 골프장에서 치르는 메이저 대회는 마스터스뿐이다.

오거스타는 컬럼비아와 샬럿으로 가는 길목이기에 이것으로 만족하고 서둘러 컬럼비아로 향했다.

운전하면서 여러 번 느낀 아쉬운 점은 멋진 경치가 나타나도 사진을 찍을 수 없다는 점이다. 멋진 것들을 그냥 지나가는 것은 아쉽지만, 운전하면서 사진 찍는 것은 위험하기도 하거니와 사진의 질도 좋지 않기 때문에 굳이 사진을 찍을 이유는 없다. 그렇다고 사진 찍기 위해 안전하지 않은 곳에 차를 세우는 것은 더 위험하니, 안전이 보장되지 않는 장소에 차를 세우고 사진 찍는 행위는 하지 않기로 했다. 멋진 곳을 카메라에 담으려다 큰 사고를 당할 수 있기 때문이다. 단지 차에 특수하게 고프로나 핸즈프리 장치를 하는 대안을 생각해 보기로 했다. 이 경우 휴대 전화처럼 음성으로 작동하면 더욱 좋다.

샬럿은 필자가 오래전에 방문한 적이 있었는데, 딱히 가볼 만한 장소가 없었던 것으로 기억한다. 그래서 조금 멀지만 체로키 인근에 숙소를 예약하고, 그곳으로 향했다.

자유 여행 팁 | 숙소 정하기

자유 여행에서 또 하나의 중요한 것은 숙소의 문제이다. 숙소는 그야말로 개인별로 호불호가 뚜렷하고, 천차만별이다. 패키지투어 경우, 패키지 상품에 포함되어 있으니, 더 이상 문제 거리도 아니며, 크루즈 여행 또한 이미 예약할 때 선박 내 숙소의 위치를 결정했기 때문에 더 이상 신경 쓰지 않아도 되는 장점이 있지만, 주는 것을 수용할 수밖에 다른 선택이 없는 단점도 있다. 자유 여행이라 해도 고가의 숙소를 매일 선택해서 머무른다면 문제 될 것이 없다. 그러나 장기간 이렇게 할 수 있는 사람은 그리 많지 않고, 고가로 여행하다 보면 소위 가성비가 뚝 떨어져 여행으로 인한 만족도도 같이 떨어진다. 그래서 경험을 토대로 숙소를 정해서 다니는 필자가 했던 방법을 공유하고자 한다.

첫째, 우선 숙소를 예약할 수 있는 앱을 전부 내려 받아 두고, 회원가입하고 아이디와 패스워드를 잘 보관해 놓는다. 인터넷에 검색해 보면 다 알 수 있다.

둘째, 구글맵을 열고, 닫고 조작하는 데 익숙하도록 평소에 자주 이용해 본다(젊은 분들은 안 해도 된다. 나이 드신 분들은 자주 안 쓰니 연습하면 도움이 된다). 조금만 사용해 보면 어려울 것이 하나도 없다. 그리고 예약을 너무 미리미리 하지 말자. 이틀 후 혹은 사흘 후 혹은 일주일 등 가까이 다가올 여행 일정에 맞춰서 한다. 하지만 사람들은 예약을 안 하면 숙소를 못 구할까봐 불안해한다. 걱정하지 않아도 된다. 이런 사람들의 심리를 이용하여, 실제로 숙소 관련 공유 앱들은 마케팅하고, 마지막이라든지 1개밖에 안 남았다는 등 협박 같은 느낌의 광고를 한다. 여기에 마음 흔들리지 말자. 숙소를 못 구할 거라고 미리 여정을 예상하여 숙소를 예약하면 일정 중 예상치 못한 일에 대비하기 어렵고, 이에 대비하느라 늘 마음이 불안하고 서두르게 된다. 즉 여정이 숙소의 노예가 된다. 숙소 예약을 너무 미리 하면 주객이 바뀐다는 의미이다.

지금부터 구체적으로 필자의 경험을 바탕으로 숙소를 선택하는 데 도움이 되도록 소개하겠다. 먼저 간단히 숙소의 타입을 큰 분류로 정리해 보자.

1. 고급 대형 호텔: 가격이 고가이고, 내부가 깨끗하고 보통 미니바와 냉장고가 룸에 비치되어 있다. 호텔 내부 시설 중에 여러 시설 수영장 헬스클럽 및 레스토랑도 있는 곳이 많다. 단기 업무상 출장에 적합하다. 그러나 자유 여행자에게는 가격 면이나 기타 복장과 음식 등 제한 사항이 많다.
2. 중소형 B&B(Bed & Breakfast) 스타일의 숙소: 서양 음식에 익숙하고 모든 식사를 현지 식당을 이용하려는 여행객에게는 안성맞춤. 그러나 이것도 가격은 만만치 않다.
3. 에어비앤비(Air B & B): 공유 숙박이다. 여기에도 종류가 다양하다. 우선 호스트가 살고 있으면서 일부 방을 여행자에게 제공하는 것. 이때 두 가지 관점에서 눈여겨보아야 한다. 화장실이 별도인지 아닌지, 주방과 거실이 별도인지 아닌지. 다음은 주인은 살고 있지 않고 독채 혹은 일부를 제공하는 것. 이때도 화장실과 주방은 자세히 보아야 한다. 스튜디오나 아파트를 임대할 수도 있다. 혹은 농가주택이나 본가에 딸린 부속건물인 창고 방이나 컨테이너 등을 임대하는 경우도 있다.

4. 음식 조리가 가능한 콘도 형태나 리조트 또는 전문 숙박 형태가 있다. 레지던스형이다. 이곳은 가정집처럼 대형냉장고에 키친 세트와 쿡탑 설비가 갖춰져 있다. 필자가 주로 이용한다. 선택은 개인의 취향에 맞게 하면 된다. 참고로 필자는 선택의 폭을 넓게 하고자, 버너와 코펠 그리고 음식 보관용 키친 세트를 가지고 다닌다.

이상의 숙소에서 어느 것을 선택하더라도 다음의 다섯 가지를 주의해서 결정해야 한다.

첫째, 주차 시설과 주방 시설이 있으며 주차의 경우 유료인가 무료인가, 외부 멀리 해야 하는지 숙소 내부에 해야 하는지 확인해야 한다. 이런 것은 조그맣게 예약자가 잘 안 보이는 데 기술해 놓았으니, 주의 깊게 보아야 한다.

둘째, 해당 숙소에 대한 후기를 반드시 보아야 한다. 5점 만점에 3.5 점 이하는 무언가 결함이 있는 곳이 대부분이다. 구글맵에서 확대하면 해당 숙소의 가격과 평가 점수 등과 후기(Review)의 내용들을 볼 수 있다. 구글맵에서 예약을 원하면 해당 공유 앱으로 바로 연결이 가능하여 예약을 진행하면 된다.

셋째, 선불 결제로 취소 불가인지 아닌지 잘 보아야 한다. 일단 마음이 바뀌어 취소하려면 돈을 못 돌려받을 수 있고, 돌려받는다 하더라도 엄청난 스트레스를 받는 과정을 거쳐야 한다. 또한 이러한 숙소들 대부분이 어떤 결함이 있는 경우가 많다. 즉, 낮은 가격으로 유인해 놓고, 결함을 발견해도 취소를 못 하도록 한 장치로 보면 된다. 시설이 떳떳하면 그럴 필요가 없으니까.

넷째, 체크인 시간과 방법이다. 보통의 숙소들은 3시 이후에 가능하다. 그런데 아닌 곳도 있으니 잘 보아야 하고, 대형호텔이 아닌 경우 직원이 프런트에 없는 경우도 허다하다. 이 경우 전화를 하거나 다른 연락을 취해야 숙소의 방 번호와 키를 받을 수 있다. 선진국일수록 인건비 비싸니, 상주 안 하는 경우가 종종 있다. 더욱이 Air B&B

의 경우는 대부분이 그렇고 하루 전에 출입 비번을 인터넷으로 가르쳐 주거나 해당 공유 앱의 내부 사이트에서 제공된다. 그리고 가끔 키를 숨겨 놓은 장소를 알려 주는데 마치 보물찾기 하듯 해야 하는 경우도 허다하다. 낮에 도착하면 그래도 상황이 괜찮지만, 야간에 도착하면 여간 불편한 것이 아니다.

마지막으로, 구글맵이나 공유 앱에 나와 있는 가격은 허수이다. 즉 그 가격에 세금과 앱의 비용으로 적게는 25%, 많게는 60%까지 명목상의 가격에 추가로 내야 한다는 것이다. 다시 말하면 소개된 가격이 아니라 내가 결제해야 하는 가격은 한참 많이 더해야 한다는 것이다. 이런 것은 숙박 공유 앱 별로 차이가 있으니 잘 보아야 한다. 왜냐하면 앱에서 뜨는 가격에 세금 플러스, 앱 사용료 플러스, 심지어 청소비(이해하기 어려운 비용이다. 저급한 상술에 넘어가지 마라. 가격을 저렴하게 해서 클릭을 유도하고, 자세히 살피지 않는 고객을 유인해 놓는 것이 아닌지 의심이 간다.)를 추가해서 받는 경우가 허다하다. 어느 호텔도 청소비를 따로 받지는 않는다.

이런 장애를 넘어서야 좋은 자유 여행을 할 수 있다고 본다.

테네시,
아칸소,
오클라호마
PART 3

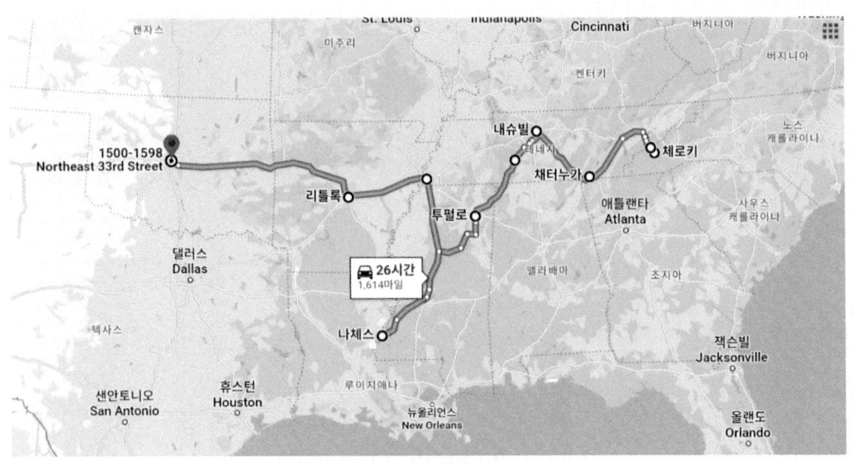

테네시, 아칸소, 오클라호마 3개 주 경로

그레이트 스모키 산맥 종단하기

그레이트 스모키 산맥(Great Smoky Mountains)으로 가기 위해 일찍 출발했다. 이곳에 오기까지 컬럼비아와 샬럿을 경유해서 이틀을 보냈지만, 소개할 만한 볼거리로 특별한 것이 눈에 띄지 않았다. 스모키 산맥은 노스캐롤라이나주와 테네시주에 거쳐 있는 산맥으로서 애팔래치아산맥(Appalachian Mountains) 남서부 끝자락에 있다.

이 지역은 과거 이곳 원주민이었던 체로키(Cherokee) 인디언들의 광범위한 거주지로, 실제로 이곳에 체로키 인디언 보호구역이 있고, 산맥의 북동쪽에는 체로키 국유림(Cherokee National Forest)이 있다. 평화롭게 살던 체로키족들은 1830년 제정된 〈인디언 이주법〉에 의해 미시시피강 서쪽 지역의 오클라호마로 강제로 이주당하였다. 소위 〈눈물의 길〉이라는 강제 추방의 과정에서 많은 인디언이 희생되었으리라. 인디언 원주민인 체로키족, 촉토족, 세미놀족 등은 필자가 현재 여행하고 있는 미국 남동부 대부분의 주에 넓게 분포하여 오래전부터 거주하고 있었다. 모든 인디언 부족 역시 같은 시기에 그들의 땅에서 강제 추방당하였다.

그레이트 스모키 산맥 국립공원 동쪽 입구에 있는 오코날루프티(Oconaluftee) 방문자 센터를 노스캐롤라이나 방향에서 들르려면, 체로키를 거쳐서 가야 한다. 국립공원인 이 산맥 동남부 지역으로는 이렇다 할 큰 산이 없으며, 그런 관계로 각지에서 많은 방문객이 찾는 곳이다.

노스캐롤라이나 측 오코날루프티(Oconaluftee) 방문자 센터에 들러 지도 등 약간의 정보를 훑어보고 출발하였다. 이 공원을 종단하기 위해서는 441번 도로를 이용하면 되는데, 길 중간중간에 여행객들이 산맥 절경을 조망할 수 있도록 주차 시설이 되어 있다. 계절이 늦은 봄이고, 쾌청한 날씨라 특별히 주의할 것은 없는 듯했다. 단지 도로의 굴곡이 심하고 좁기 때문에 천천히 운전해야 함은 물론이고, 야생동물도 조심해야 한다. 휴일이라서 그런지 생각보다 가족들과 함께 온 차가 많았다. 이 산맥 지역은 국립공원(Great Smoky Mountains National Park)으로 지정되어 있는데, 연간 방문객이 1,000만 명을 넘어서, 국립공원 중 가장 방문객이 많다고 한다. 아마도 이곳은 경치가 아름다울 뿐만 아니라, 애팔래치아산맥의 북동 지역과는 색다른 천연의 원시림 속에 다양한 식물들과 야생동물들이 어우러진 그런 지역으로 알려졌기 때문인 것 같다. 또한 인디언들의 거주지와 19세기 및 20세기 초 이곳 거주민들의 정착지 건물 유산들이 여러 곳에 있어 그것들의 가치 또한 높이 평가되고 있는 것 같다. 스모키(Smoky)란 이름이 붙여진 것은 공원의 95%가 울창한 숲인데, 숲이 뿜어내는 수증기가 산자락을 휘감으며, 신비한 푸른 빛을 내는 데서 유래되었다고 한다. 이곳의 최고봉인 클링먼스돔(Clingmans Dome. 2,025m)의 전망대에서 멋진 풍경을 감상할 수 있다 하는데, 필자는 이곳을 가보지 못했다.

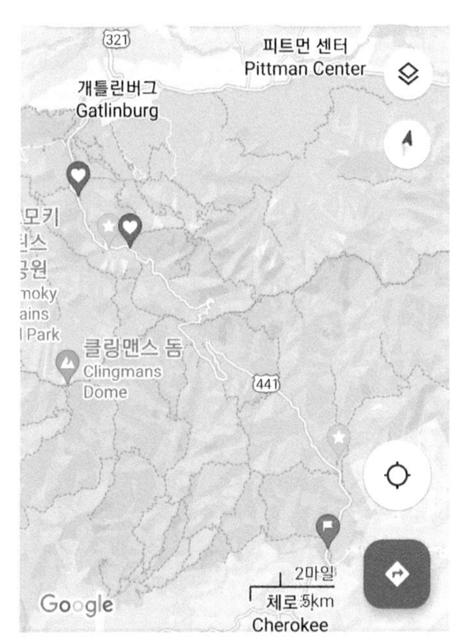

Great Smoky 산맥의 종단 도로

애초에는 아내와 함께 트레킹도 하고 야영도 하려고 관련 장비도 준비했으나, 아내 없이 혼자 야영할 수 없기에 포기한 것이다.

대신 몇 개의 트레킹 구간에서 자전거를 타보려 했으나, 이 또한 이곳에 실제로 와서 보니, 자전거 타는 실력도 모자랄 뿐만 아니라, 굴곡과 커브가 심하고 위험해서 이곳에서 산 자전거로는 어림도 없었다.

방문자센터를 지나 공원과 산맥을 세로로 관통하는 441번 도로는, 해발 1,538m의 뉴파운드갭을 통과하는데, 이곳을 지나는 여행객에게 멋진 풍광을 선사한다. 이 도로로 진입하여 10분쯤 지나자 공원의 수목들이 눈에 들어오고, 공원 내부로 더 진입하자

중간중간의 Overlook에서 바라 본 Great Smoky 산맥

Overlook 포인트에 방문자들이 차를 세우고 편리하게 공원을 감상할 수 있도록 공간을 만들어 놓았다.

주도로인 441번 도로에서는 위험해서 자전거를 탈 수 없지만, 일부 하이킹 트레일 구간에서는 가능하다. 이곳에는 150개가 넘는 하이킹 코스가 있다고 한다.

시닉 포인트에서 바라본 경치는 듬성듬성 어린잎이 나온 나무에 반사되는 노란 빛으로 인해 삭막한 기분이 들 수도 있지만, 여행자에게 인상 깊은 풍경을 선사한다. 관목류나 풀들은 초록으로 새싹

Newfound Gap에서 바라본 산맥 풍경

이 나와 초록 빛을 자랑하고 있지만, 아직 봄이라 그런지 키가 큰 활엽수들은 새잎이 보이지 않는다. 구름이 낮게 드리운 하늘 아래 스모키 산맥의 먼 산줄기들이 짙은 청색의 선명한 윤곽으로 시원하게 눈앞에 펼쳐져 있다. 반면에 고도가 낮은 곳에 오니 초록색이 완연하다.

산맥을 종단하기 위해 아침 일찍 출발하여 운전을 오래 한 탓인지, 산맥을 빠져나오기 전에 졸음이 밀려와, 자칫 졸았다가는 위험하기도 해서 잠시 눈을 붙이고 쉬었다.

오늘 숙소는 도시 이름도 생소한 채터누가(Chattanooga)인데 인구 18만 명이 넘는 테네시주 내에서는 꽤 큰 도시이다. 채터누가란 이름은 인디언 언어로 '솟아오른 바위'라는 뜻으로 실제로 바위산인 룩아웃 마운틴(Lookout Mountain)은 관광명소로 유명하다. 룻아웃 마운틴에서는 채터누가시가 한눈에 내려다보이고, 행정구역상 테네시주이지만 조지아주와 접하고 있어서 여행객들이 많이 들르는 도시이다. 풍광이 아름다워 오래전부터 인디언들이 자리 잡아 살고 있었지만, 백인들이 몰려 들어와 살게 되었다고 한다. 전략적으로 요충지이기에 남북전쟁 때는 치열한 전투가 벌어졌던 곳으로, 시내 곳곳에서 전쟁 유적들을 볼 수 있다. 채터누가 시내를 간단히 차로 둘러보고, 숙소에 도착해서 아직 결정하지 못한 내일의 목적지와 숙소에 대해 생각해 보았다. 내슈빌로 갈까 생각 중인데, 거기서 얼마나 머물 것인지는 결정도 못 했다. 혼자서 하는 자유 여행이 다 그렇다.

렌터카를 이용하여 자유 여행을 하므로, 도시에서 도시로 이동하는 일정을 잡고, 중간에 들러야 할 곳이 있으면 그곳에 머물러야 할 시간 등을 고려하여 한 도시에서 머무르는 시간을 결정한다. 하지만 이것도 현지에서 유연성을 확보하려면, 미리 숙소를 예약하지 않는다. 이번 여행에서는 대략 하루 전 혹은 당일로, 빨라야 이틀 전 숙소를 예약해 왔다. 그만큼 유연하게 일정을 운영하겠다는 의지이다. 이렇게 할 수 있었던 것은, 숙소를 정하지 못했을 때 대안이 있었기에 가능한 것이며, 하루 전이라도 숙소를 잡기가 그렇게 어렵지 않았고, 임박해서 숙소를 잡아도 가격의 불이익이 없는 등 그동안 경험을 통해 얻은 믿음에 근거한 것이다. 주로 주방 시설이 있는 레지던스형을 이용하는 편이고, 식사는 집에서처럼 한식으로 해결했다. 그러기 위해서 야외용 버너와 코펠은 물론이고, 여행용 작은 전기밥솥도 가지고 다닌다. 필요한 반찬류는 그때그때 한인 마트를 이용하는데, 이곳 한인 마트는 속된 말로 없는 것 빼고는 다 있다. 오히려 한국에 있는 마트보다 반찬류는 더 다양한 것 같다. 필자 같은 여행객에게는 참으로 고마운 일이 아닐 수 없다.

채터누가를 떠나 I-24 번 고속도로 서쪽으로 달려 내슈빌로 향했다. 내슈빌에서 일정은 아직 결정하지 않았지만 2~3일을 머무를 예정이다. 내슈빌은 컨트리 음악의 고향이라 자부하는 도시이다.

테네시주에 들어서면서, 지금까지 거쳐왔던 노스캐롤라이나, 사우스캐롤라이나, 조지아, 플로리다주에서 느꼈던 분위기와는 약간 다르게 느껴졌다. 테네시는 원래 이곳에 살던 체로키 부족의 타나시(Tanasi)란 마을 이름이 주의 이름으로 공식화되어 1796년 미국의 16번째 주가 된 것이다. 아이러니하게도 이곳에 살던 체로키 부족들은 서쪽으로 이주했다. 이것을 미국 역사에서는 눈물의 트레일(Trail of Tears)이라고 기술한다. 하지만 현재의 테네시는 고속도로에 있는 휴게실부터 분위기가 달랐다. 지저분하지는 않았고, 주변 정리가 잘 되어 있었다. 배타적이었고, 감시/감독의 분위가 있었던 지난 장소들과는 다르게, 호의적이고 친절하게 환영하는 분위기였다. 특히 플로리다와 조지아주에 있는 많은 시설이 연관성이 없다는 이유로 배타적인 태도를 보이며 방문자들을 대하는 것과는 대조적이다.

내슈빌로 오는 길에 이곳저곳 들러서 주변 풍광을 즐기느라, 220km밖에 안 되는 거리를 하루 종일 걸려 도착했다.

여행 중에, 특히 운전 중에 불현듯 어떤 생각이 떠오를 때가 있다. 하지만 시간이 조금 지나 운전하지 않을 때, 그것이 무슨 생각이었는지, 아무리 노력해도 기억해 내지 못하는 경우가 많다. 나이 탓도 한몫했으리라. 해결책을 모색하다가 임시방편으로 공전화기를 이용하여 녹음기로 쓰기로 했는데, 의외로 괜찮았다. 이후에 유사한 문제들이 90% 이상 해결되었다. 이번 경우처럼 앞으로도 해결할 문제가 있을 때는 적극적으로 해결책을 모색하면 의외로 쉽게 답을 얻을 수도 있겠다.

필자는 대외교신용 전화기를 비롯해, 총 4대의 휴대 전화를 가지고 왔다. 물론 나머지 3대는 사용하지 않던 공 전화기이지만 4대 모두 갤럭시 S2x 모델이다. 이유는 메모리 확장 슬롯이 있는 마지막 모델이기 때문이다. 공 전화기들의 사용처를 처음부터 염두에 두고 가져온 것인데, 하나는 차량에 내비게이션인 안드로이드 오토(Android Auto) 전용, 그다음은 자전거 탈 때 내비게이션 전용, 다음은 혼자 다니니 셀카봉 전용 카메라 용도인데, 삼각대에 휴대 전화를 장착했다 제거했다 하는 번거로움을 개선할 목적이었다. 휴대 전화를 차량 대시보드 위에 고정하는 마땅한 방법이 없었다. 휴대 전화 고정장치가 없는 상태에서 플라스틱 테이프를 사용해서 고정하려 했는데, 차량의 대시보드 위 공간에는 어떤 종류의 테이프도 붙지 않는다. 아마도 차 제조업체에서 다른 목적으로 대시보드 위에 무언가를 하려는 시도를 차단하는 디자인인 것 같다. 마치 우리 주변의 전봇대에 광고 전단을 붙이기 어렵게 한 것과 같은 개념으로 보인다. 카메라 고정도 어렵지만 고정했을 때 차량 앞쪽 보닛이 사진에 나오는 것을 최소화하는 데 애를 먹었고 또 시간도 오래 걸렸다. 사실 지나온 구간에서는 그런 생각을 하지 못했다.

I-24 고속도로에 있는 테네시주 웰컴 센터

테네시주에 들어서면서 지금까지와는 다르게 산과 강이 수려하고, 특히 높은 산과 계곡이 있으니, 거기에 따라 멋진 경치가 잇달아 나오지만 사진을 못 찍고 휙 지나가는 것에 아쉬움이 있었다. 지금까지는 거의 언덕도 없는 밋밋하고, 평평한 대지와 습지, 혹은 해변의 백사장 위주였는데, 산악 지방이 나타나고부터 경치가 바뀌었다. 스키 리조트도 있는 것으로 보아 산악 지방은 겨울철에 눈도 제법 오는 모양이다. 아직은 이른 봄이라서 봄꽃이 만발하지는 않았지만, 연노랑의 새싹들이 여기저기 보인다. 운전 도중 갑자기 테네시강이 나타나고, 패티 페이지의 테네시 왈츠가 생각났다. 이 노래는 1950년대의 노래인데, 경쾌한 선율이라기보다 가사처럼 친구에게 사랑하는 사람을 소개해 줬다가 사랑하는 사람을 빼앗기는 내용이다. 그런데도 노래는 아름다운 테네시 왈츠라는 후렴구로 끝난다. 이와 이미지가 비슷한 체인징 파트너(Changing Partner)는 패티 페이지에게서 빼놓을 수 없는 곡이다. 1927년에 태어났다가 2013년에 타계한 패티 페이지는 그녀를 표현한 문구 '예쁘고 여린 새처럼, 꽃처럼 아니면 가을 호수에 물든 낙엽처럼….'으로 청순한 이미지로 남아 있다. 이렇게 아름다운 테네시에서 어떻게 과거 흑인들의 자유를 빼앗고 사적인 인권 탄압과 린치, 살해 등을 저지르던 KKK(Ku Klux Klan)단이 있었는지 아이러니하다. KKK단은 남북전쟁이 끝난 후 내슈빌 남쪽 앨라배마주에서 가까운 풀라스키(Pulaski)에서 남부군 출신의 퇴역군인 6명이 조직한 사적 조직이었다.

필자가 여행 중에 과연 여행이란 무엇인가 잠시 생각을 해 보았다. 사람들은 휴가를 이용하여 단기간의 여행을 즐기기도 하고, 아예 안식년을 이용하여 장기간 여행하기도 한다. 이렇듯 시간상으로 여유가 있으면 많은 사람은 그 시간을 활용하는 방법으로 여행을 생각한다. 사람들은 생각으로는 여행하고 싶어 하지만, 실제로 다양한 이유로 실행으로 구체화하지 못하는 사람들 역시 적지 않다. 속된 말로 집 떠나면 고생이라느니, 집보다 더 좋은 곳은 없다느니 하는 말들은 그런 개념들을 방증하는 것이다. 여행한다는 것은 지금까지 익숙한 나의 방식을 어쩔 수 없이 바꾸어야 하는 경우가 낯선 곳에서 빈번히 생기니 정신적으로 육체적으로 시달림을 받아야 한다. 그러므로 여행은 휴식이라기보다 더 강도 높은 일상생활의 구조 조정일 수도 있다는 것이다. 아니면 잠시 문제를 유보하는 도피에 가깝다. 한마디로 어떤 여행도 일상생활보다 편안한 휴식을 제공하지는 않는다.

그런데 여행이 힘들고 고단하지만, 누구나 해 보고 싶어 하는 것은 어떤 이유일까? 힘들거나 귀찮더라도 새로운 것, 다른 것에 마음이 끌리는 인간의 DNA 때문일까? 결정되지 않은 미래가 긍정적인 결과를 가져다줄 것이라는 막연한 기대 또한 여행하게 하는 원동력이 될 수 있다. 그것은 질병은 아니지만, 근거 없이 긍정적 결과를 기대하는 도박과 비슷하다는 생각이다. 그 심리적 배경의 본질은 뻔한 미래보다는 알 수 없는 미래에 대한 환상이 가미된 것이라고 본다. 이러한 심리적 배경과 더불어 평소와 다른 환경에서는 더 나은 자신이 될 수도 있다는 생각에서 올 수도 있다. 또한 다소 고단하지만, 여행한다는 긍정적 이미지 때문에 사람들의 허영심을 자극하고, 우리는 그 허영심에 동조해 버린다.

그러므로 휴식을 목적으로 여행을 계획한다면, 마치 집처럼 편안히 지낼 수 있고 이동할 필요가 없는 곳을 생각해 보아야 할 것 같다. 하지만 이것도 각자 처지에 따라 다를 수는 있지만, 집보다 편한 곳은 드물다는 사실을 인정해야 할 것 같다.

필자가 여행하면서 나름대로 경험하고 느낀 것은, 여행하지 않고 집에 있으면서 벌어지는 일들이 여행 중에도 똑같이 벌어진다는 사실이고, 차이점이란 단지 그런 일들이 벌어지는 주변 환경이 달라졌다는 것뿐이다. 여행이 매력적인 것처럼 보이는 것은 그것들 혹은 그곳은 내가 생활하고 익숙한 나의 공간과는 다른 환경에서 벌어지고 있다는 점이다. 그런데 지금까지와 다른 것을 불편한 마음으로 대한다면 여행 내내 즐겁지 않다. 어떤 사람은 나와 다르다고 혹은 내가 사는 곳과 다르다고 해서 부정적인 단어를 자주 입에 달고 다닌다. '이 사람들은 왜 그러지? 이곳은 왜 이렇게 생겼지, 여기는 왜 그렇지?' 등등 그냥 다름을 인정하고, 거기서부터 출발하면 다름으로 인한 갈등은 줄어들고 흥미로운 생각이 든다. 생김새가 다르고 뚱뚱하고 문신으로 도배하고 여기저기 구멍 뚫어 주렁주렁 매달고 다니는 그들의 모습이 정겨워 보이기 시작한다. 오히려 우리와 같다면 무슨 여행의 의미와 보람이 있겠는가? 그러니까 어차피 나와 다른 주변환경과 문화, 사람들이 있는 곳으로 떠나는 것이니, 인정하는 시선으로 바라보면 여행의 진미를 즐길 수 있다고 본다.

그래도 여행해야 한다면 다음 사항들을 생각해 보면 어떨까?

첫째로 여행의 이슈는 누구나 여행을 가고 싶어 하지만, 누구나 갈 수 있는 것은 아니라는 것이다. 패키지여행을 하거나, 자녀들과 함께 가면서 몸만 가는 그런 것과는 차원이 다르다. 우선 필자가 말하는 여행이란 주말이나 연휴를 이용해서 다녀오는 여행이 아니라, 2주 이상 장기간의 여행을 의미한다. 과거에는 이런 개념의 여행을 하려면 4박자가 구비되어야 했다. 첫째는 더 이상 부가적인 설명이 필요하지 않은 언어 문제 해결이다. 두 번째는 경제적 뒷받침, 셋째는 여유 시간이고 네 번째는 그런 여행을 버텨 줄 수 있는 건강이다.

사실 나는 여기에다 두 가지를 더 추가하려 하는데, 그 두 가지가 앞선 4요소보다도 더 중요하다고 생각한다. 하나는 용기이다. 여행을 실제로 실행하는 데는 용기가 절대적으로 필요하다. 네 가지 요소인 소통, 시간, 돈, 건강이 다 되더라도 용기가 없어서 못 가는 사람들이 더 많다.

두 번째는 주변 여건이다. 주변에 간호해야 할 환자가 있거나, 진행 중인 송사, 중요한 사업상의 큰 과제가 있는 경우는 선뜻 여행을 떠나기가 쉽지 않다. 과거 필자의 세대에는 40전까지는 건강은 되는데 시간과 돈이 안 되고, 40~60에는 건강과 돈도 조금 있지만 시간 내기가 어렵고, 60 넘어 은퇴하고 나니 돈과 시간이 되지만 어느덧 눈도 어둡고 행동도 둔해지고 귀도 어두워진다. 운전도 쉽지 않고, 나날이 발전하는 IT나 모바일 기기를 다루는 것은 젊은이들 따라갈 수도 없다. 그게 현실이다. 요즘은 세월이 좋아져 누구나 긴 휴가를 이용하여 원하는 여행을 할 수 있으니, 그것이 부럽다.

필자는 평소에도 젊은이들이 여행을 많이 해야 한다고 믿고 있다. 은퇴 후 여행도 나름대로 의미는 있지만, 투자의 관점에서 보면 좋은 투자는 아닌 것 같다. 젊을수록 여행 중 여러 가지 사항들이 그들 미래를 위한 자양분이 되어 창조적 재생산을 할 확률이 있다. 젊은이들이 여행에서 얻고 느끼고 본 것을 하나라도 건져서 창의적인 성과와 연결할 기회와 확률이, 지금 필자의 여행 성과보다 높은 것이다. 가끔은 재정적 압박으로 여행을 포기하는 젊은이들을 위해 금전적 지원해야 하지 않을까? 생각도 한다. 그런데 거꾸로 생각할 수도 있다. 은퇴자들은 앞으로 건강이 허용하는 시간이 많지 않기 때문에 어쨌든 기회가 올 때마다 길을 나서야 하지 않겠는가?

당연한 이야기지만 어떤 형태의 여행도 그 기간에는 많은 일들이 벌어진다. 여행 중에 뭔가 잘 일이 안 풀리면 갑자기 피곤이 몰려오고, 스트레스가 쌓이기 시작한다. 그럴 때 잠깐 쉬었다 가는 것도 요령이다. 여행 중에 안 풀린 경우란, 종종 예약이 확인이 안 된다거나, 길을 잃었다거나, 혹은 뭘 잃어버렸거나, 물건을 도둑맞는 경우인데 정말 피곤하고 지치게 한다. 그중에 단연코 최고인 것은 휴대 전화를 분실하는 것이다. 국내에서도 휴대 전화를 잃어버리면 여행 중이 아니더라도 속된 말로 멘붕이 되고, 그것이 주는 후폭풍은 상상을 초월한다. 여행 중에 휴대 전화를 분실했다 하면, 정말 큰일이 아닐 수 없다. 지금까지 찍은 사진은 물론이요, 그곳에 있는 개인 정보, 여행 중 필요한 여러 예약과 무수한 기록을 모조리 잃어버리는 것이다. 이런 경우 심하면 나머지 여행 일정을 포기하고 귀가하는 사람도 있다. 그래서 필자는 4개의 전화기 중 가장 중요한 전화기는 안전한 장소에서만 꺼내어 보거나, 줄을 이용하여 배낭이나 옷에 연결하여 한쪽을 고정시킨다.

컨트리 뮤직의 고향 내슈빌

우리는 미래의 일들을 알 수가 없기에 어떤 일을 결정하기까지는 신중하기도 하고 망설여지는 때가 있는데, 여행 중에 이런 상황은 지극히 당연하다. 이번 여행 일정에 내슈빌을 포함하기까지 그러한 망설임이 조금 있었다. 컨트리 뮤직의 발상지 정도는 여행지로서 그다지 호소력 있는 유인 요인은 아니라고 판단해서이다. 그러다가, 나체즈스 트레이스 파크웨이(Natchez Trace pkwy) 드라이브 길을 알고 나서 급선회해, 반드시 가야 할 곳으로 결정했다. 뒤늦게 결정한 내슈빌이지만 여행지로서 갖출 것은 모두 가지고 있어서 다른 곳과 비교해도 여러모로 손색이 없다. 어차피 여행이란 불확실한 것에 맞닥뜨려서 이를 해결해 나가는 과정인데, '불확실한 것'이란 '정보가 충분하지 않다는 것'과 어느 정도는 같은 말이다. 그러므로 어떤 위험 신호가 있다고 해서 우회하는 것은 맞지 않다는 결론으로 내슈빌에 왔다. 정말 오랜만에 잘한 선택이란 생각이 들었고, 우연인지 날씨마저 반기는 듯하다. 이럴 때 여행의 참맛을 느낀다. 여기는 황사가 한참 기승을 부리는 한국과 달리, 정말 새파란 하늘에 공기는 맑다. 지난번 마이애미에 머무를 때 포트 로더데일에서 폭우를 만난 것 빼고는 날씨가 정말 좋다. 또 하나 비교되는 것은 서호주와 아웃백에서 바람과 파리 때문에 악몽 같은 매우 괴로운 경험을 했었는데 여기에는 그 두 가지가 최소한 없다.

내슈빌 Centennial 공원의 실제 크기와 같은 파르테논 신전

내슈빌은 테네시주의 주도(Capital City)로서 시내 중심가를 가로지르는 컴벌랜드강(Cumberland River) 남서쪽에 중심가가 있다. 필자가 주차한 강 건너 닛산 센터가 있는 곳도 부도심 주택 지역 역할을 한다.

본격적으로 시내 투어를 하기 전에, 철도 거부인 밴더빌트(Vanderbilt)가 설립한 밴더빌트 대학 인근의 센테니얼 파크(Centennial Park)에 들렀다.

먼 곳은 차를 가지고 다니기 때문에 이런 곳에 방문하면 항상 주차에 신경쓰게 마련인데, 공원 중간에 주차 공간도 많고 공원 자체도 무척 넓고 여유로웠다. 이곳에 온 이유는 대학을 보기 위해서 방문한 것이 아니라, 파르테논 신전을 보기 위해서이다. 웬 생뚱맞은 파르테논 신전? 테네시주는 1897년 테네시주 100주년을 기념하는 박람회에 이곳에 내슈빌에 파르테논 신전을 건설하였고, 이후 1930

년에 BC 438년에 건설된 신전과 똑같은 모양과 크기로 신전을 건설하였다. 굳이 왜 파르테논 신전을 선택했는지 이유는 모르겠지만, 신전이 여기에 있고, 신전을 볼 수 있다는 것으로 올 이유는 충분하다. 아침 일찍 공원에 도착해서인지, 가벼운 복장으로 산책 나온 사람들이 대부분이고, 필자 같은 차림에 사진 찍으며 둘러보는 사람은 드물다. 인근 주민인 듯한 사람이 필자 옆자리에 주차하고 큰소리로 누군가와 싸우는 듯한 통화를 오래 하는데, 그나마 공원이라서 다행이다. 그것 외에는 공원은 그야말로 평화롭고 조용하다.

파르테논 신전의 오른쪽으로 공원 중심에는 테네시주 여성들의 참정권(투표권) 획득에 대한 기념물이 있다. 자세히 읽어보니, 미국 수정 헌법 19조 사항의 내용이다. 1870년에 흑인에게 참정권을 부여한 미국이 연방 차원에서 여성에게 참정권을 부여한 것이 1921년이라니, 지금 기준으로는 이해하기 어려운 일이다. 이전의 불평등과 부당한 대우 등 동서양을 막론하고 여성들에게 가해진 가혹한 처사는 있어서는 안 될 일이었다.

The John Seigenthaler Pedestrian 다리에서 바라본 내슈빌 다운타운

공원을 뒤로하고, 평일이라 주차가 걱정되었지만, 내슈빌의 관광 명소가 있는 다운타운으로 차를 가지고 갔다. 골목의 사람들이 흥청대는 바라든지 박물관에 입장하려면 아무래도 자전거는 거추장스러울 것 같아, 자전거는 포기하고 걷기로 했다. 구글맵 검색으로 전체 동선을 보니 10km 미만이라 굳이 자전거를 탈 이유가 없어 보이기도 하다. 그렇게 결정하고 내슈빌의 다운타운 컴벌랜드강 건너 닛산 센터에 주차하고, The John Seigenthaler Pedestrian 다리를 건너서 시내로 들어갔다.

강을 건너는 다리 위에서 River Front 기차역이 보이는데 내슈빌 종착역인 듯하다. 역사는 짙은 초록색 지붕이 특이하게 가파르게 내려오다 살짝 부드럽게 꺾여 완만하게 마무리했고, 견고하게 벽돌로 지어진 자그맣고 아담한 건물이다.

강을 건너자마자 시내에 바로 다운타운이다. 4번가 사우스 길을 건너 바로 우측에 County Music Hall of Fame & Museum이 있다.

County Music 명예의 전당

입장료 28불 정도인데, 생각한 것보다 규모도 크고 필자가 몰랐던 미국의 컨트리 뮤직의 탄생과 역사 등을 차례대로 알기 쉽게 전시해 놓았다. 시대별 각 뮤지션의 공연 녹화도 있어 컨트리 뮤직에 문외한인 필자도 빠져들어 가게 구성해 놓아서 인상적이었다. 전시장 전시품들은 다양하지만, 엘비스 프레슬리가 타고 다녔다는 차, 기타, 입던 옷들이 전시되어 있는데 이 전시물은 사실 이곳과는 어울리지 않는 것으로 보였다. 엘비스 프레슬리의 장르는 컨트리 뮤직보다는 결이 다른 로큰롤로 이해하고 있다.

박물관 내 전시품들과 역대 골든 디스크들

다만 엘비스는 1950년대 그의 전성기가 지난 기간에는 장르를 넘나드는 곡들이 나오기는 하고, 로큰롤 자체도 컨트리 뮤직 요소에 흑인들 음악인 리듬 앤드 블루스를 가미한 음악이기에 전혀 연관이 없다고 볼 수만은 없다. 하지만 엘비스 프레슬리 관련한 사항들은, 멤피스의 로큰롤 박물관이나 Graceland에 더 잘 어울린다. 엘비스 프레슬리가 초창기 무명 시절 유명해지기 시작한 것은 흑인 노래를 부르는 백인이라는 사실 때문인 것을 보면 이해가 된다. 이처럼 컨트리 뮤직은 백인들의 음악으로, 아프리카계 미국인들의 전시물이나 뮤지션의 공연 실황 등은 보이지 않는다. 평소에는 무심했지만, 가만히 생각해 보니 컨트리 뮤직이라는 장르에 필자가 아는 아프리카계 미국인 가수가 없는 것도 같은 이유이다.

박물관은 컨트리 뮤직의 아이콘인 지미 로저스(Jimmie Rogers), 조니 캐시(Johnny Cash), 윌리 넬슨(Willie Nelson), 케니 로저스(Kenny Rogers), 가스 브룩스(Garth Brooks), 존 덴버(John Denver), 알란 잭슨(Alan Jackson) 등 많은 공헌자의 자료와 활동들을 차례대로 소개하고 있다.

미국 중서부 지역, 유색인 미국인들이 비교적 적은 지역의 백인들은 대부분 햇빛이 강한 지역에 거주해서 목이 붉게 타 레드넥(Red Neck)이라 불린다. 미국 우선주의와 일맥상통한다는 것이다. 컨트리 뮤직은 카우보이모자에, 청바지와 가죽조끼를 입은 가수들이 부르는 노래로 알려져 미국의 상징으로까지 인식됐던 음악이다.

그러한 컨트리 뮤직이 그동안 뜸해 있다가 요즘 다시 뜨고 있다는데, 1958년 이래로 빌보드 1, 2, 3위를 싹쓸이하는 현상은 처음 있는 일이라 하며, 최근 미국의 정치와 사회 상황과 무관하지 않다고 한다. 이것이 더 심해져서, 진보 세력들의 정치적인 성향에 노골적으로 반감을 품고 있는 소외된 백인 노동 계층들의 일상을 담은 컨트리 음악이 다시 보수층들의 지지를 받으면서 빌보드 상위를 차지한다는 것이다.

매스컴에서는 이런 현상을, 미국의 현재 상황과 테일러 스위프트(Taylor Swift)라는 걸출한 아티스트가 있어서 가능한 것이라고 분석했다. 미국뿐 아니라 세계적인 슈퍼스타인 테일러 스위프트는 펜실베이니아에서 태어났지만, 12살 때 이곳 내슈빌로 와서 본격적으로

명예의 전당 입구와 거대한 기타 모형

컨트리 뮤직의 음악 경력을 착실하게 쌓았다고 한다. 필자는 이러한 대중음악의 전문가나 애호가는 못되지만, 컨트리 뮤직 애호가라면 한 번쯤 와볼 만한 곳이다.

보통, 입장료 내고 본전 생각나는 때도 가끔은 있는데, 컨트리 뮤직 박물관을 나올 때 그런 느낌이 들지 않을 정도로 박물관의 콘텐츠는 훌륭하게 느껴져 뿌듯했다. 박물관의 전시 콘텐츠 구성은 단순히 뮤지션들의 옛 물건들을 전시한 것만이 아니다. 음악과 과거 공연 영상들을 감상할 수 있어, 관람객들이 당시의 분위기를 현시점에서 느낄 수 있도록 구성해 놓았다.

전시물의 감상에 빠져들어 예상보다 많은 시간을 보낸 후 라이먼 오디토리움과 Frist Art Museum에 들렀으나,시간이 많이 걸릴 것 같아 뒤로 미루었다. 대신에 6번가 북쪽의 약간 언덕 위에 있는 주의회 의사당인 Tennessee State Capitol을 방문했다. 의사당을 방문하면 보통 내부 관람을 하는데 이곳은 그냥 지나쳤다. 하지만 한가지 각 주의 주도에 가면 주 의사당(State Capitol)의 돔 모양을 유심히 살펴보는 버릇도 있다. 필자가 각 주 의사당(State Capitol)을 워싱턴 D.C에 있는 연방정부의 의사당(United State Capitol)과 모양은 물론이고 규모와 대략의 크기를 비교하곤 한다. 이유는 돔의 모양을 보면 미국에서의 해당 주의 위상을 대충 짐작할 수 있기 때문이다.

테네시주주 주의회 의사당에는 돔이 없고 그냥 종탑 같은 모양으로 생겼다. 이례적이란 생각이 들었다. 의사당 건물에 돔이 없다니! 미루어 보건대 테네시주는 작은 주이고 연방에 주는 영향력도 미미한 것으로 추정할 수 있다. 여기서도 BLM(Black Lives Matter: 흑인의 목숨도 소중하다) 시위도 하고 남부군 국기를 들고 행진하기도 한다. BLM 구호는 2012년 플로리다주에서 흑인이 방범 요원에게 살해당했던 사건에서 가해자인 해당 요원이 무죄로 풀려나자 광범위하게 퍼진 흑인 민권 운동의 구호이다. 이것이 잠잠해 있다가 2020년 미네소타주 미니애폴리스에서 경찰의 과잉 진압으로 사망한 비무장의 흑인인 조지 플로이드 사건으로 최근까지 진행 중인 민권 회복 구호이다. 정말 다양성이 존중되는 나라다.

테네시주주 의회 의사당
(중앙 좌측에 BLM 피켓을 들고 있다)

본격적으로 컨트리 음악이 흘러나오는 거리로 발걸음을 옮겼다. 오후 1시가 조금 넘은 시간에 Broadway, 일명 Honky Tonk Highway의 7번가부터 강변의 1번가까지, 처치 스트리트(Church St.)와 데몬브룬 스트리트(Demonbreun St.)까지, pop과 Bar 그리고 남부식 Steakhouse가 줄지어 있는 곳이다. 멀리서도 악기 소리와 가수들의 노랫소리가 들려온다. 그곳에서는 대낮인데도 밴드와 보컬 등이 컨트리 뮤직, 하드록 등을 연주하고, 문을 활짝 열어젖힌 바에서 라이브 연주에 맞추어 술 마시고, 춤을 춘다. 심지어는 길에서도 춤을 추고, 어찌 보면 광란 같지만, 꼭 그렇지는 않다. 귀가 먹먹할 정도로 시끄럽지만 절제가 있고, 가끔 걸인들도 있어 생뚱맞기는 하지만 질서를 어지럽히지는 않는다. 가죽 부츠에 카우보이모자를 쓰고 다니는 사람들이 길거리에 넘쳐나고, 문을 활짝 열어젖힌 바에서는 춤을 추고 노래하는 사람들로 꽉 차 있어, 문득 그들과 어울려 보고 싶기도 했다. 경찰들이 수시로 다녀서 그야말로 안전은 큰 문제가 없다. 그 길로 다니면서 시간이란 개념이 몸에서 스르르 빠져나가는 듯했다. 나도 모르게 이 음악의 선율이 과거 우리와 함께했던 것 같은 마음의 울림이 느껴졌다. 대중음악의 힘은 대단하다. 클럽에 들어가 맥주라도 간단히 한잔 마시고 싶어서, 4번가 코너에 있는 'Honky Tonk Central'이란 술집에 들어갔다. 맥주 기본만 주문하고, 앞쪽 무대에서 연주하는 밴드에 맞춰 노래하는 가수의 노래와 객석의 홀에서 흥에 겨워 춤을 추는 사람들을 감상해 보기로 했다.

Honky Tonk Bar의 대낮 모습

주변의 손님들은 홍에 겨워 장단을 맞추다가 일어나 춤추기도 한다. 앞쪽의 손님들은 단체인 듯 신나게 모여서 춤을 추는데, 한국에서 보는 그런 막춤이 아니다. 이곳 사람들은 누구에게나 미소를 던져주고 관대하다. 처음에는 차도 있고 또 나 혼자 하는 여행이라서, 조금이라도 위험스러운 상황을 택하고 싶지는 않았는데 음악 소리에 이끌리었다. 20여 분 앉아서 맥주 한 잔도 비우지 못한 채 아쉬웠지만 밖으로 나와 주변을 걸었다. 옆 골목에 있는 바와 주점들도 대낮부터 왁자지껄한 밴드의 연주 소리로 가득 차 있기는 마찬가지이다.

그리고 오늘 내슈빌에서 알게 된 놀라운 사실이 두 가지가 있었다. 내슈빌에는 시내 중심의 메인 도로인 6차선 도로 이름이 '코리안 베테란스 대로(Korean Veterans Boulevard)'이다. 이 도로는 시내에 있는 31번 고속도로와 70번 고속도로와 연결되는 간선도로로서 중요한 도로이다. 그리고 중심가에서 컴벌랜드강을 건너가는 도로이고, 다리의 이름도 Korean Veterans Memorial Bridge이다. 아마도 6.25 참전 용사들을 기리기 위해서 명명한 것으로 추측된다.

또 하나는 길을 가던 중, 점심을 사려고 들렀던 수제 버거집 중년 주방 직원을 우연히 마주쳤는데, 너 아까 버거 맛있게 먹었냐? 라고, 묻길래 놀랐다. 길거리에서 만난 것도 신기한데, 날 알아보다니! 사실 그곳에 가기 두 시간 전에 시장기를 해결하기 위해 Grab & Go shop에서 수제 버거와 커피를 간단히 점심으로 때웠었다.

저녁때가 돼서 숙소로 돌아가기 위해, 닛산 스타디움(Nissan Stadium)의 주차장에서, 차를 몰고 나가려는데 모든 통로를 바리케이드로 막아 놨다. 이곳저곳 출구를 찾았지만, 출구가 없었다. 한참을 망설이고 있는데 차 하나가 와서 노인이 내리더니 바리케이드를 치워주어 감사하게도 빠져나와 숙소에 무사히 도착했다.

필자도 한국인인지라 해외 여행 중 어쩔 수 없이 일본의 드러난 문화 투자에 자주 관심과 눈이 가는 것은 어쩔 수 없다. 처음에는 조금 마음이 불편했었다. 그 불편함이란 그들이 부러웠기 때문이리라. Nissan Stadium은 미식 축구팀 휴스턴 오일러스가 내슈빌로 연고지를 옮기면서 개명한 테네시 타이탄스의 홈구장인데, 닛산이 테네시에 생산공장을 지으면서 경기장의 명명권을 획득한 것이다. 스타디움을 통째로 건설해 준 것은 아니지만, 그래도 도심의 큰 부분을 차지하는 곳에 일본의 긍정적 이미지를 새겨 놓는 일은 대단하다고 밖에 할 말이 없다. 스타디움 자체도 그렇지만, 주변의 주차장과 그 외 부대 시설 등등 그 규모가 이 문화적 색채가 강한 도시에서 잘 운영될지 걱정되기도 한다. 언젠가는 우리가 뛰어넘겠지만, 지금의 우리 문화 수준을 생각해 보는 시간을 가져 보았다. 다행인 것은 2023년 현재 테네시 타이탄스의 공식 후원사는 우리나라 기업인 LG 전자이고, 현지에서 많은 활동을 하고 있다고 한다.

시간이 지나면서 이제 조금씩 내슈빌을 품고 있는 테네시주가 지나온 다른 지역들과 왜 달랐는지 나름 조금씩 이해하기 시작했다. 필자 나름대로의 느낌은 '탄탄한 지역사회 문화에 근거한 자부심과 개방성'인 것 같다. 아울러 음악을 사랑하고 즐기는 테네시인의 성향과 관계가 있다고 생각한다. 누구든지 노래하고 싶은 사람은 이곳으로 오라라고 하는 그들의 개방성이다. 그렇게 그들은 내슈빌을 서슴없이 컨트리음악의 고향이라고 말한다. 틀린 말이 아니기 때문이다.

페달로 도로를 달리는 이동식 포장마차

내슈빌과 같이 음악과 낭만이 있는 도시에 Pedal Tavern이란 이동식 술집, 혹은 이동식 포장마차 같은 것이 있다. 엔진이 없는 차량에 지붕만 있고 10~15명 정도 탑승할 수 있고, 운전기사는 엔진이 없으니 방향 조절과 정지 출발을 지시할 수 있다. 번화가나 다운타운 지역에서 탑승자가 자전거처럼 페달을 밟으면 움직이는데, 시내의 관광용 마차보다는 느리지만 생각보다 속도가 빠르다. 필자는 이 페달 타번에 큰 매력을 느꼈다. 보통 젊은이들이 친구들끼리 같이 타고 누비는데, 골목과 번화가에 큰 활력을 넣고 있고, 젊은이들은 술을 마시고, 앉아서 춤을 추며, 행인들에게 뭐라 소리 지르기 하며, 떼창으로 노래하고 스트레스를 날려 버린다. 지방의 소도시에서 우리도 이런 것을 허용하면 어떨지 생각해 보았다. 서울에서는 차량 정체 유발이라 어려울 것 같고. 그리고 지형적으로 언덕이 없어야 할 것도 같고, 법적, 제도적 문제도 풀어야 할 것 같고 등등.

상상력의 극대화 나체즈 트레이스 파크웨이

3일간의 시간을 내어 나체즈 트레이스 파크웨이(Natchez Trace pkwy)를 드라이브하면서 주변 경관을 감상하고, 탐방 겸 자전거 라이딩 등을 하기로 하였다. 나체즈 트레이스 파크웨이는 테네시주의 컴벌랜드강과 미시시피주의 미시시피강을 연결하는 약 710km(444마일)의 2차선 도로이다. 1930년대부터 건설을 시작하여, 2005년부터 일반인에게 일부 구간이 개방된 이 도로는 테네시주의 내슈빌 남쪽 페어뷰(Fairview) 북쪽 100번 하이웨이 교차점에서 시작하여 앨라배마주를 거쳐 미시시피주 남쪽 끝 나체즈까지 연결되어 있다. 필자가 내슈빌을 여행 경로로 택한 이유 중 하나는 바로 이 길로 드라이브하기 위함이다. 본래 이곳 원주민인 나체즈 인디언들이 수세기 동안 아메리카들소(Bison)나 사슴 등을 사냥하기 위해 사용하던 길인데, 이후 유럽인들이 교역과 선교의 목적으로 이 길을 사용했다고 한다. 이러한 역사적 의미가 있고 주변 경관이 수려하여, 드라이브, 하이킹, 자전거, 캠핑, 낚시 등 시민들이 각종 레크리에이션을 활동을 할 수 있는 특별한 곳이다. 거기에 맞추어 긴 공원 길에는 다양한 활동을 할 수 있는 시설들이 곳곳에 마련되어 있다. 개척기 초기에는 Stand라는 다목적 숙박시설들이 있어서, 이 길을 이용하는 사람들에게 숙식과 편의를 제공했었는데, 증기 기관선이 등장하면서부터 통행인들이 뜸해지고, 이용하는 사람들이 줄어들어 하나

파크웨이 드라이브 도중 마주한 풍경들

둘씩 문을 닫기 시작해, 현재는 몇몇이 유적으로만 남아있다고 한다. 이 Stand라는 시설은 어쩌면 현대화되기 전에 우리나라에 있었던 주막집과 같은 것이 아니었나 생각해 보았다. 왜냐하면 사람은 여러 가지 목적으로 집을 떠나 긴 여정을 갈 때, 잠자리는 물론이요 그 외 필요한 것들은 동서고금 누구에게나 같다고 생각하기 때문이다.

가끔은 직접 눈으로 보고 경험해 봐도 그것을 믿기까지 시간이 필요한 일들이 종종 벌어지거나 존재한다. 보통 좋지 않은 일을 겪고 나서 정말 그것을 현실로 받아들이기까지는 시간이 걸린다. 공원 드라이브 길이 710km나 된다는 것이 정말 신기할 따름이다. 필자가 우물 안 개구리라서 그런 거라고 치부하면 마음 편하다.

이 길에 관심을 두게 된 동기는 710km나 되는 길이 공원이라는 것이 믿을 수가 없어, 직접 확인해 보고 싶은 의도도 있었다. 우리나라로 따지면 서울-부산의 두 배가 가까이 되는 거리가 공원이라는 것이 경이롭기까지 하다. 더욱이 3개 주에 걸쳐 있는 이 길은 관리하기가 쉽지 않을 텐데도 말이다. 드라이브 도중 일부 구간은 임시 폐쇄되어 우회로를 이용해야 했는데, 안내가 잘 되어 있어서 드라이브를 즐기는 데 큰 영향은 없다. 때에 따라 홍수라든지, 천재지변, 공사 등으로 우회로를 이용해야 하는 경우가 있는데 www.nps.gov 홈페이지에서 자세히 안내되어 있다. 사실 필자는 홈페이지를 참고하지 않고 도로 표지판 안내를 따라갔는데, 아무런 장애가 없었다.

이 길을 운전하다 보면 계절에 따라 다르겠지만, 천상에 온 것 같은 착각이 든다. 아마 필자가 간 계절이 늦은 봄, 날씨마저 쾌청한 것이 한몫한 것 같다. 이 길을 완주하려면 3일 정도 걸린다. 이유는 고속도로가 아니고 천천히 즐기면서 가는 길이기 때문이다. 하루에 완주하기는 불가능하고 의미도 없다. 왜냐하면 이 길은 도착하는 장소는 같지만 도착 시간을 정하고 가는 길이 아니다. 즐기고, 사색하고, 채워 넣는 길이기 때문이다. 고속도로 수준의 이동을 원한다면 다른 길로 가야 한다. 필자에게는 나쁜 운전 습관이 있었는데, 늦은 것도 아닌데 습관적으로 앞쪽이 비어 있으면 속도를 높인다. 지금은 습관적 서두름이 없어지고 느긋하게 규정에 맞게 운전한다. 칭찬에 인색한 아내도 만족해하고 있어서 더욱 잘한 일인 것 같다. 이 길에서 쉬엄쉬엄 시속 60km 이하로 하루 종일 운전해도 편도 일 차선인 도로에서 추월하는 차는 그렇게 많지 않았다. 더구나 이 길을 자전거 애호가들이 즐기는 길이라서 수시로 자전거를 만나는데, 자전거가 우선이니, 최대한 천천히 배려하며 즐기는 도로이다. Scenic Route(풍광이 좋은 도로)라고 부르기도 하지만 자전거 사이클링을 위한 도로라고도 부르니 당연한 일이다. 3일간의 드라이브 중 여러 구간, 차를 주차한 후 자전거 타기를 반복했다. 왕복으로 다시 주차한 곳으로 되돌아와야 하지만, 그것도 의미가 있었다. 사람에게는 가는 길 볼 수 있는 것과 되돌아오는 길에 볼 수 있는 것을 한 번에 다 볼 수 있는 능력이 부여되지 않았나 보다.

내슈빌 시내에서 숙소를 뒤로하고 맑은 아침 공기를 마시며 상쾌하게 나체즈 트레이스 파크웨이의 시작 지점을 향해 출발하였다. 일찍 출발한 데는 나름 다른 이유도 있었다. 내슈빌 시내에서 파크웨이로 진입하기 약 150m 전방 우측에 파크웨이 탐방객에게 유명한 The Loveless Café가 있는데 카페 이름을 왜 그렇게 했는지 궁금하기도 했고, 들러서 커피 한잔하기 위해서다. 카페로 진입하는데 이른 아침부터 차들이 너무 많아 놀랐다.

이 사람들도 이런 곳을 열심히 찾아다니는구나 하는 생각이 들었지만, 결과적으로 반만 맞았다. 이곳은 여행자 숙소도 겸하고 있었기에, 카페 손님이 많은 것이 아니고 투숙객들의 차였다. 필자는 단순히 커피와 샌드위치를 여유 있게 즐기려는 소박한 생각이었는데, 다 틀렸구나 생각하고 먼 곳에 주차하고 반 포기 상태로, 여차하면 줄 서서 오래 기다릴 각오를 하고 내부로 들어섰는데, 생각만큼 붐

Loveless Café와 방문자센터 내부 모습

비지 않은 것은 그런 이유이다.

이 길을 경험할 독자분이 있다면 이곳의 커피 맛이 괜찮으니, 차가 많다고 겁먹지 말고 커피 한잔하고 출발해 보자. 필자는 커피와 샌드위치 그리고 조그만 기념품을 손에 넣고 출발했다. 기분 좋게 컨디션 조절하며 카페에서 출발한 후 5분 지나니, Natchez Trace Pkwy 도로 표지판이 나타난다. 한껏 심호흡하고 긴장을 풀고 천천히 차를 몰았다. 필자가 이 길을 완주하는 데는 예정대로 총 3일이 걸렸고, 투펠로(Tupelo), 잭슨(Jackson), 나체즈(Natchez)에서 각각 1박씩을 했다. 그중 가장 큰 이유는 수도 없이 자전거를 탔기 때문이다.

이 길의 특징 중 하나는 드라이브하거나 자전거 등을 이용하면서, 길가에 있는 주차장의 차간 간격이 우리의 두 배쯤 되고, 계단을 없애는 등 몸이 불편한 사람들까지 고려하여 누구나 불편하지 않도록 설계되었다는 점이다. 필자는 그 점에 더 감동하였다. 특히 주차가 쉽고 편하게 되어 있는 화장실 시설은 깨끗할 뿐 아니라, 거리도 적당하고, 온수도 나온다. 도로가의 시설들은 여행자들을 배려한 것들인데 인근의 정보는 기본이고, 길에서 즐길 거리를 포함하여, 그곳으로 가는 안내판들이 잘 배치되어 있어, 영어에 능숙하지 않은 필자도 그것들을 이용하는데 어려움이 없었다. 주요 시설들은, Scenic Point 혹은 전망대(Overlook), 캠핑지역(Camping Area), 낚시(Fishing Point), 등산(Trail), 승마(Horse Riding), 테마공원 등 다양하다. 다만 모든 길은 자전거가 우선이니, 자전거에 대한 특별한 언급은 없지만 도로에서는 자전거를 최우선으로 배려해야 한다. 가끔 이 도로 외의 다른 도로를 운전하다 보면 자전거가 나타나면 양보하라는 'Share the Road' 표지판을 보게 되는데, 이 길에는 그것이 없다. 왜냐하면 자전거가 이 길의 주인이기 때문이다. 자동차로 하는 여행자들을 배려하여, 중간중간에 룩아웃(Lookout) 포인트 설계해 놓아 운전자는 편하게 빠져나갔다가 좋은 경치를 감상하고 다시 들어오면 되는 그런 구조로 되어 있어 외부의 여행객은 불편한 것을 느끼지 못하게 되어 있다. 이곳에서 정말 특이하다고 느낀 점은 차로 변 갓길 너머는 잔디로 되어 있는데 폭이 굉장히 넓다는 것이다. 이해를 돕자면 도로 양측의 나무들이 너무 아름답지만 도로 측면에서 거리가 많이 떨어져 있어서 운전자들이 자칫 측면 시야가 가려져 답답함을 느낄 가능성을 제거해 버렸다. 그 사이는 야생화와 잔디로 채워져 있다. 운전을 해 본 사람들은 경험해 보았겠지만, 길가에 우거진 숲이 도로 가까이에 있다면 운전하면서 답답함을 느낄 것이다. 물론 일부 구간은 그렇지 않은 곳도 있기는 하다. 길 양편에는 활엽수들이 많이 보이고, 침엽수들은 간간이 보인다. 사실 숲이 풍요로움을 유지하기 위해서는 배타적이고 쭉쭉 뻗은 침엽수보다는 활엽수가 훨씬 풍요로워 보이기는 한다. 드문드문 소나무들이 보이기는 하는데, 인공적인 조림으로 보인다.

오는 도중 공원 경찰이 위반차량을 단속하는 모습을 보았다. 차량에 얼핏 보니 Park Police라고 붙어 있다.

필자는 내슈빌에서 출발해서 3일이 소요된 여정 중에 북쪽부터 나체즈 트레이스 표지판이 있는 다리, 캐럴 묘지, 개리슨강 주변의 National Scenic Trail(시간이 소요된다), Water Vally Overlook 등을 골고루 들르고, 자전거를 타고 하이킹하면서 이곳에서 여유 있는 시간을 즐겼다. 드라이브와 멈춤을 반복하면서 시간 가는 것도 잊었다.

이 길을 드라이브하는 의미는 무엇일까? 이것이 궁금하여 정보를 얻고자 한다면 방문자 센터(Visitor Center) 혹은 안내 센터(Information Center)를 들러보자. 방문자 센터(Visitor Center) 혹은 안내 센터(Information Center)는 투펠로(Tupelo) 북쪽과 잭슨(Jackson) 북쪽에 있는데, 필자가 잭슨 북쪽에 있는 Kosciusko Information Center에 들러 보았다. 70대 초반으로 보이는 할머니 세 분이 퀼트(Quilt) 작업을 하고 있다가, 필자가 들어가니 놀라는 기색으로 반가이 맞아주었다. 할머니 한 분이 흔쾌히 필자와 사진을 찍고 , 지도를 주면서 주변 정보를 무척 진지하게 설명 하였다. 필자가 이곳에 들어갔을 때 할머니들이 놀란 것은 아마도 조그만 동양인의 방문이 의외였던 것으로 추측된다.

나체즈 트레이스 파크웨이는 투펠로 북쪽 구간이 더 아름답다고 하는데, 그것은 관점의 차이일 수 있다. 일단 중간 숙소는 잭슨까지로 하고 거기서 마지막 구간인 나체즈로 갔다가 멤피스로 다시 북상할 예정이다. 이 구간은 미시시피주에 있는 구간으로 투펠로(Tupelo)에서 잭슨까지인데, 첫 구간에서 잘 보이지 않던 소나무가 간간이 보인다. 이 소나무들은 자생적으로 난 것처럼 보이지 않고 공원의 숲 구성을 위해 인공적으로 조림한 것으로 보인다. 특이하게도 이곳의 소나무는 독일이나 북유럽에서 보았던 것처럼 곧게 하늘을 향해 뻗지 않았다. 줄기와 가지가 검은빛을 띠고 생동감 있으며 가지를 늘어뜨리고 있어 한국의 해변에서 친숙하게 보이는 해송처럼 보인다. 외피만 보면 그렇게 보이는데 확실치는 않다.

첫 번째 숙박지는 투펠로였는데, 이곳은 엘비스 프레슬리가 태어난 곳이다. 이곳에서는 숙박만 하고 바로 출발했기 때문에 특별한 것은 없었다.

비상 상황이 아니면 Overlook 포인트 외의 차도 밖에 차를 세울 때는 안전을 위해서 도로에서 완전히 속도를 줄인 후에 갓길로 나가야 한다. 아울러 Soft Shoulder라고 되어 있는 곳에 가급적 차를 세우는 행위를 하지 말자. 그곳은 땅이 무른 갓길이니 위험하다는 신호다. 즉 우리가 차를 갓길로 뺄 때 차의 속도를 충분히 낮춘 상태에서 하지만, 조수석 쪽과 운전석 쪽의 바퀴가 놓이는 부분이 다르다. 좌우 바퀴의 마찰 정도가 다르다는 것이고, 이 상태가 되면 차를 통제할 수 없게 되어 잘못하면 차가 뒤집힌다. 특히 미국은 마일 단위로 계기판에 표시되기 때문에 한국 사람들은 더 실수하기 쉽다. 예를 들어 한국에서 시속 40km로 충분히 속도를 제어하여 갓길로 빼면 안전할 수 있다. 그런데 미국에서 계기판에 40으로 줄였다고 하는 것이 실제로는 위험한 속도인 64km에 해당한다.

길에는 자전거를 즐기는 사람들이 심심치 않게 자주 보인다. 필자도 지금 차의 뒤쪽 거치대에 여기서 산 자전거를 달고 다닌다. 자전거를 타고 싶지만 이렇게 차로 이동 중일 때는 탈 수가 없으니 자전거를 타려면 일단 주차하고 멀지 않은 거리를 왕복한다. 자전거를 타고 어느 정도 거리를 가도 결국에는 차가 있는 곳으로 다시 와야 하므로 , 거리는 최대 20km를 넘지 않으려 한다. 자전거도 좋지만 무리하게 타다가 다른 일정에 타격이 있을 수 있기 때문이며, 자전거의 성능이 평균보다 좋지는 못하기 때문에 육체적 고단함이 있을 수 있어서다.

파크웨이 전체 710km 구간에는 간간이 히스토릭 사이트가 있는데, 이는 전쟁 유적지, 전사자들의 묘지, 그리고 초기 정착민들의 거주지, Stand(개척기의 여행자 숙소 겸 편의 제공 시설) 흔적들, 선교활동의 근거지로 사용했던 장소 등이다.

필자가 서쪽으로 방향을 잡고 진행함에 따라 서울과는 시차가 14시간 차이로 애틀랜타보다 1시간이 더 늘어났다.

미국에는 길 명칭, 지역 명칭, 도시 이름 등등이 같거나 비슷한 곳이 너무 많다. 비단 미국뿐이 아니라, 유럽 등 서구 문명권에서는 그리스·로마와 기독교의 영향을 받은 나라들은 비슷하거나 같은 이름들이 너무나 많다. 정치인들, 기독교 성인들, 건국에 기여한 정치인들, 구대륙(유럽)의 명칭 차용 등 일일이 예를 들 수도 없을 정도다. 오늘 가는 곳도 잭슨인데 잭슨이란 이름의 도시는 미시시피주에 있는 도시지만, 같은 이름의 도시가 테네시주에도 있고, 또 비슷한 이름인 잭슨빌이란 도시가 있어서 아주 혼란스럽다. 잭슨빌은 노스캐롤라이나에도 있는데 이번 여정에서 하루 숙박했던 도시이다.

자유 여행 팁 | 렌터카 사용 시 알아 두면 좋은 것들

자유 여행을 장기로 하려면 위해 렌터카를 사용하는데, 렌터카 사용 시 도움이 되는 몇 가지 소개해 본다. 렌터카는 보통 국내에서 여러 공유 앱이나 전문회사를 통해서 예약하는데, 필자의 경험에 의하면, 예약 당시 차량을 받는 경우는 드물다. 렌터카 회사들의 전략인지 모르겠으나, 각 등급별로 사람들이 선호하는 차량을 얼굴마담으로 올려놓고 쉽게 선택하도록 하는 모양이다. 대개 일본 차들이 인기가 많고, 다른 차들은 본래 예약한 차가 없을 때 대체해 주는 차들이다. 물론 고급 차들은 프리미엄카(Premium Car)라 해서 예외다. 그 이유는 왜 그런지 독자들이 알아서 상상해 보시라. 어쨌든 그들은 계약서 한 귀퉁이에 '혹은 동급의 차'라는 단서가 있어 이용자는 항의도 못 한다. 최근에는 뉴질랜드에서 딱 한 번 예약한 차를 제대로 받아보고, 그 이후 여러 차례 렌터카를 사용했지만 예약한 차를 받아보지 못했다. 렌터카 창구 직원은 이런저런 핑계를 댄다.

현지에서 차량을 인수하러 갈 때는 시간 여유를 많이 가지고 가면 좋다. 차량을 인수하자마자 시동을 걸고 뛰쳐나가지 말고, 시동을 건 후 일단 연료 수준, 마일리지 그리고 계기판에 이상 신호가 나타나는지 살펴보고, 그 상태를 사진으로 찍어 보관한다.

10페이지 미만의 매뉴얼(2페이지만 읽어도 된다)

다음에 인수한 차량의 운전 필수 정보를 수록한 매뉴얼을 반드시 볼 것을 권한다. 필자는 한국에서 신차를 구입했을 때도 안 읽어본다. 어느 세월에 다 읽어 보나, 하고 포기한다. 그런데 가만히 보면 차량 서랍에 두꺼운 매뉴얼 외에 얇은 quick reference manual이 있다. 일단 그것만 잘 보아도 차를 안전하게 운전하는 데는 아무 지장이 없다. 거기에는 계기판과 디스플레이 설정 방법 그리고 핸들(Steering wheel)에 있는 버튼의 기능과 조작 방법이 나와 있다. 요즘 나오는 차량은 거의 크루즈 기능이 있고, 반 자율 주행 기능이 있으며, 또한 차선을 벗어나지 않도록 하는 기능 버튼도 있다. 이 기능들은 미국 운전에서는 아주 중요한 기능이고 또 과속하지 않는 방법의 하나다. 필자가 빌렸던 렌터카의 예를 들어본 quick reference manual 사진이다.

두 번째는 차량을 인수하고 나서 내비게이션을 맞추고 바로 차를 운전해서, 렌터카 주차구역을 빠져나오지 말고, 휴대 전화를 들고 구석구석 살펴보고, 트렁크도 열어보고, 주유구도 열어봐야 한다. 특히 렌터카 계약할 때 보험 범위(Coverage) 정도에 따라, 요금이 수직 상승한다. 그러므로 풀 커버(Full Cover)가 아니면 세밀하게 외관을 보고, 조금이라도 손상이 의심되면 주차장을 떠나기 전에 담당자의 확인을 받아 놔야 한다. 보통 손상 확인은 출구 바리케이드 앞에 담당자가 있다. 여기에는 Pre Rental Vehicle Inspection Form이라는 양식이 있는데, 이것을 작성하여 회사 측의 확인과 서명을 받아 두어야 한다. 그렇게 해야 반납(Return)할 때 불이익이 없다. 그런 증거 없이 외관이나 내부의 손상을 지적받았을 때, 인수할 때부터 있었던 것이라고 호소해 봐야 아무 소용이 없다. 물론 아무 일도 없는 것이 최고인 것은 두말하면 잔소리다. 다음으로 차 트렁크를 열어보고, 스페어타이어는 있는지, 압력은 탱탱한지, 그리고 정말 중요한 것은 타이어 교체를 할 수 있는 잭과, 타이어 볼트를 풀고 잭을 조작할 수 있는 공구가 있는지 반드시 확인해야 한다. 타이어와 잭만 있고 공구가 없는 경우가 허다하다. 자세히 확인하지 않는 틈새를 보아 이전에 빌렸던 사람이 가져간 것으로 추정된다. 만일 이 중의 하나라도 없으면 전체가 무용지물이니, 반드시 출발 전에 담당자에게 이야기해서 구비해 가야 한다. 빨리 가는 것이 능사가 아니다. 더 좋은 것은, 국내에서 한 번쯤 스스로 타이어 교체를 해볼 것을 권장한다.

마지막으로 차를 장기간 해외에서 운전하다 보면, 사고가 난다거나, 키를 차 안에다 두고 잠근다든지, 타이어에 이상이 생기거나 여러 가지 일이 발생할 수 있다. 이때 이미 가입한 보험 범위 내에서 신속한 도움을 받을 수 있다. 이것을 Roadside Assistant라고 하기도 한다. 그런데 일이 생기면 당황하게 되고, 일을 처리하는 순서가 뒤죽박죽되는 경우가 있다. 이런 일을 최소화하려면, 렌터카 회사에서 준 서류를 자세히 사진으로 찍어 놓자. 그리고 급할 때 연락할 수 있는 연락처를 주는데 이 번호를 전화기에 저장해 놓고 발신을 한번 누르고 신호가 가서 받으면 바로 끊는다. 이렇게 하는 이유는 나중에 통화 기록으로 쉽게 찾을 수 있기 때문이다. 그리고 연락처를 펜으로 써서 차량 내 잘 보이는 곳에 보관한다. 요즘은 인터넷으로 관련 서류를 보내 주지만, 시간이 제법 걸리니 반드시 확인해 보는 것이 좋다.

멤피스로 가는 길

아침부터 비가 오지만, 오늘은 다행히 멤피스로 단순 이동하는 날이다. 혼자 여행하면 날씨 상황과는 관계없이 목적지는 있지만 빨리 가야 할 이유가 없으니, 커피를 마시면서 기준 속도로 세팅해 놓고 천천히 이동하니 운치가 있어서 좋다. 나체즈 트레이스 파크웨이(Natchez Trace pkwy)를 북쪽에서 남쪽으로 완주하다 보니, 테네시주를 거쳐, 앨라배마, 미시시피주 남쪽까지 내려왔다. 다시 테네시주에 있는 멤피스로 가려면 북쪽의 잭슨을 거쳐서 가는 I-55 고속도로를 이용해야 한다. 출발하자마자 주변의 경치는 한결 평화롭고 부드러운 느낌이 온다. 평탄한 평야와 목장 지대를 지나니, 계절이 늦은 봄이라 그런지 연두색의 나무와 초목의 들판들이 이어진다. 고속도로 내의 휴게소에는 자동판매기가 있는 화장실 건물이 있는데, 여기에서 100피트 이내에는 애완동물을 데리고 올 수 없도록 규정하고 있고, 또 반드시 목줄을 하도록 되어 있다. 물론 일정한 구역이 있어 그 구역 안에서만 머물러야 한다. 혹시 애완동물을 동반하는 경우는 참고해야 불필요한 잡음을 예방할 수 있다.

이번 여행에서는 혼자 온 탓도 있지만 가능하면 레지던스형 숙소를 이용했다. 이유는 석식과 아침 식사를 숙소에서 직접 해결하기 위해서다. 식사는 거의 한국의 집에서 먹는 수준으로 조리했는데 시간이 30분 내외로 짧은 순간에 해결한다.

I-55 고속도로상의 휴게소

식사 메뉴는 보통 쇠고기 스테이크나 생선 스테이크이다. 이때 원칙이 있다. 맛을 모르니까, 스테이크용 쇠고기를 살 때 단위 무게당 가장 비싼 것을 사면 실패율 제로이며, 생선은 연어와 대구를 번갈아 가며 이용한다.

나체즈를 출발하여 잭슨을 거쳐 멤피스에 도착했다. 도시 지역은 미시시피강과 울프강 연안에 자리 잡고 발달해 있지만, 대부분은 테네시주에 있고, 시 외곽 지역은 아칸소주, 미시시피주 등 3개 주에 걸쳐 있다. 멤피스라는 도시 이름은 그리스 신화의 네일로스 신의 딸 멤피스의 이름이며, 고대 이집트의 도시 이름에서 따왔다는데, 그 이유는 잘 모르겠다. 흑인 인구 비율이 다른 지역보다 유독 높은 약 63%로 이곳에서 1968년에 마틴 루터 킹 목사가 암살당한 도시이기도 하다. 이렇게 나체즈에서 멤피스로 여정을 택한 것은 이번 여정의 방향으로 보면 역행하는 것이다. 그럼에도 이렇게 방향을 잡게 된 것은 나체즈 트레이스 파크웨이를 완주하고, 로큰롤의 탄생지인 멤피스를 들르리려면 어쩔 수 없는 경로이다. 구글맵을 보면 그 경로가 이해가 된다.

숙소에 도착해 보니, 예약할 때 무엇인지 실수를 했다. 보통 사용하던 미국 내 체인 레지던스형의 호텔이 아닌 생소한 숙소이다. 필자가 가끔 저지르는 실수인데, 구글에서 해당 숙소를 검색하고 적당한 숙소를 찾는 와중에 일종의 낚시처럼, 엉뚱하고 잘 구별이 안 되는 비슷한 것이 슬쩍 끼어들어 온다. 이것저것 자세히 보지 않고 예약을 누르면, 처음 선택한 숙소가 아닌 엉뚱한 숙소에 예약되는 경우가 종종 있었다. 이런 경우는 거의 모든 숙소가 환불 불가로 명기되어 있다. 이처럼 구글은 비슷한 숙소를 들이밀어 부주의한 사용자들의 실수를 최대한 이용한다. 대단히 큰 실수는 아니지만 기분은 좋지 않다. 일종의 부주의한 사람들을 낚는 정해진 수순이다. 이번이 그런 경우로서 Home Gates Inn & Suites인데 시설이 생각만큼 나쁘지는 않았다.

오늘은 멤피스 숙소에 도착한 시간이 늦은 시각이고, 날씨도 좋지 않으므로 숙소에서 향후 일정을 좀 더 구체화하는 시간을 가졌다. 집에서 출발할 시점에서는 아주 구체적이고 세부적인 계획을 세우는 데 한계가 있고 여행을 진행할수록 알 수 없었던 변수들이 생기기 때문에 중간중간에 일정 점검을 하는 과정이 필요하다. 이것들의 기준이 되는 것은 렌터카 반납 시기와 돌아가는 항공편 일정이 기준이 된다.

누구나 여행하기 전에 여행 계획을 세우는데, 대부분은 먼저 광역의 지역을 선정한다. 이때 나름대로 테마도 같이 선정하면 계획을 세우는 데 도움이 된다. 예를 들면 지역은 미국 동북부와 캐나다

토론토 동쪽을 선정하고 주제는 "가을의 단풍" 등이다. 필자가 택한 미국 동남부 경우 "동남부 관심 지역 자전거 투어" 등 나름의 주제를 선정하였다. 그리고 이동 간 자연을 감상하는 것도 여행의 묘미이니, 야간에는 이동을 하지 않는 것으로 계획한다. 그리고 안전을 위해서 야간에는 활동을 하지 않고 에너지를 축적하여 내일에 대비하는 것으로 계획한다. 야간에 바에 가거나 이상한 공연에 간다든지 하는 것처럼, 개인의 일탈은 아예 하지 않는 것이 좋다. 미국은 총기를 가지고 다닐 수 있기에 야간에는 아무래도 범죄의 표적이 안 되는 것이 안전하다고 생각하기 때문이다. 그리고 안내서 등을 참조하여 위험 지역으로 표시된 지역이나, 인적이 드문 지역은 방문 계획에서 제외한다. 광역의 지역을 선정하고 나서 방문해야 할 세부 지역을 선정하고, 숙박 지점을 선정한다. 이동 구간 평균 200km로 잡고, 도로 사정에 따라 다르겠지만 최대 400km 미만으로 제한한다. 즉 400km가 넘으면 중간에 하루 숙박하고 다음의 목적 지점을 선정한다. 단 도시와 숙박을 고려하여 불가피할 때는 낮 운전 최대거리를 생각하고 예외로 한다. 그리고 선정된 도시에서는 평균 3일 머물며, 최소 2박을 계획한다. 조금 큰 도시는 일주일 열흘도 있어야 한다. 미국의 뉴욕에서는 열흘 있었고 워싱턴에는 일주일 있었다. 그러면 도시를 이해할 때쯤 그 도시를 떠나게 된다. 일주일이나 열흘 정도 있으려면 도시 외곽 숙소를 정하고 기차와 버스, 시내 전철 등 대중교통을 이용하면서 도시를 출근하듯 관광하는데, 그렇게 하면 해당 도시에 대한 이해가 빠르고, 차를 소지하지 않고 대중교통을 이용하며 무거운 짐은 숙소에 두고 가볍게 다니니 골목골목 관광 명소를 찾아다니기에 부담이 없다.

이번 여행에서 일정을 다시 숙고해 보았는데, 아칸소주의 리틀록을 지나 오크라호마에서 다음 텍사스주의 댈러스로 가기 전까지의 약 12일 정도의 여정 방향을 결정하지 못했었다. 일단 오후에 심사숙고 끝에 여유 여정만큼 조기 귀국하기로 결정했다. 리틀록에서 오클라호마, 댈러스 일정으로 이어지면 순조로울 것 같아서 그렇게 결정한 것이다.

엘비스 프레슬리의 도시 멤피스

어제는 마치 홍수라도 날 것같이 비가 쏟아지더니 오늘은 맑게 개었다. 날씨가 다소 쌀쌀하다. 반소매 입고 다니다가 재채기를 여러 번 했다. 숙소에서 시내 중심가로 차를 가지고 와서 중심가에 있는 Beale Street와 Peabody Place 사이의 유료 주차장에 주차했다. 주차비는 32불로 다소 비싸다고 느꼈지만, 가까이 주차하고 아예 속 편하게 돌아다니기로 했다. 이곳이 엘비스 프레슬리가 멤피스에서 가수의 꿈을 키우며 무명으로 생활하면서 본인 스스로 음악적 영감을 받았다고 하는 빌 스트리트(Beale Street)로, 필자가 주차한 주차장 바로 앞에 있다. 멤피스의 Beale Street는 '블루스의 고향(Home of The Blues)'으로 공식적으로 선언되어 자부심이 가득한 지역이다.

그런데 중심가인 Beale Street를 비롯하여 시 전체에 스포츠카들이 즐비한데, 마치 멤피스 전체에 같은 스포츠카로 가득한 것 같다. 같은 차를 소유한 사람들이 한 도시에 모이는 행사가 진행 중이며, 마치 축제처럼 도시 전체가 들썩인다. 차는 Chevrolet의 Corvette인데, 번쩍거리는 컨버터블 차 수천 대가 한자리에 모였다. 알고 보니 이 행사는 세계적인 행사로 차를 소유한 동호인들이 주기적으로 1년에 4회, 미국의 도시들을 돌며 열리는 모임이다. 정식명칭은 ICCC: International Council of Corvette Clubs-National Corvette Club이다. 이번에 필자가 멤피스에 이들의 정기 행사일에 우연히 오게 된 것인데 정말 행운이다. 시가 행사를 지원하며 인근 고급 호텔들까지, 내부 전체를 공개하며, 행사 자체가 럭셔리하게 진행되고 있다. 멤피스의 최대 번화가인 Beale Street뿐 아니라, 시내의 거의 모든 골목이 이 초호화 스포츠카로 꽉 차 있다. 필자는 자주 여행을 다니는 편이지만 이런 광경은 정말 처음 보는 진귀한 구경거리이다. 이곳을 찾은 관광객들도 덩달아 신이 난 모양이다. 대낮부터 Beale가의 술집들은 손님으로 붐빈다. 자연히 왜 주차비가 비쌌는지 이해하게 되었다.

이차는 후륜으로 모델별로 차이는 있지만 최근 6,000cc급, 495마력, 최고 시속은 278km 정도라니 놀랍다. 유럽의 스포츠카에 대항마로 제1세대가, 1953년도부터 생산을 시작하여, 현재는 8세대까지 진화했고, 8세대는 V8 6.2 엔진을 탑재했다고 한다.

여행하며 길거리에서 한두 대 지나다니는 것을 본 적은 있지만 이렇게 한자리에, 그것도 멤피스 도시 중심가 도로 양쪽에 버젓이 수천 대가 주차하고 있는 것은 처음이고, 정말 장관이다. 차주들 또한 펑키 스타일로 차와 함께 한껏 치장하고, 낚시나 야외활동 할 때 이용하는 접이식 의자를 본인 차 옆 인도에 펼쳐 놓고서 서로 왁자지껄 담소하거나 음식을 즐기고 있다. 차들의 문은 새 날개처럼 접었다 폈다 하는, 컨버터블이다. 거의 덮개는 열어놓고, 차 안을 공개하고, 보닛도 활짝 열어 공개하고 있다. 이 차는 특이하게도 보닛이 일반 방식인 차 앞쪽에서 들어 올려 여는 방식이 아닌, 앞 유리 쪽이 들리는 방식이다. 모든 차가 번쩍거리고 어떤 차는 장난감 같다. 디자인이 정말로 세련됐다.

스포츠카의 보닛과 지붕을 열어 내부를 공개하고 있다

가격은 우리 돈으로 대략 4억 5천만 원 정도 한다고 한다. 차의 소유주들은 인종적으로 다양하지만, 그것과 관계없이 마치 오랜 친구를 만난 것처럼 서로 담소하고 환하게 웃는다. 이러한 모습들은 멤피스라는 도시의 특성 때문인지 스포츠카 소유주들의 성향 때문인지 알 길이 없다. 시내 중심가에는 행사 관계로 많은 경찰이 범죄나 기타 불미스러운 일에 대비하는 것으로 보이지만, 특별히 통제하려는 모습은 보이지 않는다. 오히려 차주들과 담소를 나누며 같이 페스티벌을 즐기는 것 같다.

차를 이동하여 다시 주차하고 나서 3번가와 George W Lee Ave. 교차점인 FedExForum 광장에 있는 멤피스 록앤소울 박물관(Memphis Rock 'n' Soul museum)에 들렀다. 입장료는 13달러인데, 이곳에서는 Backstage Pass라는 패키지 입장권도 판매하는데, 이곳을 포함하여, 꼭 가보아야 할 Graceland, Sun Studio, Stax Museum 등이 포함되어 있다. 패키지로 구매하면 19% 정도 저렴하다. 계획에 없던 부분까지 넣어 주고 할인해 주는 전형적인 끼워 팔기이다. 박물관 내부 전시물들은 멤피스 지역에서 흑인들의 블루스 음악과 지역 목화 농사 중에 자생적인 Rock과 Soul 음악의 기원과 발전하는 모습을 보여주고, 앨 그린(Al Green), 조니 캐시(Johnny Cash), 엘비스 프레슬리 등 이 지역에서 활동하며 유명해진 이곳 출신 뮤지션의 활약을 소개한다. 한국어는 없지만 이어폰을 주는데 해당 전시물 앞에 표시된 번호를 누르면 설명이 나오고 관련 음악들을 들려주어, 전시물을 이해하는 데 도움이 된다. 내슈빌의 박물관과 다른 점은 로큰롤의 발전사를 소개하는 과정에 흑인 뮤지션도 많이 나온다는 것이다. 또한 필자의 발걸음을 멈추고 오래된 흑백 공연을 감상했는데, 좀처럼 보기 어려운 영상들이니 이곳에 오면 시간을 할애해서 들러볼 것을 권한다. 엘비스 프레슬리는 이곳을 기반으로 한 이곳 출신의 슈퍼스타이지만, 이곳 박물관에는 엘비스 프레슬리의 흔적을 아주 조금만 보여준다. 필자의 추측으로는 완전 장삿속인 것 같다. 이곳에서 엘비스 프레슬리에 대한 것을 많이 보여주면 관광객들은 그것으로 만족하고 고가의 Graceland 투어를 생략할 수 있기 때문으로 추측한다. 그러므로 엘비스 프레슬리 관련된 것을 제대로 관람하려면 외곽에 있는 엘비스 프레슬리의 전설적인 집인 Graceland를 방문하여 고가의 투어를 해야 하는데, 비용이 만만치가 않다. 즉 엘비스 프레슬리를 느껴 보려면 이곳이 아니고, 돈을 더 지불해야 볼 수 있는 Graceland로 가라는 암시이다.

박물관 내부 전시물

이곳 멤피스에 오는 사람 중 엘비스 프레슬리의 향수에 젖어 오는 사람들을 대상으로 상업적인 것을 극대화하려는 노력으로 보인다. 그래서 박물관의 전시물이 약간 형식적인 것처럼 필자에게 보였다. 그런 소리를 안 들을 정도만 갖추고 있다.

엘비스 프레슬리 동상

박물관을 뒤로하고 엘비스 프레슬리 동상을 찾아갔다. 동상은 Beale Street와 South Main Street의 교차점 부근에 있는데 관리가 부실하다는 느낌이 들었다. 엘비스 프레슬리의 명성에 걸맞지 않은 대우인데, 이 역시도 고가의 투어를 해야 한다는 멤피스의 무언의 압박으로 생각된다. 필자가 너무 왜곡되게 생각하나? 반성도 해 본다. 뉴 올리언스의 루이 암스트롱에 비하면, 하찮은 무명 가수 취급이다. 암스트롱 기념공원이 있고, 주변의 엄청난 시설들이 들어서 있지만, 그곳은 입장료를 받지 않는다.

몇 블록을 더 걸어서 훌링 애비뉴(Huling Ave)와 세이트 마틴 스트리트(St Martin St) 사이에 있는 내셔널 시빌 라이츠 뮤지엄(National

Civil Rights Museum:국립 인권 박물관)에 들렀다. 이곳은 흑인 인권 운동가인 마틴 루터 킹(Martin Luter King) 목사가 암살당한 장소이다. 킹 목사는 애틀랜타에서 태어나고, 앨라배마주의 몽고메리에서 목회 활동을 했다고 한다. 그가 당시 불평등한 흑인들의 인권 신장을 위해 괄목할 만한 활동을 한 공로로 1964년에 노벨 평화상을 받았고, 암살당할 당시 이곳 멤피스의 흑인 환경미화원 파업을 지원 연설한 다음 날 암살당했다. 당시 숙소인 로레인 모텔(Loraine Motel)에서 범인이 쏜 총탄에 쓰러졌다. 바로 그 모텔 자리에 국립 박물관을 지어 킹의 생애와 업적을 보존하고 있다. 필자가 방문한 시각이 정오경인데도 필자 이외에도 많은 순례객이 이곳을 방문하고 있다.

시장기를 느껴 치즈 스테이크 샌드위치로 허기를 달래고, 일찍 일어나 많이 걷고, 날씨마저 쌀쌀하여 차에서 잠깐 눈을 붙였다. 휴

머드 아일랜드에 있는 멤피스 사인

식 후 미시시피 강변에 가서 건너편을 보았는데 건너편도 역시 멤피스이긴 하지만, 그곳은 서멤피스(West Memphis)로 아칸소주에 속해 있고 이곳 테네시주의 멤피스보다 규모가 아주 작다.

숙소에 가기 전에 머드 아일랜드(Mud Island)에 있는 멤피스 사인이 있는 곳을 둘러보았다. 머드 아일랜드는 미시시피강에 마치 섬처럼 되어 있는 사구가 반도 형태로 되어 있는 땅인데, 마치 한강의 여의도처럼, 이곳에 공원을 조성하고 일부는 사유지로 주택도 들어서 있다. 이곳을 가려면 A. W. Willis Ave로 진입하여야 한다.

섬처럼 보이는 머드 아일랜드는 실제로 섬이 아니고 북쪽은 멤피스의 교외 지역과 연결되어 있다. 공원의 남쪽 끝부분에 MEMPHIS

바닥의 돌에 음각으로 조성해 놓은 미시시피강 모델

사인이 있고, 이곳에서는 눈앞에 강 건너 멤피스 다운타운의 스카이라인이 멋지게 펼쳐진다. 이런 곳에는 어김없이 관광객들이 찾아와 사진찍기에 여념이 없다. 멤피스에 오게 되면 한 번쯤 가볼 것을 권한다.

공원에는 미시시피강의 발원부터 멕시코만으로 흘러 들어가는 곳까지 모형을 만들었는데 규모가 크고 세밀하다. 아마도 기념물로 만들었다기보다는 교육용 혹은 행정상 필요나 브리핑용으로 만든 것인가 착각할 정도이다. 필자도 미시시피강을 이해하는 데 많은 도움이 되었다.

머드 아일랜드에서 바라본 The Hernando De Soto Bridge

머드 아일랜드에서 바라본 다리(The Hernando De Soto Bridge)의 구조가 필자의 눈에는 특이하게 보인다. 필자는 이와 관련한 전문가나 특별하게 관심갖고 공부한 것은 아니다. 이 다리는 테네시주와 아칸소주를 잇는 간선 도로인 I-40 고속도로로 미시시피강을 건너는 중요한 다리이다. 그런데 다리의 상판이 수평으로 강 수면으로부터 높고, 교각과 교각 사이가 굉장히 넓은 구간이 두 군데 있다. 강을 따라 운행하는 대형 선박들이 자유롭게 교행할 수 있도록 한 설계로 보인다. 이 교량은 테네시주와 아칸소주를 연결하는 주 통로이므로 건설 당시 아치의 설계 방식과 건설비 분담 배정 방식을 두고 두 주간에 오랜 협상이 있었다 한다. 결국 테네시와 아칸소가 6:4로 합의했다고 한다. 양쪽 교각과 교각 사이에는 두 개의 더블 아치 형태의 강철 트러스 구조물이 있고 이 구조물들은 양쪽 교각이 받치고 있다. 이 트러스 구조물에서 케이블이 수직으로 내려와 상판을 지지하는 형태의 다리이다. 필자는 이런 구조의 현수교를 처음 보았다. 샌프란시스코에 있는 금문교처럼 케이블로 수직 케이블을 지지하는 현수교에 익숙하기 때문이다.

그곳을 빠져나와서 Tree of Life Sculpture가 궁금해서 들러 보았는데, 한적한 곳에 서 있는 설치 예술이다. 나무같이 생긴 철 구조물에 자전거 부품들로 나무처럼 꾸미고, 자전거 바퀴 림 부분을 바람개비처럼 만들어 여러 개를 꾸며 놓았다. 이것들이 바람에 따라 움직인다고 한다.

이 작품은 매디슨 가(madison Ave)와 먼로 가(Monroe Ave Exd)의 교차점에 있다. 같은 이름의 타일로 된 모자이크 작품이 내일 들를 예정인, 보타닉 가든이 있는 리처드 앤 아네트 블로흐 암 생존자 공원

(Richard And Annette Bloch Cancer Survivors Park)에도 있다.

여행 중 숙소로 들어오면 처음 묵는 숙소라 하더라도 마치 집에 온 것 같이 편안함을 느낀다. 그런 것을 보면 노숙자들의 생활이 어떤 것인지 이해하기 어렵다. 불편함을 견디고 지내는 것을 보면 대단하다는 생각이 든다. 인생의 길에 얽매인 모든 굴레를 훌훌 털어버리고 무소유의 홀가분한 마음일까? 아니면 육체적으로 불편함을 보상으로 받고도 또 무엇이 더 있는지?

멤피스의 Graceland

여유 있게 시간을 보내려고, 숙소를 옮겨 며칠간 멤피스에 머물게 되었다. 손이 시릴 정도로 아침 날씨가 겨울처럼 차갑다. 낮에는 기온이 올라 조금 나아졌지만 대체로 기온이 낮은 편이다. 아침 뉴스에 미시시피 범람 우려가 있다고 한다. 남중부와 미시시피강의 상류인 일리노이주와 현재 필자가 위치한 지역에 비가 자주 내리고 집중 호우가 내려 홍수 우려가 있다는 것이다. 사실 해마다 이 일대를 비롯한 미시시피강 중 하류 지역의 범람은 연례행사라고 한다. 미국 북부와 중부지역의 광범위한 미시시피강 상류 지역이 분포하여, 3~4월이 되면 기온이 올라가고, 쌓여 있던 눈과 얼음이 녹으면서 일시에 하류 지역으로 몰려오는 것이 원인이라고 한다. 미시시피강의 수없이 많은 지류도 이에 합류함으로써 범람의 속도에 가속을 붙인다는 것이다.

멤피스는 미시시피강을 끼고 발달한 도시로서 직접적으로 범람의 영향을 받고, 아칸소주와 미시시피강이 지나가는 일대는 범람의 영향권에 있다. 올해의 범람에는 요즘 이 일대에 계속 내린 비도 한몫했으리라. 아마 기온이 낮은 것도 그와 연관이 있는 것 같다.

멤피스의 새로운 숙소에서 아프리카계 미국인 직원이 매우 불친절하다. 선입관일까? 거의 모든 숙소가 오후 3시 체크인인데 고자세로 3:30에 체크인한다고, 그때 다시 오라고 한다. 그뿐만이 아니라, 체크인 후 받은 카드키도 무려 5회나 작동을 안 해 여러 번 바꾸어야 했다. 이렇게 인내심을 시험하는 곳도 있는데, 고의 같기도 하고, 업무에 미숙한 것 같기도 하지만, 마지막까지 화를 내지는 않았다. 이렇게 각 계층에서 생활하는 사람 중에는, 훌륭한 사람들도 많지만 그렇지 않은 사람들도 있는 것은 우리네와 별반 다르지 않다. 멤피스는 여러 장점이 있는 도시임에도 불구하고, 도시의 이미지가 체크인 시 응대 직원의 문제로 결정될 수 있기에 안타까움이 앞선다. 방문객들이 많다 보니 다소 소홀하게 생각할 수도 있다. 여행을 장기로 하다 보면 다양한 종류의 숙소를 접하게 된다. 우선 프런트에 직원들의 천차만별한 응대 방식도 그렇고, 방의 구조와 내부 설비들도 다양하다. 내부에는 조작해야 할 것들이 있는데, 조명과 냉난방은 기본이고, 수돗물 꼭지, 샤워 시설 조작 등 같은 것이 거의 없다. 특히 샤워 시설의 냉/온수 조작법과 샤워기 조작법이 약간 까다롭다. 냉/온수 표시도 없는 경우도 있고, 일반적으로 오른쪽 냉수, 왼쪽 온수인데 바뀐 것도 흔히 있다. 아내와 같이 여행할 때는 보통 부부 중 먼저 성공한 사람이 정보를 인계한다.

엘비스 프레슬리의 흔적을 둘러보기 위해 기념관이 있는 Graceland에 들렀다. 엘비스 프레슬리를 모르는 사람은 많지 않을 것이다. 그는 1935년에 태어나 1977년 마흔둘의 나이로 요절한(?) 로큰롤(Rock & Roll, Rock'n'Roll)의 제왕이다. 1950년대에 전성기였던 그는 특유의 기타를 치면서 하체를 흔드는 그 시대에는 파격적인 공연으로 젊은이들 사이에 새로운 문화를 안겨주었다. 로큰롤은 흑인들의 음악인 리듬 앤드 블루스와 컨트리 뮤직이 결합한 형태로 당시 시대적 배경에 비추어, 주류사회에서는 저급한 음악으로 취급

했었다고 한다. 엘비스 프레슬리는 이러한 로큰롤을 전 세계인이 열광하는 대중음악의 경지로 끌어 올림과 동시의 주류 대중음악으로 입지를 탄탄하게 하였다. 엘비스 프레슬리는 사망 당시 허망한 루머도 많지만, 블루스와 재즈는 흑인 음악이고, 컨트리 뮤직은 백인 음악이라는 그 당시의 공식 같은 개념을 허무는 데 큰 공헌을 한 것은 사실이다.

Graceland는 멤피스 다운타운에서 승용차로 15분 정도 걸리는 교외 지역에 있다. 시내에서 엘비스 프레슬리 대로(Elvis Presley Blvd)로 명명된 51번 고속도로를 타고 가면 어렵지 않게 도착할 수 있다. 이곳은 해마다 60만 명 이상이 방문하는, 엘비스가 사망 당시 살던 식민지 스타일의 저택으로 큰 유료 박물관 같은 개념이다.

멤피스시의 입장에서 보면 이곳은 최대의 관광 자원이자 시민들 자부심의 바탕이다. 이곳을 관람하려면 티켓 부스에서 투어 티켓을 구매해야 하는데 옵션이 여러 개 있다. 가이드 없이 하는 투어는 약 2시간 걸리는데, 엘비스가 묻힌 곳, 전용기들, 타고 다니던 자동차들과 호텔을 볼 수 있다. 승용차를 가지고 가면 주차비를 별도로 내야 한다. 소요 시간을 생각하여 오전에 관람하기를 권한다. 이곳 투어 비용은 220달러부터 49달러까지 여러 옵션이 있으니 참고하기 바란다. 필자도 굳이 나체즈에서 길을 되짚어 멤피스에 오게 된 동기는 엘비스 프레슬리의 흔적이 있는 이곳 Graceland를 방문하기 위해서였다.

Graceland에 도착하자마자 필자가 놀란 것은 그 넓은 주차장에 빼곡하게 들어서 있는 순례객들의 차와 많은 인파이다. 차를 주차

엘비스 프레슬리의 Graceland 입구 전경

하고 인파를 따라서 안으로 들어 가면서 사망한 지 46년이 지나서도 식지 않는 엘비스 프레슬리에 대한 사람들의 애정과 인기를 실감할 수 있었다.

상대적으로 같은 주에 있는 내슈빌은 백인 음악이라고 할 수 있는 Country Music의 발상지 같은 곳이다. 결국은 테네시주에 있는 이 두 도시가 미국의 대중가요를 전 세계인의 Pop Music으로 탄생시킨 셈이다.

멤피스에서 마지막 날이고 일기가 좋지 않아 승용차로 시내 중심가와 외곽 지역을 둘러보았다. 외곽의 길은 고르지 못해 차 안에 따라 놓은 커피가 쏟아질 정도이다. 이곳도 인프라 투자에 인색한 것 같다. 건물들은 시내 중심가이지만 우중충하고 페인트만 덧칠한 흔적으로 보기에도 좋지 않다. 시내에는 일부 오래된 건물의 재정비가 한창이다. 그리고 시내에는 건물보다 유료 주차장 설비가 대부분이다. 잘하는 건지 모르겠다. 이곳이 깨끗하지 않은 것은 거대한 미시시피강 주변에 위치해서 습도가 높아서 그럴까?

아침에 아내와 전화상으로 여행 일정에 대하여 의논하였다. 필자가 출발할 때 동행은 못했지만, 사정이 되면 늦게라도 합류하리라고 아내와 의논했기 때문이다. 아내의 사정이 시기상조라서 합류하기 어려워, 결국 필자가 일주일 일정을 단축해서 귀국하는 것으로 결론을 냈다. 조기 귀국과 관련한 가장 우선되어야 할 조건이 항공편인데, 아침에 항공편 체크를 해보니 항공편은 있으나 추가부담금이 있고, 렌터카를 그 기간만큼 조기 반납해야 하는 것이 가능해야 한다. 만일 일정이 당겨져 조기 귀국하면 국내에서의 여러 가지 개인 일정들도 변화가 불가피하다. 그렇다고 해서 애초의 일정이나 방문지를 축소하지 않고 처음에 계획한 것을 그대로 진행해도 지장은 없을 것으로 보인다. 혼자 다니니, 진행 속도가 의외로 빨라서, 애초의 여행 스케줄 따라잡을 수 있을 것 같다. 이번 여행에서 숙소를 하루 전 혹은 이틀 전에 예약해 왔기 때문에, 가장 골치 아픈, 예약한 숙소를 해약한다든지 숙박 일정을 변경한다든지 하는 그런 일이 없기에 비교적 스케줄이 유연한 것이다. 그래도 어쨌든 조기 귀국과 관련 항공권 변경 등의 귀찮은 일들을 2~3일 이내에 처리해야 한다. 다만 항공요금에 페널티가 붙는 것은 감수해야 하고, 또한 렌터카 사용하지 않은 부분 요금을 환불받을 수 있을지 확인해 보아야 한다.

시내에서 멀지 않은 약 1.5km 떨어진 미시시피강 강변에 순교자들 공원(Martyrs Park)이 있어서 궁금해서 가보았다. 이곳에서도 종교적 탄압으로 순교하는가 하는 궁금증이 있어서다. 필자의 생각이 틀린 것이었다. 역사적 사실은, 1878년 멤피스에는 황열병이 돌았는데, 당시 5만 명의 시민 중 3만 명이 도시를 빠져나가 피신했고 남아있던 6,000명의 백인 중 4,204명이 사망했으며, 남아있던 흑인 14,000명 중 946명이 사망하는 엄청난 재난이 닥쳤다 한다. 당연히 시는 파산하고 황폐해졌다. 이때 각계각층에서 도움의 손길을 주었는데 죽은 자를 묻고 불태우는 일을 한, 많은 이가 역시 목숨을 잃었다고 한다. 이 공원은 그렇게 남을 돕다가 희생당한 이들에게 헌정된 공원이다. 공원에는 추모비가 있고, 희생당한 이들을 추모하는 조각 작품이 공원 가운데 설치되어 있는데, 사람들이 하늘로 올라가는 형상이다.

순교자 공원을 뒤로하고, 시내 중심에서 가까운 오버톤 공원(Overton Park)으로 향했다.

순교자들 공원(Martyrs Park)

오버톤 공원(Overton Park)은 생각보다 규모가 컸다. 퍼블릭 골프장과 시민들이 즐길 수 있도록 편의시설들을 갖추고 있고, 특히 애완동물들을 두고 산책이나 조깅을 할 수 있는 시설까지 갖추고 있었다. 걸어서 공원 주변을 한 바퀴 둘러보려 했으나 일부만 돌아보고, 보타닉 가든으로 출발했다.

필자는 오늘같이 시내 운전을 많이 할 경우는 내비게이션을 다음과 같이 운영한다. 이미 공전화기 2대로, 하나는 차량 모니터에 구글 내비게이션을 안드로이드 오토(Android Auto)를 구현하고, 약간 광역으로 하여 축적을 고정한다. 나머지 하나는 역시 구글 내비게이션을 전화기 화면으로 구현한다. 운전할 때는 양쪽 화면을 모두 참고한다. 이렇게 하는 이유는 시내에서는 빈번하게 좌·우회전해야 하는데, 미리 해당 차선으로 진입하면 안전하기 때문인데 차량 모니터에 구현된 광역 지도는 차가 진행하는 방향을 미리 알 수 있으니 안전하고, 편리하다.

멤피스에 온 김에 엘비스 프레슬리의 노래 몇 곡을 들어 보았다. 목소리와 특유의 떨림은 여전히 매력적이고, 젊은 시절의 엘비스는 미남이었다. 시대가 다르다 보니 노래의 가사는 요즘 정서와 거리가 있다는 생각이 든다. 본질이 변한 것은 아니지만 세월의 차이 때문이고 변해가는 표현 방식 때문인 것 같다.

요즘은 웬만한 규모의 도시에 가면 보타닉 가든이 있는 경우가 많다. 보통 식물원과 온실 등이 공존하는 정원식 공원으로, 식물과 꽃에 관심이 있는 분들은 한 번씩 들러보자. 무료입장인 경우도 있으나 대부분 유료로 운영하는데 아깝다 생각 말고 한 번씩 들러 보는 것도 의미 있다. 유명한 곳은 싱가포르 보타닉 가든인데 그곳은 난 공원을 빼고는 무료 입장이다.

여행하다 보면 어디를 가든 관광객이 갈 만한 곳은 우선 펜스를 쳐서 접근할 수 없게 하고, 입구에서 티켓을 파는 것이 일반적이다. 국내에도 이미 무료로 둘러보고 갈 수 있는 인기 있는 관광지는 사라졌다. 선진국으로부터 제대로 배운 셈이다. 하지만 여행객 관점에서 무료이면 좋을 듯하지만, 반드시 그렇지는 않은 듯싶다. 무료인 곳의 대표적인 단점은 내용이 부실하든지, 지저분하든지 중에 둘 중 하나거나, 둘 다이거나. 유료인 경우는 최소한 둘 다인 경우는 드물다.

멤피스에도 시내 중심가에서 동쪽으로 15km 떨어진 곳에 보타닉 가든이 있어서 가 보기로 했다. 가든은 서던 애비뉴(Southern Ave.)와 체리로드 사이의 리처드 & 아네트 블로흐 암 생존자 공원(Richard & Annette Bloch Cancer Survivors Park) 내에 있다. 필자가 수많은 보타닉 가든을 거쳐 왔지만, 특히 이곳을 주목한 것은 특이한 공원 명칭

때문이다. 물론 보타닉 가든 자체도 이곳이 미시시피강을 끼고 있는 낮은 습지 같은 지형이라서 식물들에 관심이 있는 필자가 일부러라도 찾아갈 만한 장소이기도 하다. 공원의 명칭은 한마디로 '암에서 살아남은 사람들의 공원'이다. 공원의 명칭이 특이한 데다, 필자는 개인적으로 필자 본인과 아내 모두 암이란 질병에서 살아남았기 때문이다. 그것도 같은 위암이었고, 같은 병원, 같은 의사에게 위를 모두 잘라내는 큰 수술을 받았다. 2002년과 2007년으로 지금으로부터 시간은 지났지만, 아직도 수술한 의사분께 고마움을 느끼곤 한다.

공원에는 인상적인 조각 작품이 있다. 사람들과 문처럼 생긴 구조물이 있는데 뒤에 있는 5명은 암 환자와 그 가족들이 수술하기 위해 문으로 들어가는 모습이고, 앞쪽의 문을 통과한 세 사람은 수술을 성공적으로 끝낸 사람들이 기쁜 표정으로 가족으로 보이는 사람들과 앞으로 걸어 나가고 있다. 이와는 대조적으로 수술을 하기 전의 사람들의 표정은 두려움, 결연함, 희망의 표정이 성공적인 치료를 의미한다.

보타닉 가든 분수 정원

공원 내에 있는 멤피스 보타닉 가든은 유료인데 어른은 12불, 시니어(62세)는 10불이다. 안쪽으로 입장하면 원반형 3층 분수대가 보이는데 디자인이 심플해서, 왠지 이 가든과 잘 어울려 보인다. 주변에는 구역별로 장미와 1년생 화초로 가득 채워져, 가든의 전체적인 분위기를 따듯하게 만들고 있다. 안쪽으로 들어가면 보라색 등나무꽃이 감고 올라간 아치형 파고라(Pergola)가 나오는데, 여기를 통과하면 일반 가정집 울타리 정원 혹은 뒤란(Backyard: 우리네 뒤란보다는 개방성과 규모가 큼)을 패러디하여 여러 가지 조형물과 함께 자녀들을 위한 정원 모습으로 조경을 한 형태이다. 이곳에는 자녀들을 위해 나무 위에 집을 지어주는 트리 하우스도 몇 개 보인다. 집 앞은 여러 가지 색깔의 꽃으로 장식한 아름다운 정원이 있어 행복한 가정의 이미지를 떠올리게 한다. 정원 한쪽의 그늘에는 가족들이 단란하게 식사할 수 있는 야외 식탁이 배치되어 있다.

식탁은 잔디로 덮어, 자연을 가까이하는 이곳 사람들의 욕구를 반영해 놓은 듯하다. 이곳을 벗어나면 일반 보타닉 가든의 모습으

전형적인 일본식 정원

로 산책길이 나 있고 길가에는 활엽 교목들과 잔디밭이 조성되어 있어 시민들이 편안한 마음으로 산책할 수 있도록 배치해 놓았다. 간간이 가족 단위로 단란하게 산책하는 것이 보인다. 잔디밭에는 벤치와 탁자가 있어 휴식이 필요한 사람들에게 편의를 제공하고 있다. 더 안쪽으로 들어 가면 일본식 정원이 나온다. 일본식 정원이 있다는 것을 알고 왔지만, 일본식 정원이라는 고유한 면모를 갖춘 정원이라는 개념을 전 세계에 각인시킨 것은 우리가 배워야 할 것 같다. 즉 일관성과 원래의 고유한 특징을 그대로 간직한 일본만의 문화 상품이라 생각한다. 어느 곳을 가도 서양의 특색 없이 장식적인 정원에 식상한 사람들은 고유한 일본식 정원에 관심을 두게 된다는 것이다. 지극히 인공적이란 것을 굳이 감추지 않으면서 심플한 마무리로 군더더기를 제거한 일본식 정원에 사람들은 매력을 느끼는 것 같다. 중구난방 특색 없이 예쁜 것들로 장식하여 덧칠하는 것으로는 경쟁력과 확장성을 기대하기 어렵다.

필자는 정원이란 예술의 종합판이라 생각한다. 회화적 요소를 입체화하는 상상력을 동반한 작업이 필요하다. 그 작업은 단순한 식물의 조화로운 구성만이 아니라 야생의 식물과 새와 동물들의 접근성 등, 식물학은 물론이고 전반적인 생태학 지식 등 건축과 토목의 요소, 그리고 사람의 마음을 헤아리는 철학이 필수적이다. 독일의 뮌헨의 이자르 강변에 조성된 영국 정원(Englisher Garden)을 보면 자연적인 숲이란 느낌이 들지만, 이곳도 편안한 느낌의 정원이다. 한국 여행자들이 많이 찾는 캐나다 밴쿠버의 빅토리아섬에 있는 부차드 가든(The Butchart Garden)은 인공적인 예쁜 것들을 보여 주는 정원이다. 여기에도 예외 없이 일본 정원이 있다.

이런 곳에도 끼일 수 있을 정도로 경쟁력이 있다는 의미이다. 문화는 하루아침에 이루어지는 것은 아니니 조급할 필요 없다는 생각이다. 멤피스에서 공원 산책은 엘비스 프레슬리의 흔적을 좇아가는 것만큼 흥미로운 여정이었다.

자유 여행 팁 | 여행 중 셀프 취사 조건

여행 중 식사를 직접 조리해서 해결하려면, 조건을 갖추고 있어야 한다. 첫 번째 조건은 남성이든 여성이든 기꺼이 그렇게 하겠다는 마음가짐이다. 우리 세대의 많은 사람이 남자는 부엌일을 할 줄 모르거나, 부모님을 들이대거나, 하면 안 된다는 생각을 가지고 있다. 그것을 당연시하는 사람도 있는데, 옳고 그름의 문제라기보다는 선택의 문제이다. 필자처럼 집에서 설거지하고 요리책 보면서 가족에게 맛있는 음식을 제공하는 기쁨을 누리는 것도 필자의 개인 취향이고 선택이겠지만 마음을 열고 받아들이면 문제는 없다.

다음 조건은 잘 갖추어진 장비이다. 필자는 여행을 출발할 때 꼼꼼하게 장비와 소지품 목록을 작성하고, 여행의 방식, 목적, 취지, 기간, 지역 등을 고려하여 최종 가지고 가야 할 품목을 결정한다. 이번처럼 스스로 식사를 해결하려면 여러 가지 장비가 필요한데 이 장비에는 조건이 있다. 조건이란 간단하다. 작고, 가볍고, 이동 중 깨지지 않아야 하고, 일부 그릇들은 전자레인지 사용이 가능해야 하고 등이다.

다음은 장비들 목록이다.

1. 여행용 전기밥솥

2. 여행용 가스버너

3. 코펠 세트

4. 우묵한 국그릇, 큰 보온병, 락앤락 스타일 밀폐 용기(사이즈 별로)

5. 캠핑용 칼과 수저 세트

6. 조미료 세트(소금, 마늘 분말, 양파 분말, 설탕, 생강 분말, 후추, 식초, 간장)

7. 식재로 구매 가능성 조사(한식 밑반찬 취급점 파악, 기타 미국 식품점)

8. 설거지용 수세미와 세제

9. 보온 /보냉 플렉시블 보관 용기

이들 중 일부는 현지에서 사는 것이 편리하다. 예를 들면 설거지용 세제, 조미료 세트, 밑반찬 등등이다.

맥아더 장군을 만나다

오늘은 아칸소(Arkansas)주의 리틀록이 목적지인데, 멤피스에서 아칸소주 방향 즉 서쪽으로 가려면 미시시피강을 건너야 한다. 그런데 요즘 미시시피강 주변과 상류 지역에 비가 많이 내려 일부 지역이 물에 잠겨, 길을 폐쇄한 곳이 많아 우회로를 통해서 와야만 했다. 아칸소주는 테네시주 서쪽, 그러니까 미시시피강 서쪽에 있으며, 넓은 들이 있다. 아마 이곳이 과거에는 목화밭이었을 것이다. 왜냐하면, 미국 올드 보컬그룹 CCR의 노래 'Cotton Field(목화밭)'의 노래 가사 중에 나오는 'Texarkana(텍사캐나)'가 이 인근에 있다. I-40 고속도로 주변은 언덕 하나 없는 넓은 들판에다, 4월 말이라서 그런지 파종 직전 상태의 들이 계속 펼쳐 있다. 요즘은 작물로 목화를 심는 것보다 목초를 심는 것 같다.

이곳 아칸소(Arkansas)는 주의 이름이 오클라호마와 캔자스주 일대에 널리 분포하여 살았던 원주민 인디언 캔자(Kansa) 부족의 이름에서 유래했다고 한다. 이 인디언 부족들은 1830년 무렵 오클라호마 지역으로 강제로 이주당하였다. 이곳을 처음 탐험한 프랑스 탐험가가 프랑스어식으로 적은 것이 영어화하여 표기는 Arkansas가 되었지만, 발음은 '아칸소'로 해야 한다. 북쪽에 있는 캔자스주의 명칭도 같은 인디언 부족의 이름을 딴 것이다. 아칸소는 남한 면적보다 넓지만, 인구는 3백만을 조금 넘는다. 주도는 리틀록으로 미국

도시 이름치고는 다른 지역과 아주 다르다. 미국 도시 이름들은 대략 영국지명에 뉴(New)를 붙인 곳이 많고, 또 미국의 남쪽과 서쪽은 스페인식 지명 또는 원주민 인디언의 말들을 차용한 것들이 많다. 우리말로 '작은 바위'라는 도시의 명칭이 생소하다. 리틀록은 아칸소주에서 가장 규모가 큰 주의 행정수도로서 주의회 의사당(State Capitol)이 있다. 이곳은 국제공항은 없지만 공항의 명칭이 빌 앤드 힐러리 클린턴 국립공항(Bill & Hillary Clinton National Airport)인 비교적 규모가 큰 국내선 공항이 있다. 이곳 출신의 정치인인 두 사람을 기리기 위한 것이리라. 힐러리는 이곳 출신이 아니고 일리노이 출신이지만 클린턴을 따라서 이곳에서 20년 넘게 살았다고 한다. 대단한 여성이다. 미국 최초로 양당이 겨루는 대통령 후보가 됐으니까. 그녀가 트럼프를 제치고 대통령이 되었으면 어땠을까? 하고 상상도 해 본다. 실제로 선거인단 수에서는 졌지만, 전체 국민 유권자 투표수에서는 48:46으로 이겼으니까 더 아쉬운 여운이 남는다.

아칸소는 여행객에게 인상 깊게 어필할 만한 유적이나 기념물이 거의 없어서 여행객들이 그냥 패스하는 주이다. 크린턴과 맥아더의 박물관과 아칸소 강변의 자연 경관뿐이다. 사람들이 그것 때문에 이 먼 외지를 방문하지는 않을 것 같다. 요즘은 오닉스(Onyx) 커피가 인기 상승 중인데 2012년에 이곳에서 창업했다고 한다. 시애틀의 날아다니는 생선가게로 유명한 파이크 플레이스 마켓(Pike Place Market) 앞의 작은 가게에서 출발하여 글로벌 기업이 된 스타벅스가 연상된다.

아칸소는 멤피스에서 고속도로 I-40을 따라서 서쪽으로 진행하면 2시간 반이면 도착한다. 미국의 Interstate 고속도로의 경우 대부분 제한 속도가 마일 단위로 하여 70-40(40은 최저 속도)이지만 40번 고속도로는 최고 속도가 승용차에 한하여 시속 75마일인 구간이 많다. 우리식으로 하면 제한 속도가 시속 120km인데, 아마도 이곳 지형이 평탄하여 큰 위험 요소가 없어서 그런 것 같다.

미국에서의 여행뿐만 아니라, 모든 해외여행에서의 화장실 문제는 큰 과제이다. 화장실 문제는 누구에게나 생기는 자연스러운 생리적 욕구로, 여행 중에 사소하지만 잘 관리해야 즐거운 여행이 보장된다. 그나마 패키지여행의 경우는 간혹 문제가 생기는 경우는 있지만, 대부분 가이드의 안내에 잘 따르기만 하면 큰 문제가 없다. 그러나 자유 여행이라면 생각을 달리하고 원칙을 정하고 지켜야 한다. 국내에서는 같은 상황이라도 대부분 같은 문화권에 묻혀 지내니 해결하는 데 큰 어려움이 없었을 수도 있으나, 미국에서는 전혀 아니다. 지정된 곳이 아니면 짐승 취급 받거나 고발당한다. 이런 문제는 특히 남성에 비해 여성들의 경우에 더 민감하나, 미국에서는 이것마저도 별 차이가 없다. 국내에서 가끔 볼 수 있었던-지금은 거의 사라진- 남성들의 노상 방뇨는 절대로 안 된다는 것이다. 필자 경험상 해결에 가까운 방식을 하나씩 짚어 나가 보자. 우선 화장실을 보면 무조건 욕구가 없어도 일을 보는 습관을 들여야 한다. 나이 드신 분들은 무슨 말인지 이해가 될 것이다. 두 번째는 휴대 전화에 공중화장실 앱을 내려받아 둔다. 필요할 때 열면 나의 위치에서 가까운 화장실들의 위치를 지도에 표시해 주니, 찾아가는 데 아무런 문제가 없다. 그것도 귀찮으면 그냥 구글 지도를 열고 public toilet을 치고 검색하면 주변 화장실이 지도에 표시된다. 앱은 플레이 스토어에서 '공중화장실은 어디에'를 입력하면 여러 앱이 나오는데 필자는 그 중 'Where is Public Toilet'을 쓴다.

만일 시내에서 걸어 다닐 때라면 맥도날드 등 패스트푸드점에서는 무료로 화장실 이용하기가 가능하다.

그런데 차 안인데 급한 경우는 어떻게 할까? 우선 가까운 휴게실이 없다면 주유소에 들어가면 된다. 이것도 안 된다면, 시중에 차 안에서 급한 용무를 쉽게 해결할 수 있는 용품들이 있다. 부피와 무게가 부담되지 않으니, 사서 가지고 다니면 매우 든든하다. 인터넷 매장에서 휴대용 혹은 여행용, 휴대용 XX를 입력하면 종류도 다양하고 디자인도 다양한 용품들이 있다. 여행의 질은 본인이 상상하는 상상력에 따라 결정된다고 믿고 있다. 우리나라와 달리 도심의 건물들은 보안이 철저해서 화장실의 출입이 불가한 경우가 대부분이라 이용하기 어렵다.

아칸소주의 주도인 리틀록에서도 아침부터 빗발이 제법 굵게 쏟아진다. 그렇다고 숙소에서 할 일 없이 앉아서 인터넷, TV만 볼 수 없어서, 일단 시내 중심가 이스트 9번가에 있는 맥아더 공원(MacArthur Park)에 참배하는 마음으로 갔다. 사실 필자가 굳이 별로 볼 것이 없는 리틀록에 온 이유는 거기에 있었다. 이곳 아칸소는 작은 주이고 농촌 지역으로 이곳은 예전에는 목화 주산지로 유명했지만, 다른 주에 비해 소득도 낮다. 이곳은 견과류 피칸이 유명하기도 하지만, 인물로는 클린턴 대통령과 맥아더이다. 기념 공원에 도착했을 때도 빗줄기는 멈추지 않았다. 여행객에게는 또 하나의 불편한 상황이 되었다. 일단 옷을 걸치고, 우산을 쓰고, 기념물이 있는 곳으로 갔다. 맥아더 공원에는 아칸소주의 한국전 참전 기념물(Arkansas Korean War Veterans Memorial)과 조형 조각품이 공원 전면

어린이와 미군 병사들

에 배치되어 있었다. 하염없이 내리는 빗속에서 어린 동생을 업고 있는 어린 소녀가 보였다.

소녀는 무명 저고리에 몸뻬 같은 것을 입은 남루한 모습이고, 미군 병사를 올려다보고 있다. 어린 동생을 업고 있으니, 힘도 들겠고 둘 다 배가 고팠을 것이다. 이를 내려다보고 있는 미군 병사. 필시 어린애를 업고 있는 배고픈 어린 소녀를 미군 병사는 그냥 지나치지 못했을 것이다. 공교롭게도 공원에 비바람이 몰아치는 가운데, 지금처럼 굵은 빗줄기 속에 삶의 의지와 가족애 등 여러 모습이 교차하여 가슴을 때렸다. 한동안 우두커니 얼어붙은 것처럼 비 맞는 것도 잊은 채 서서 바라보기만 했다. 비는 멈추지 않고 점점 더 세차게 쏟아졌다.

이렇게 머나먼 나라 외딴 도시의 공원에서 태극기가 부드럽게 펄럭이는 이 장면을 보려고 왔나 보다. 잠시 가슴이 먹먹해지고 무어라고 표현하기 어려운 생각에 휩싸였다. 전쟁의 비극은 포화로 인한 군인들의 상황이 아니고, 이렇게 죄 없는 어린 생명과 여성들이

생가 겸 박물관, 유품, 흉상

하남시 기념 조형물

제물로 내팽개쳐지는 것에 있다. 비록 조형물이지만 전쟁 당시에는 모든 대한민국 사람이 전쟁의 소용돌이 속에서 삶과 죽음의 경계선에 서 있었으리라. 죽음의 경계에서 소녀 자기 삶도 불투명한데 동생을 지키려는 꿋꿋함이 보여 더 마음이 아프다. 더욱이 힘들게 동생을 업고 있는 소녀가 배가 몹시 고프고 빗속에 추울 것 같아 마음이 아팠다. 6·25 당시 아칸소주의 면적은 남한의 1.3배이고 인구는 190만 명 안팎이었다. 6·25 전쟁 때 자유 수호의 기치 아래 자원하여 한국에서 전사한 이곳 출신 젊은이가 461명이나 된다. 상당히 많은 숫자이다. 우리의 광주광역시 정도의 인구에 저런 숫자가 전사한 것이고 부상자 숫자는 3배에 달한다. 현재 아칸소 인구수는 300만 명 언저리다. 이곳에 자유를 지키려다 먼 이국땅에서 전사한 전사자들의 이름을 일일이 돌에 새겨 두었다. 비문 위쪽에는 큰 글씨로 "The nation which forgets its defenders will itself be forgotten." 이라고 적혀 있다. 미국의 부통령일 때 대통령이 서거하는 바람에 잠자다가 대통령이 된 것으로 유명한 30대 쿨리지 대통령(1923~1928)이 한 말이다.

필자가 리틀록에서 맥아더 파크(MacArthur Park)를 방문하던 시각과 한국의 대통령이 미국에 도착하여 백악관에서 미국 대통령을 만나던 시각과 같았다. 우연의 일치다. 이 조형물을 세울 때 삼성 등 기업과 개인 한국의 기부자 그리고 하남시가 공헌했다. 많은 한국의 기업이 보이지 않는 구석에서 묵묵히 나라를 위한 일들을 하고 있다. 이곳 리틀록은 하남시와 자매결연은 맺은 도시다. 한국전 조형물에서 조금 떨어진 곳에 은행잎과 고니의 상징 조형물이 있는데, 이 조각 작품은 2018년에 하남시 기여로 만들어진 작품이다. 현판에는 "Blooming-피어나라"가 새겨져 있다. 장군의 생가는 박물관으로 운영하고 있다. 비가 오는 탓인지 발걸음이 무거웠다.

아칸소주 전체에서 제일 유명한 사람은 클린턴 대통령과 맥아더 장군이다. 비가 쏟아지는 와중에 조형물 외에 혹시나 공원 내에 장군의 동상이라도 있는지 공원 이곳저곳을 찾아다녔지만, 동상은 없었다. 후일에 누군가가 장군의 동상을 세워주었으면 하는 바람도 있다.

조형물을 지나 박물관인 맥아더 장군의 생가로 갔다. 입구에서 직원이 빗줄기 속에 들어오는 나를 보더니 반가이 맞이한다. 우산과 모자를 가지런히 챙기고 안에 관람해도 되냐고 물으니 친절하게

장군의 미 의회 고별 연설 장면. 당시 71세의 장군은 "노병은 죽지 않는다"라고 했는데, 군인으로서의 결기가 보인다. (박물관 내 영상 캡처)

안내해 주었다. 관람객은 필자 혼자다. 내부에는 장군의 일대기, 조부와 부친 그리고 웨스트포인트 사관생도 시절의 모습들 사진들 그리고 그가 참전했던 전쟁들 등의 기록물이 있었다. 2층에는 영상 제작 기록물들이 공개되어 있었다. 군인으로서 장군이 참전했던 전쟁 관련 자료이다.

우리에게 익숙한 원자 폭탄이 터지는 장면과 태평양 전쟁 종말과 함께 장군은 5성장군 견장을 단 군복을 입고, 삐딱하게 모자를 쓴 채 연설하고 있고, 이어 일본의 항복 조인식의 영상을 보여준다. 5성 장군 별 판을 달고 있는 지프차에 오르는 모습, 일본인들의 투표 모습, 일본 어린이들의 생일 축하 노래 장면 등에 이어, 6·25 영상이 보인다.

나라의 운명이 바람 앞의 등불 같았던 시기, 유엔의 참전 결정과 함께 한국전의 총지휘를 맡은 장군은 인천 상륙작전으로 전세를 역전하고, 지금의 경복궁 자리에 있었던 중앙청에 서울 수복과 함께 성조기를 게양하고 이승만 대통령과 걷는 모습이 화면에 나타난다. 장군이 1880년생이니, 6·25 당시 장군의 나이는 70세였다. 필자도 장군의 나이는 몰랐었다. 중공군의 참전으로 후퇴하여 38선 일대에서 교착 상태에 있을 때, 장군의 확신에 찬 남북통일의 의지가 트루먼 대통령의 정치적 우유부단함과 대치하면서 사령관직을 내려놓게 된다. 필자의 추측으로는 일본 패망 후 전후 처리 과정에서 패전국인 일본을 분단하지 않고, 미국의 정치인들이 자국의 이익을 좇아서 소련과 공모하여 대한민국을 반으로 갈라놓은 것을 늦게나마 바로잡으려 했던 것이 아닌가? 하고 생각해 보았다. 해임이다. 사직이 아니라. 별 다섯 개가 빛나다가 갑자기 우수수 떨어진 것이다. 상원에서의 그의 연설은 지금도 사람들이 많이 기억하고 있다. "Old Soldiers never die, they just fade away." 상원에서의 연설 모습 전체를 영상 기록으로 볼 수 있다. 군복이 아닌 정장을 한 장군의 모습은 흑백 영상이지만, 군복을 입었을 때보다도 더 결연해 보인다. 평생 무관으로 지내며 전쟁터를 누비던 장군의 판단과 당시 대통령이었던 투르먼의 정치적인 결정 간에 차이가 있었던 것으로 보아야 할까? 결국 한반도가 분단 상태로 고착하는 것이 미국에 더 큰 이익이 될 것이라는 정치적인 판단일까? 3차 대전을 염려했다는 것은 당시에 상황으로 미루어 핑계가 아닐까? 장군은 중국이 더 이상 전쟁을 끌어갈 능력이 없다고 보았기에 통일로 가는 전쟁을 간절히 바랐지만, 그 뜻을 이루지 못하고 낙마한 것은 우리에게는 큰 아쉬움이 남는다.

장군은 대한민국에서뿐만 아니라 미국에서도 이미 미국 역사상 유명한 군인이었다. 이미 1910년대에 국가적인 영웅이 되었고, 아버지 또한 육군 장성으로 필리핀 총독을 지냈다. 장군이 지닌 여러 가지 타이틀은 그가 어떤 인물이었는지를 말해준다. 육군사관학교 수석 졸업, 최연소 육군사관학교 교장, 최연소 육군 소장, 최연소 육군 대장, 최연소 육군 참모총장 등이다. 하지만 각종 최연소 타이틀을 가지고 있지만, 앞에서 언급한 것과 같이 6·25 당시 장군의 나이는 일흔(70세)이었다. 결국 장군은 군인으로서의 한계를 넘지 못했다는 평을 듣는데, 필자의 견해로는 군인의 신념과 소신을 버리지 않은 참군인이기를 바랐을 것이다.

박물관의 입장료는 무료인데 비도 오고 관람객도 필자 혼자뿐이라 미안했다. 옆에 보니 Donation 통이 보이길래 다른 박물관 입장료만큼만 넣었다. 안내 여직원의 미소가 싱그럽다.

리틀록은 동서로 아칸소강이 도시를 비스듬히 가로지르고 있고 다운타운은 강 남쪽 리버 마켓 지구(River Market District)를 중심으로, 웨스트 마크험 스트리트(W Markham St)와 컴벌랜드 스트리트(Cumberland St) 교차점 인근이며, 전체 구역을 걸어서 다 돌아보는데 3시간이 채 안 걸린다. 다운타운에서 강변의 River Front 공원 잠시 주차하고, 도시 명칭의 리틀록 바위들을 둘러보고, 리버 트레일을 따라 잠시 걸어 보았다.

아칸소 강변 공원 리틀록 바위 인근

이 도시 명칭은 프랑스 탐험가가 아칸소강 강둑의 이상한 암석층을 보고 불어로 작은 바위라는 지명을 붙인 것이 영어의 리틀록이 된 것이다. 도시의 중심을 가로지르는 아칸소강은 남동 방향으로 흘러 미시시피주의 로즈데일(Rosedale) 인근에서 미시시피강과 합류한다. River Market Avenue를 중심으로 걸어서 한 바퀴 돌았는데, 날씨 때문인지 다운타운이 한산하다. 이곳 리틀록은 미국 흑인 인권 역사상 매우 중요한 역사가 있다고 한다. 반 인종차별 운동이 일어난 곳이라고 한다. 1957년 리틀록 센트럴 고등학교(Little Rock Central High School)에는 9명의 흑인 학생이 있었는데, 당시의 아칸소의 주지사는 이 학생들의 등교를 금지하려 했다.

이때 당시의 대통령이었던 아이젠하워는 연방군을 투입해 이 9명의 학생이 등교할 수 있도록 호위하는 일이 벌어졌다. 사우스파크 스트리트(S Park St)와 웨스트 14번가(W 14th St)의 사이에 있는 당시의 리틀록 센트럴 고등학교(Little Rock Central High School)는 국립사적지(National Historic Site)로 지정되어 있다. 학교 인근의 패스트푸드점에서 허기를 간단히 해결한 후, 다운타운을 뒤로하고 숙소 근방의 VERIZON Shop에 와서 조기 귀국함에 따라 통신수단 최종 변경을 완료하였다.

아칸소는 오클라호마 출신의 샘 월턴이 이곳 아칸소주 북서쪽 작은 도시인 로저스(Rogers)에서 소소한 잡화점부터 시작해서 초거대 다국적 기업인 월마트를 창업한 곳이라 한다. 월마트의 1호점이 있던 벤턴빌(Bentonville)에는 월마트 박물관이 있는데, 회사의 발전 모습과 샘 월턴의 일대기 등이 있는 일종의 기념관이 있다고 한다.

리틀록의 주변 지역

오늘도 비가 쏟아지고 있다. 며칠 전부터 CNN에서 미시시피강과 주변의 홍수로 인한 범람 뉴스를 계속 내보내고 있다. 강 주변의 주와 상류 지방의 계속된 폭우로 인한 결과이다. 테네시주와 미시시피주 그리고 아칸소주는 미국 남동부 쪽으로 미시시피강과 인접해 있고, 상류에는 미네소타, 위스콘신, 아이오와, 미주리와 일리노이주가 있다.

오늘 일정을 강행할지 아니면 숙소에서 소소하게 밀린 일들을 정리할지 한동안 망설였다. 시간이 가면서 점점 더 굵은 빗줄기에 마음을 정하지 못하고 있었다. 공교롭게도 오늘 일정이 물과 가까운 리틀록 북쪽의 강변 트레일 코스와 댐 시설인 빅 댐 브리지(Big Dam Bridge)를 비롯해 강 주변 공원 트레일을 계획하고 있었다. 강의 범람 때문에 강변의 트레일은 문제가 있을 것 같아서 계속 망설이고 있었지만, 사실 이곳의 강의 생김새를 전혀 모르는 상태에서 무조건 포기하는 것도 맞지 않아 보였다. 일단 갔다가 그곳의 사정을 고려해서 다음을 결정해도 될 것이다. 또한 여행자가 여행지의 숙소에서 대낮에 머물러 있다는 것도 바람직해 보이지도 않는다.

비 때문에 오늘 일정을 정하지 못하고 망설인 채, 오랜만에 TV를 통해 날씨 변화를 지켜보면서 이후의 일정들을 생각해 보았다. 아내의 이번 여행의 중간 합류가 불발되면서, 일주일간의 일정을 단

축하여 귀국하기로 했고, 이에 따른 처리해야 할 일들은 거의 정리했다. 추가 요금을 지급하고 돌아가는 항공권을 변경하고, 렌터카 조기 반납을 통보하는 등 일들과 기타 소소한 변경은 틈틈이 정리했다. 이번 여정에서 다른 여행과 다르게 숙소 예약을 하루나 이틀 전에 해 왔기 때문에 숙소 예약 해지 같은 번잡스러운 일이 없으니 변경 처리가 한결 수월했다. 그러니까 여정 전체에 대한 숙소 선 예약을 했을 때에 비해 여정이 여유롭고 행동이 자유롭다. 다만 이런 계획은 여행지가 미국처럼 숙소 자원이 풍부한 경우에는 가능하지만, 여행지가 미국이 아니면 상황이 달라질 수 있다는 것을 잊지 말아야 할 것이다.

필자는 여행 전 한국에서 숙소 예약과 관련한 시뮬레이션을 모바일로 여러 번 해 보았으나 결과는 똑같았다. 즉 하루 전, 이틀 전, 한 달 후, 1개월 후, 2개월 후, 3개월 후 각각 여러 지역을 몇 개의 숙소에 대해 해 보았는데 예약하는 시점과 관계 없는 것이 두 가지였다. 하나는 가격이고, 두 번째는 숙박 가능성, 즉 빈방의 유무이다. 첫 번째 결과로 예약 시점이 숙박 시점에 근접했다 해도 숙소가 매진되어 숙박할 수 없는 예는 없었다. 다음으로 가격 관련인데, 가격은 예약 시점과는 전혀 관련이 없고, 다만 가격에 대해 강한 변동 가능성을 보인 것은 요일과 휴일뿐이었다. 그것은 우리나라의 숙박 시설에서 주말과 휴일 할증을 하는 등, 전 세계 공통이니 하나도 이상한 것은 없다.

지금 현지 오전인데, TV에 우리나라 대통령이 미국을 방문하여 CNN 생중계 중이고 애국가가 나온다. 해외의 외딴곳에서 다른 나라 TV를 통해 애국가를 들으니, 감회가 새롭다. 여행이 좋은 점은 잠시 국내 일들을 접어두고 홀가분한 기분으로 지내는 것인데, TV를 통해 잠시나마 생각해 보았다. 백악관 뜰에 태극기 휘날리는 가운데 의장대 사열하고, 양국 원수의 환영 연설과 답사로 이어졌다. 국가원수에 대한 예우다. 여행 중에 이런 장면을 볼 수 있으리라고 생각하지 못했다. 나중에 안 일이지만, 아칸소주처럼 중산층 백인들이 많이 사는 주는 정치적으로 공화당의 텃밭이다. 현재 주지사, 연방 상원의원 2명 중 2명, 연방 하원의원 4명 중 4명, 주 상원의원 35석 중 29석, 주 하원의원 100석 중 82석이 모두 빨간색의 공화당이니, 이곳 분위기는 미루어 짐작할 수 있다. 필자가 직접 경험한 바도 이와 같다. 심지어 숙소에서 CNN 방송 채널이 안 나오는 곳도 있다. 처음에는 착오나 기술적인 문제 때문인 줄로 알았는데, 이곳의 정치적 성향 때문으로 추측된다. 보수 측에서 보면 CNN은 좌파 방송으로 간주한다고 한다. 어디를 가나 이런 갈등은 피할 수 없나 보다.

TV를 끄고 10시쯤 결정을 내렸다. 일단 무리하지 않고 일정을 예정대로 소화하기로 했다. 첫 번째 들를 장소를 Big Dam Bridge로 결정했다. 비가 오는 가운데 가는 길이 주택가로 구불구불하며, 또한 언덕이 많은 지역이라서 조심해서 운전했다. 도착해서 보니 Big Dam Bridge는 댐 상부에 건설한 다리로 미시시피강 지류인 아칸소강을 남북으로 연결하여 시민들이 걷거나 자전거로 왕래할 수 있도록 되어 있다. 도착했을 때 다행히 비는 그치고, 금방 주변이 밝아지기 시작해, 숙소에서 머물지 않고 나오기를 잘했다는 생각이 들었다. 정말 운이 좋은 것인데, 항상 운이 좋은 것은 아니니 조심해야

Big Dam Bridge 전경과 다리 위 모습. 전면에 보이는 것이 갑문

겠다. 다리로 차는 다닐 수 없지만 차가 충분히 다닐 수 있을 정도로 넓고 튼튼해 보인다. 필자는 자전거로 다리를 건너 리버 트레일(River Trail) 코스로 라이딩을 즐겼다. 강에는 댐이 보이지만, 전력 설비가 없고, 댐의 상류와 하류 사이에 낙차가 없는 것으로 보아 수력발전을 위한 댐은 아닌 것 같다. 아마 넓은 아칸소 평원에 용수를 공

급하거나 홍수 조절용 다목적 댐으로 추정된다. 댐으로 인해 선박들의 물길이 막히는 것을 피하고자 별도의 갑문 설비가 있다. 댐 건설로 인한 수변 지역은 시민들의 휴식 공간으로 잘 정리되어 있다. 비는 완전히 멎었지만, 이곳을 즐기러 온 시민들은 많지 않다. 강 북쪽에 있는 아칸소강 트레일은 시민들이 즐길 수 있도록 정말 쾌적하게 잘 정비되어 있었다. 다시 다리 끝의 출발한 곳으로 되돌아와서 자전거를 세워 두고, 강변과 나란히 뻗어 있는 트레일을 따라 1시간가량 걷다가 시내 중심가로 되돌아왔다. 간단히 점심을 해결한 후, 아칸소강 건너 북쪽에 있는 리버뷰 스케이트보드 파크(River View Skate board Park)와 에메랄드 공원(Emerald Park)으로 향했다. 공

에메랄드 파크 트레일 절벽 위에서 바라본 경치. 아칸소강 너머 좌측으로 멀리 리틀록 시내가 보인다

원들은 그리 크지 않았으나 아칸소강을 두고 경치 좋은 곳이 많다.

리버뷰 스케이트보드 파크(River View Skate board Park)는 공원 트레일 구간에 룩아웃 스팟(Lookout Spot: 경치 좋은 곳)이 있는 것으로 나와 있어서 궁금해서 와 보았고, 에메랄드 공원(Emerald Park)은 높은 절벽 위에 있어서 아칸소강과 건너편 조망하기는 좋은 장소이다.

비가 개인 뒤라서 그런지 공기도 싱그럽고, 강 건너에 구불거리는 강줄기 따라 멀리 보이는 산자락들이 마치 수채화를 그리고 있는 착각이 들 정도이다. 빼어난 경치에 잠시 앉아서 감상하였다. 하지만 에메랄드 공원에서 절벽 쪽으로 접근할 때는 비가 온 뒤라서 약간 조심을 해야 했다. 등산할 때는 절벽 위로 나 있는 길을 따라가야 하는데 최근 내린 비로 인해 지반이 약해지고 여기저기 끊긴 계곡이 있고 가파른 경사도 있어서 연세가 많으신 분들은 항상 상황에 따라 위험성이 보이면 안전한 곳까지만 가기를 바란다.

짧은 오클라호마시티 방문

오클라호마(Oklahoma)는 미국의 동서 가로축으로 보면 중앙에 있지만, 남북으로 보면 중앙에서 남쪽에 있는 미국의 전형적인 내륙이다. 지도를 가만히 들여다보면 공교롭게도 검지손가락으로 서쪽을 가리키는 모양이다. 서부 개척 시대 당시 서쪽의 개발을 시사하면서 그쪽으로 가라는 것 같은 느낌이다. 날씨의 변화가 많기로 소문나 있고, 비슷한 처지의 캔자스주보다도 강력한 토네이도가 빈번히 발생한다. 일기 변화에 관한 전문가는 아니지만, 필자의 개인적인 의견으로는 이렇다 할 불연속 장애물이 없는 넓은 평원 지형에서 대기의 순환이 원만하지 않아 축적된 에너지가 불균형 상태로 있다가 대기가 에너지 균형을 찾아가는 현상이 아닌가 싶다.

오클라호마는 인디언 원주민인 촉토족의 언어로 빨간색 사람들이란 뜻에서 유래했다고 한다. 주 이름에서 보듯이 오클라호마는 본래 미국 정부에서 인디언들을 당시 미국 땅의 가장 서쪽인 오클라호마로 몰아넣고, 인디언들의 땅으로 지정했던 곳이다. 말하자면 공식적인 인디언의 영토로 정부가 할당했던 땅이다. 그 이유는 당시 미시시피강 동쪽의 인디언 부족들을 미시시피강의 서쪽으로 쫓아내고 조상 대대로 살아오던 땅을 몰수하면서, 명분으로 오클라호마를 할당한 것이다. 강제로 이주당한 대표적 인디언 부족들은 촉토족을 비롯하여 체로키, 치카소, 크리크, 세미놀, 아파치, 샤이엔족 등이다. 즉 이 지역은 백인들이 들어오면 안 되는 지역이었다. 그러던 것이 백인들이 슬금슬금 들어오고, 후에 정식으로 백인을 허용하게 된다. 오클라호마주가 또 다른 이름인 Sooner State로 불리게 된 계기가 있다. 이는 1889년 인디언 법에 따라 인디언 지구였던 오클라호마가 유럽 출신 정착민들에게 잠식되자, 벤저민 해리슨 대통령은 대포 소리를 신호로 먼저 도착한 사람(Sooner)이 경계선을 긋는 대로 땅을 나눠 가지도록 했다. 쉽게 말해서 백인들이 동부의 인디언 부족들을 모조리 강제 이주시키면서 인디언에게 오클라호마 땅을 할당했는데, 이마저 도로 빼앗은 것이다. 시작할 때 준다고 했다가 도로 빼앗은 것이다. 소위 오클라호마 땅따먹기 경주(Oklahoma Land Run)라 해야 할까? 원래 이 땅은 농사짓는 경작지 가치로 백인들이 탐냈었는데 현재는 석유 매장량이 상당하다고 알려져 있다. 한가지 이해하기 어려운 것은 술에는 관대하지 않으면서도 도박은 허용한다는 사실이다. 아마도 석유가 나지 않던 시절에, 마치 이렇다 할 자원과 산업 근간이 없어 선택한 라스베이거스가 있는 네바다주처럼, 그 시절에 결정한 것들이 오늘날에도 바뀌지 않는 것이 아닐까? 이곳 역시 네바다주처럼, 주 경계 안쪽에 주변의 도박을 금지한 주의 고객을 유치하기 위해 카지노와 호텔을 잘 조성해 놓았다.

아무리 그래도 필자처럼 미국인이 아닌 여행객은 사실 오클라호마는 특별한 볼거리가 있는 여행지가 아니라 여행객들이 즐겨 찾는 도시는 아니다. 자료를 보면 공원과 박물관 몇 개가 전부다. 필자도 몇 번을 망설이다가, 그래도 근처까지 왔으니 잠깐이라도 도시를 둘러보고, 하루만 머물다 텍사스주의 댈러스로 가기로 했다. 어떻게 보면 리틀록에서 운전해서 오클라호마 도착하고, 다음날 댈러스 가는 일정이라 도착하여 하루 숙박이 전부이다.

리틀록에서 약 550km 떨어진 오클라호마까지 오늘 하루 일정으로 간다. I-40 고속도로를 서쪽으로 쉬지 않고 간다고 해도 약 5시간 걸린다. 오늘 여정이 이번 여행에서 하루에 가는 거리로는 가장 먼 구간이라서 아침 일찍 출발했다. 이 길을 계속 운전하다가, 주 경계에 있는 포트 스미스(Fort Smith)에서 잠시 쉬었다가 점심을 해결하고 다시 출발했다. 아칸소주 경계를 넘으면서 도로 옆 풍광은 평이해서 약간 지루한 운전이 계속되었다. 이렇게 일찍 출발하여 서둘러 가는 이유는 오클라호마 주 의회 의사당(Oklahoma state Capitol)과 100주년 랜드런 기념비(Centennial Land Run Monument), 그리고 씨저테일 파크 사우스(Scissortail Park South)에 있는 오버룩 힐(Overlook Hill)을 해지기 전에 가보기 위해서다.

어차피 오클라호마는 수박 겉핥기식으로 가보는 격이니, 이렇게 해서라도 장시간 운전에 대한 보상을 받고 싶어서다. 주 의회 의사당은 새로 지은 듯한 단순한 돔이 인상적이었고, 다른 주의 의회 의사당보다 작다는 느낌도 받았다. 필자가 흥미롭게 본 것은 의사당 꼭대기에서 성조기 깃발의 깃대를 쥐고 있는 것은 원주민인 인디언 모습이다. 미국 각주의 의사당은 일반인들에게 공개하고 내부 투어를 허용한다. 그러나 늦은 시간이라서 내부 투어는 하지 않기로 했다. 주마다 있는 의사당의 규모와 외관을 보면 해당 주의 미국 연방에서의 위상을 짐작할 수 있어서 관심두고 본다.

Centennial Land Run 기념물은, 좋은 땅을 차지하기 위한 백인들의 치열한 경쟁이 지금 막 시작한 듯 당시 상황을 실감 나게 재현해 놓았다. Sooner State의 기원이 되는 정부의 공식 이벤트라고나 해야 할까? 몇몇 사람들은 현재의 아메리칸 풋볼(미식축구)이 이런 땅따먹기가 벌어졌던 미국에서 당시 영국의 스포츠였던 럭비를 변형한 스포츠라고 주장한다. 미식 축구의 여러 가지 복잡한 룰은 모르지만, 경기의 기본은 달려가서 땅을 차지하는 것이 오클라호마 랜드런(Land Run)과 유사한 점이 많아 보인다. 이렇듯 Land Run이 기원일 수도 있는 미식축구는 북미대륙의 4대 스포츠인 야구, 아이스하키, 농구 등을 다 합친 것 보다 파워나 시장 장악력이 크다고 한다. 그것이 바로 이 땅 오클라호마에서 영감을 주었을지도 모른다.

제이미 윌리엄스(Jamie Williams)는 '야구는 미국이 되고자 하는 것이고, 미식축구는 미국 그 자체이다(Baseball is what America aspires to be, and football is what this country is).'라고 했다. 어찌 보면 필자도 이곳이 그 미국의 본질에 대한 영감을 준 곳으로 이해하려 했다.

Land Run은 Land Rush라고도 하는데, 이것을 주제로 1992년에 영화를 제작하였다. 바로 "Far and Away"로, 톰 크루즈와 영화 "오스트레일리아"에서 열연한 호주의 여배우 니콜 키드먼이 출연한 서부 개척 시기의 로맨스 영화이다. 이 영화의 배경이 바로 오클라호마이고, 당시 주제가 된 사건이 Land Run이다.

필자는 20여 년 전에 TV 주말 명화 같은 프로그램에서 본 기억이 있다. 대포 소리와 함께 힘차게 돌진하는 말들과 서부 개척 시기의 포장마차 등이 뒤엉켜 낙마하고, 포장마차가 전복되는 장면 등은 기억에 오래 남아있다. 이 장면을 보고 있으면 Land Rush가 맞는 표현으로 보인다. 결국 이것도 필자가 오클라호마를 그냥 패스하지 못하게 하는 하나의 요인이었다.

하지만 인디언의 역사와 자연사 박물관들이 좋은 콘텐츠와 진귀한 유물을 가지고 있더라도, 여행객을 유인하지는 못한다는 것을 깨달았다. 그것 만으로 300km 이상의 거리를 운전한다거나, 항공권을 사지는 않을 것 같기 때문이다. 마지막으로 기대하며 들른 공원의 Overlook Hill에 가서 비로소 왜 오클라호마에 여행객이 뜸한지 이해하게 되었다. 오클라호마 강변의 시저테일 공원(Scissortail Park)에 있는 이곳은 다운타운의 스카이라인이 보일 뿐 별것이 없었다.

필자가 굳이 오클라호마에 오게 된 동기 중의 다른 하나는 1995년에 일어난 폭탄테러 사건에 대한 호기심이다. 이 사건은 미국에서 일어난 테러 중에, 현재까지 911테러를 빼놓고는 가장 피해가 큰 사건으로 기억하고 있기 때문이다. 어린이를 포함해 160명이 넘는 사망자와 다수의 부상자가 나온 비극이었다. 이런 일이 다시는 일어나지 않길 바라는 마음이다. 이 사건은 범인들 처리에도 세간의 이목을 끈 것으로도 유명하다. 주범은 미국에서 1936년 이후 최초로, 희생자 유족으로 한정된 참관인을 두고 2001년에 공개적으로 사형이 집행되었다.

역사란 과거의 기록이지만 상식이 부족한 필자 같은 사람에겐 이상하게 느껴지는 부분이 있는데, 이곳으로 여행하면서 이해하게 된 부분도 있다. 애초 오클라호마는 살기 좋은 동부에 있던 인디언들을 강제로 쫓아내 명목상 인디언 준주(Indian Territory)로 지정한 곳이다. 이렇게 강제로 추방한 사건을 '눈물의 길(Trail of Tears)'이라고 표현해 놓았다. 어찌 보면 이 사건은 유대인을 연상하게 한다. 이와 유사하게 스탈린 시절의 구소련은 민족성 말살과 새로 개척한 우랄

산맥 동쪽의 영토를 공고히 하고자 북만주와 연해주 일대에서 흩어져 평화롭게 살던 한민족을 카자흐스탄, 우즈베키스탄, 타지키스탄, 키르기스스탄, 우크라이나 등지로 강제 분산 이주시켰다. 이 과정에서 비인간적인 여러 가지 잔혹 행위가 가해졌음은 미루어 짐작할 수 있고, 대부분은 살아남지 못했다. 가끔 TV의 여행 프로그램을 시청하다 보면 이들 지역에 관한 내용도 있는데, 빠지지 않고 나오는 장면이 당시 강제 이주해서 그나마 생존한 고려인들에 관한 것이다.

이렇게 강제 추방된 인디언들은 차츰 안정을 찾아가게 되고, 인근의 백인들처럼 아프리카계 흑인을 노예로 두었다고 한다. 남북전쟁 당시 남부 연합에 편입하여 북군에 대항해 싸웠다고 하는데, 이 대목이 필자가 이해 못 한 부분이며 반대로 알고 있었다. 지금도 오클라호마는 정치적으로는 공화당 성격이 매우 강하다는데 이제는 이해할 만하다.

자유 여행 팁 | 장기간 여행 중 개인 세금 납부

이렇게 장기간 여행을 하다 보면 또 하나의 복병이 있다. 물론 모든 사람에게 해당하는 사항은 아닐 수 있다. 바로 세금 문제다. 개인이 내는 세금은 종류에 따라 납부해야 하는 시기가 서로 다르기 때문에 1개월 이상 여행하게 되면 어떤 종류의 세금을 납부해야 하는 기간과 겹칠 가능성이 크다. 물론 개인 대리인이 있거나 다른 가족이 대신 납부할 수 있으면 큰 문제는 없다. 그리고 행정기관에서 고지서를 발급해서 납부하라는 세금은 거래 은행이 있는 경우 일부 국세와 지방세는 세계 어디서나 낼 수 있다. 다만 매년 5월 개인별로 또는 해마다 다른 개인 혹은 법인 종합소득세는 본인이 세금액을 확정 신고 후 납부해야 하므로 약간의 문제가 발생할 수 있다. 하지만 국세청에서는 모바일 앱을 개발하여 납세자가 어디서나 신고 후 납부할 수 있도록 하였기 때문에 이를 익혀 두면 편리하다. 앱의 명칭은 "국세청 손택스"이다. 필자가 사용해 보았는데, 완벽하지는 않다. 필자가 미숙해서 그런 것인지 시스템의 보완이 필요한 것인지 잘 모르겠다.

미국 지도의 완성,
텍사스와 루이지애나,
종착 도시 애틀랜타
PART 4

오클라호마에서 애틀랜타까지 경로

댈러스로 가는 길

여전히 날씨는 꾸물거리지만 오늘은 텍사스주로 가는 날이다. 오클라호마 시티(Oklahoma City)에서 남쪽으로 약 320km 떨어져 있고 I-35 고속도로로 3시간 반 정도 걸린다. 오전 8시에 출발해서 되도록 천천히 쉬엄쉬엄 운전했다. 늘 그렇듯이 오늘은 어떤 풍경을 만날 수 있을까 하는 기대를 하면서 숙소에서 출발했다. 고속도로는 중간중간에 공사 구간이 많았다. 차가 많이 밀리고 전혀 움직이질 않아서 교통사고를 생각했는데, 공사로 인한 교통 통제 때문이었다. 이런 현상은 세계 어디를 가나 마찬가지다.

필자가 이렇게 아날로그식의 여행을 하는 이유는 차로 이동하면서 도로 주변의 풍광을 감상하는 것도 중요한 여행의 목적이기 때문이다. 지인 중 몇 사람은 그냥 비행기 타고 원하는 도시에 내려 관광하고 다시 비행기 타고 다음 도시로 이동하고를 반복하면 될 것을, 고단하고 피곤하게 왜 차를 운전하며 다니느냐고 핀잔을 준다. 그분들 말이 맞을 수도 있지만 결국 사람마다 개성이 다른 것처럼, 여행 스타일이 달라서, 개인들 간의 선택의 문제로 보인다. 비행기를 타고 이동하는 디지털식 여행이 비용 측면이나 소요 시간상 다소 절약은 된다.

텍사스주 경계를 지나도 주변 풍광은 큰 변화가 없다. 너른 들판에 파종한 작물은 보이지 않고, 목초로 보인다. 숲이 발달한 지역도 보이지 않는다. 도로변에는 시야를 방해할 정도의 키가 큰 나무들도 보인다. 기온이 높아진 것 같아 줄기차게 닫고 다녔던 차 창문을 내려 보았다. 그동안 봄 날씨 같지 않게 다소 기온이 낮았는데, 무언가 미지근한 냄새가 나기 시작한다.

필자는 과거에 텍사스주를 두 차례 정도 방문한 적이 있다. 한번은 샌안토니오 또 한번은 휴스턴이었는데, 두 차례 모두 항공편을 이용했기 때문에 공항과 숙소 이외에 기억나는 것이 별로 없다. 다만, 20여 년 전이었는데 휴스턴에서 약간 떨어진 작은 도시의 조그만 슈퍼마켓에서 우리나라 컵라면을 발견하고 감격했던 기억이 전부이다. 도시 이외의 가보지 못한 텍사스의 넓은 지역에 대한 상상 속의 이미지는 가끔 서부 영화로 본 것이 전부인데, 그것이 실제와 어떤 차이가 있는지 궁금하다. 그 이미지는 사막과 무법자, 돌과 모래로 된 거친 풍경, 넓은 목장과 카우보이들, 멕시코인들 그런 것들인데, I-35 고속도로 주변 지역은 숲과 푸른 들판이라서 조금 이상하게 느껴졌다. 오래전에 보았던 영화의 영향이리라. 나중에 안 일이지만 사막의 이미지는 텍사스주의 좀 더 서쪽 지역이다.

I-35 고속도로로 남진하는 도중에 휴게소가 있는데, 텍사스주와 오클라호마주 경계상에 오클라호마 웰컴 센터(Oklahoma Welcome Center)가 있다. 필자가 텍사스주의 주 국경을 넘기 전, 오클라호마 구역 내에 휴게소뿐만 아니라 카지노와 리조트 설비들이 있는 것을 보고 이상하게 생각했었다. 도박이 합법인 오클라호마의 주 경계 안쪽에 도박을 허용하지 않는 이웃 주의 고객을 유치하기 위한 시설 들이다. 텍사스에서는 도박을 허용하지 않는다.

댈러스로 가는 길은 I-35 번 고속도로 남쪽인데 느낌은 동쪽으로 진행하는 느낌이었다. 졸음이 오는 관계로 중간에 고속도로를 벗어나 잠깐 휴식을 취하고, 주유소 매점에서 요기한 후 다시 출발해 예상보다 조금 늦어졌다. 여러 차례 휴식을 취하며 여유 있게 일정을 진행한 것이 이유이다.

텍사스주를 들어서면서 텍사스란 주명이 어떻게 붙었는지 갑자기 궁금해졌다. 미국 지명 중에는 잘 이해가 안 되는 지명은 거의 이곳의 원래 주인이었던 인디언 언어인 경우가 많다. 또한 남부 지역은 과거 미국 영토가 되기 이전에는 멕시코 영토였기에 스페인식 지명이 많다. 텍사스라는 말은 이곳 원주민인 인디언의 말에서 온 것이 맞다. 이 지역에 살던 원주민인 Caddo 족의 말로 "friends"란 뜻이라고 한다. 우연의 일치일까 아칸소주에서 텍사스로 오는 30번 고속도로 인근에 'Friendship과 Caddo valley'란 도시가 있었는데 무슨 도시 이름을 Friendship(우정)이라 짓나? 별일도 다 있다고 생각했었는데 이제는 이해가 된다.

텍사스주는 주의 크기도 큰 편이고 크고 유명한 대도시가 네 곳이나 있다. 댈러스, 휴스턴, 샌안토니오, 오스틴이다. 주의 땅 크기도 남한 크기의 거의 7배에 육박하고, 인구도 3,000만 명이나 된다. 거의 하나의 국가 규모라 할 수 있다. 얼마 전 우리나라와 좋지 않은 사건으로 관련이 있는 텍사스의 주기인 '론스타(Lone Star)'기가 곳곳에서 펄럭인다.

댈러스 도시 초입에 들어서니 모든 길이 공사 중이고 마치 폭격이라도 맞은 듯 길은 울퉁불퉁하고 차선은 이리저리 뱀이 지나간 듯하고 차선은 공사로 인해 좁혀져 옆 차와 닿을 것만 같았다. 이 사람들은 그래도 이런 길은 시속 100~120km씩 달리니 필자는 이런 상황에 적응하기가 매우 어려웠다. 북동쪽 오클라호마주 방향에서 오는 초입이 그렇다. 급기야 내비게이션을 따라 운전한다는 것이, 길을 잘못 들어 유턴하고 좌우로 빙빙 돌고 여러 번 유턴 끝에 어렵사리 목적지인 숙소에 도착했다. 시간이 30분가량 더 걸린 것 같다. 결국 익숙함과 그렇지 않은 것의 차이이고, 외지인이 치러야 할 대가이다. 다행히 숙소의 직원은 친절했고 숙소도 깨끗했다. 어차피 오늘은 이동이 목적이니, 더 이상 욕심내지 않고 조용히 숙소에서 휴식을 취하면서 향후 일정에 대하여 생각해 보았다.

누구에게나 장기간 자유 여행을 계속하려면 몸이 건강한 상태로 평소의 컨디션을 유지하는 것이 무엇보다도 중요하다. 불편한 몸을 이끌고 여행하는 사람도 있기는 하지만, 대개 그런 분들은 여행 전에도 그랬던 분들이다. 여행하는 동안에는 심신이 모두 건강해서 여행 자체에 집중할 수 있어야 한다. 여행 도중에 불편한 점이 있어 집중할 수 없다면 그 상태로 여행을 지속하는 것은 무리가 따르므로 지양해야 한다. 대부분 사람은 국내에서 여행을 가지 않을 때는 각자 나름대로 건강 관리를 한다. 헬스클럽에 다닌다든지 주기적으로 등산, 수영, 골프, 테니스, 걷기 등등을 한다. 그러나 환경이 매일 바뀌는 여행 중에는 이런 것들을 평소처럼 하기는 어려울 수도 있다. 필자의 경우 여행지에서 세 가지를 지키려 노력한다. 어차피 여행을 계속해야 하고, 건강하지 않으면 여행을 포기해야 하기 때문이다. 첫째는 매일 아침에 일정하게 하는 스트레칭, 둘째는 규칙적인 식사, 그리고 마지막으로 하루에 3,000보 이상 걷기이다. 하나씩 설명하자면 스트레칭은 기본적으로 아침에 약 20분 정도 한다. 방법은 각자 개발해서 하면 되는데, 필자가 허리 협착증으로 고통받을 때 병원 의사가 권하는 스트레칭 방법을 10년째 거의 매일 하고 있다. 두 번째 규칙적인 식사는 설명이 필요 없다.

마지막으로 각자 몸의 상태를 평소처럼 유지하기 위한 노력을 해야 한다. 필자의 경우 규칙적으로 걸으려고 노력한다. 걷는 것은 정말 꿩 먹고 알 먹고이다. 어차피 여행지에서 효과적으로 이것 저곳 둘러보려면 걷는 것이 최고다. 이번에는 자전거를 주로 많이 탔지만, 성능이 좋지 않은 자전거라서 제법 운동이 많이 되었다. 걷기를 효과적으로 하기 위해 다음의 방법을 택한다. 하나는 시내 중심가에서 조금 떨어진 곳에 숙소를 잡고, 시내로 갈 때는 전철, 버스, 기차를 타고 마치 출퇴근하듯 다닌다. 이렇게 하면 운동도 되고, 도시의 생김새라든지, 해당 도시에 관한 여러 가지 정보를 빨리 습득할 수 있는 장점이 있다. 그러다 어느 정도 그 도시에 대하여 파악이 될 무렵이면, 그 도시를 떠나게 된다. 두 번째는 차를 시내에 가지고 가서 적당히 주차하고 도보로 관심 장소들을 둘러본다. 이렇게 하면 8,000보 이상은 걷게 된다. 그리고 Air B&B 숙소를 제외하곤 규모가 작은 호텔이라도 수영장과 운동 시설이 있는 곳이 많으니, 이것을 이용해 보는 것도 방법이다. 필자는 여행 중에는 무리하지 않고 매일매일 규칙적인 생활 패턴으로 활동하여, 몸 상태를 최상으로 유지하는 것을 목표로 하고 있다.

댈러스(Dallas)는 처음 와 보기는 하지만 얼마 전까지 필자는 아무 생각도 없이 Dollars인 줄 알았다. 미국 돈 달러(Dollar)에 스(s)가 붙어 댈러스가 되었다고 생각했었다. 댈러스(Dallas)라는 지명이 붙은 유래는 불확실하다고 한다. 필자가 시내를 걷다가 우연히 말을 거는 현지인에게 어떻게 이 도시 이름이 댈러스란 명칭을 얻었는지 물었더니, 어깨를 으쓱한다. 모른다는 표현이다. 인터넷을 검색해 보니, 초기 정착민이었던 Joseph Dallas 이거나, George Mifflin Dallas (1845-1849) 미국 부통령의 이름을 가져온 것으로 추측한다고 한다.

텍사스는 미국 본토에 있는 48개 중에 가장 크다고 한다. 필자는 캘리포니아가 더 큰 줄 알았었다. 인구 3,000만 명에 미국 내에서도 빠르게 인구 유입이 이루어지는 지역이다. 이유는 몇 가지가 있다고 한다. 첫째 이곳에는 개인 소득세가 없고, 기업들의 법인세가 다른 지역에 비해 현저히 낮다. 둘째 높은 치안 유지, 셋째는 주거 생활비가 저렴하다는 것. 또한 주 정부의 정책들은 기업 친화적이기 때문에 많은 기업이 사업장을 이곳으로 이전하거나, 신규 창업 장소로 택한다는 것이다. 자연히 사람들, 특히 우수 인력들의 유입이 끊이지 않는다고 한다. 부러울 따름이다.

그리고 텍사스 하면 우선 떠오르는 것이 카우보이와 야구 경기에서 쓰는 용어인 텍사스 안타인데, 빗맞은 공이 운 좋게 수비수들 중간 지점에 떨어져 안타가 되는, 야구에서 그냥 보통명사처럼 쓰인다. 참고로 프로야구 초창기 시절, 1889년에 텍사스 리그의 휴스턴에서 톨레도 팀으로 이적한 아트 선데이(Art Sunday)란 선수가 연속해서 전술한 것처럼 빗맞은 것이 안타가 되자, 지역신문에서 또 '텍사스 리그 안타가 터졌다'라는 제목을 단 것에서 유래했다고 한다. 또 다른 스포츠인 골프에도 텍사스 웨지라는 용어가 있다는데 필자는 생소하다. 그린 밖에서 하는 퍼팅을 두고 하는 용어라 한다. 이곳 골프장은 평평해서 그린 주변에 있을 때 퍼터를 자주 이용하는 데서 유래했다고 한다.

아이러니하게도 텍사스 사람들은 미국인(American) 보다는 텍사스인(텍산: Texan)으로 불리는 것을 선호한다고 한다, 우직한 남부 사람의 이미지인데도 말이다.

아침에 시내 일대를 둘러볼 요량으로 차를 몰고 나갔다. 숙소의 위치가 댈러스 다운타운 북동쪽에 있고 차로 20분이 채 안 걸리는 것으로 나온다. 실제로는 거리가 꽤 된다. 지금도 도심 지구 일부는 재생 재건축이 한참이라 안전하게, 그리고 약간 걸을 수 있는 거리에 그리고 주차비가 저렴하리라는 전제하에 댈러스 파머스 마켓(Farmer's Market)에 시간당 3달러로 주차를 했다. 그런데 영수증이 나오지 않는다. 보통 주차하고, 요금을 지불하면 영수증이 나오고, 그 영수증을 운전자 앞 유리장에 놓아 잘 보이도록 하는 것이 일반

댈러스 파머스 마켓

적인데, 자세히 보니 영수증을 디스플레이는 안 해도 된다고 써 있었다. 그래도 영수증이 없으니 찜찜했다.

멀지는 않지만 시내의 볼거리들과 조금 떨어진 곳에서 다운타운 안쪽으로 걸어가는 과정은 참으로 흥미롭다. 길가의 풍경과 작은 공원 지역 주변의 조경은 물론이고 공기의 온도와 코끝을 스치는 냄새, 그리고 도도해 보이는 관공서 건물 등 뭔가 지금까지의 도시에서 느꼈던 이미지와 다르다는 느낌이 든다. 표현을 잘 못 하지만 개인적인 느낌은 '자신에 찬 사람이 써 내려 간 붓글씨' 같은 것이다. 얼마 전까지 리틀록이나 오클라호마에 있을 때는 약간 선선했는데 이곳은 후덥지근해지기 시작한다. 그만큼 남쪽으로 많이 이동한 것이다. 도로와 주변의 주차시설, 공원 등은 도심으로 시민들이 쉽게 접근할 수 있도록 잘 정비되어 있었다. 어제 오클라호마 방향에서 I-35 북쪽에서 시내로 진입하기 위해 이용했던 것과는 딴판이었다. 조금 의아한 것은 시내 중심가에 지나칠 정도로 주차시설이 많으며 그것들이 오늘이 금요일 임에도 거의 비어 있다는 거다. 이 비싼 땅에 주차장이 이렇게 많아도 수지 타산이 맞을까 하는 의문이 든다. 대신 길거리에 불법으로 주차한 차들은 아예 없다. 주차비를 시간당 3달러에 6시간 주차비를 내고 시내에 들어오니, 무료로 주차할 수 있는 곳도 눈에 띈다. 참 어이가 없다. 오는 길이 얼마 멀지는 않았지만 시내 운전이 쉽지 않았다. 어제 운전 중, 차들은 무서울 정도로 속도를 내고, 고속도로임에도 굴곡이 많아 저절로 핸들 잡은 손에 힘을 줬던 기억이 있어서다. 그래서 차를 운전하여 시내로 깊이 안 가려고 댈러스 파머스 마켓(Dallas Farmers Market)에 주차를 한 것이다.

소 떼를 모는 카우보이들과 공원의 관광객들

영 스트리트(Young St.)를 따라, 댈러스 시청 앞을 지나 시내로 천천히 댈러스의 모습을 감상하면서 상쾌한 아침 걸음을 걷는데, 공원으로 조성해 놓은 파이오니어 플라자(Pioneer Plaza)에는 수십 마리의 소 떼들을 몰고 가는 카우보이들의 조형물이 여행객들의 이목을 끈다. 실제 크기로 해 놓고 언덕을 넘어와서 질주하는 소 떼들과 이를 통제하는 카우보이의 모습이 장관이고, 소들의 뿔이 유난히 길고 곡선으로 약간 휘어져 끝이 날카로운 것이 매우 인상적이다. 아마도 댈러스 인근이 오래전부터 대규모 목장들이 있었고, 소 떼를 모는 역동적인 모습으로 이들의 문화를 상징적으로 표현한 것 같다. 몇몇 관광객인 듯한 사람들이 몰려와 이곳에서 열심히 사진들을 찍고 있다.

공원을 지나 영 스트리트로 계속 걸어가면, Reunion Tower가 멀리서도 눈에 띄다. 무슨 재통일을 기념하려고 거대한 타워 조형물을 건설했는지 궁금했다. 알고 보니 이것은 1978년에 미국 철도회사인 암트랙(Amtrak)이 Union 역을 재건축한 기념으로 설치한 기념

시내 곳곳에서도 보이는 Reunion 타워

물이고 철도역이다. 이럴 때도 Reunion이란 용어를 쓰는구나! 이 건축물을 댈러스 사람들은 The Ball이라 부른다고 한다.

이곳에서 메인 스트리트(Main St.) 방향으로 사우스 휴스턴 스트리트(S. Houston St.) 따라가면 1963년 당시 대통령이었던 John F. Kennedy가 암살당한 역사의 현장인 식스 플로어(Six Floor: 7층 건물이지만 암살범 오즈월드가 6층에서 저격했기 때문에) 박물관이 나온다. 당시 텍사스 교과서 창고 건물이었던 딜리 플라자(Dealey Plaza) 6층에서 범인은 JFK가 오픈카를 타고 노스 휴스턴 스트리트(North Houston Street) 도로에서 좌회전하여 엘름 스트리트(Elm Street)로 서서히 내려가는 순간 범행을 저질렀다.

거리 동판에 새겨진 저격 위치. 암살범이 있었던 건물

길 위에는 X자 표시가 있는데 저격당한 위치를 표시한 것이라 한다. 당시 케네디 대통령의 나이는 35세였고, 그가 타고 가던 차는 포드 자동차에서 만든 링컨 콘티넨털이었다. 목을 관통한 3발의 총탄은 공교롭게도 앞자리에 동승한 당시 텍사스 주지사였던 존 코널리에게도 상처를 입혔다. 오늘이 금요일로 평일이라 그런지 학생들과 일반인 단체 관광객이 이곳에 많이 모여들고 있다. 이들도 이런 역사에 관심과 교육적 가치를 인정하고 있는 것 같다. 공교롭게도 오늘 미국 뉴스에 RFK(Robert Francis KENNEDY, JOHN. F. KENNEDY의 동생) Junior가 2024 미 대선 민주당 후보로 나갈 것을 공식화했다. 그는 JFK의 조카이다.

암살된 장소에서 조금 떨어져서 커머스 스트리트(Commerce Street)와 사우스 마켓 스트리트(South Market Street) 교차점에 케네디 메모리얼 광장이 있다. 이는 케네디 암살을 추모하기 위해 시민들이 성금을 모아 조성한 것이다. 광장에는 거대한 콘크리트 조형물이 있는데 마치 공중에 떠 있는 듯하다.

케네디 메모리얼 광장

광장을 뒤로하고 걸어서 쌩스기빙 스퀘어(Thanks-Giving Square) 방향으로 가는 도중 50대로 보이는 현지인 부부와 대화하게 되었다. 다른 사람이 보기에도 필자를 보면 영락없는 촌뜨기 여행객으로 보일 것이다. 배낭 메고 기웃거리는 동양인이니 뻔하지 않겠나? 이곳에서 태어나 지금까지 댈러스에서 살고 있다는 백인 부부는 선뜻 그런 필자에게 먼저 어디서 왔는지 말을 걸어왔다. 댈러스 명소에 대한 이것저것 질문하고, 대답하고 한동안 대화를 하다가, 필자가 댈러스는 처음인데 인터넷에 나와 있는 것 말고 진짜 댈러스를 보려면 무엇을 보아야 하는지 물었다. 이들 부부는 마치 기다렸다는 듯이 이구동성으로 랜치(Ranch: 북미 지역의 대규모 목장) 투어를 가야 한다는 것이다. 원하면 소개해 줄 수도 있다고 하면서, 이곳의 현지인들도 랜치 패키지 투어를 많이 한다고 한다. 그리고 패키지 투어하는 곳을 알려 주었다. 하지만 필자가 준비가 안 된 상태라서 투어는 하지 못하였다. 필자가 이곳 여행을 준비하면서 왜 이 생각을 못했는지 후회스러웠다. 독자 중 텍사스의 댈러스에 가게 되면 한번쯤 시도해 봄 직하다. 방법은 복잡하거나 어려운 것이 없으니 시도해 보자. 우선 Google에서 Ranch Tour in Dallas(혹은 Texas)를 입력하면 여러 투어 하는 곳이 소개되는데 맞는 것을 골라 가면 된다.

이곳의 세계적으로 유명한 댈러스 카우보이스(Dallas Cowboys)의 본고장으로, 스포츠에 관심 있는 사람이라면 미식축구팀 댈러스 카우보이(Dallas Cowboy)를 기억할 것이다. 댈러스 카우보이의 홈구장인 AT&T 스타디움은 포트워스(Fort Worth)와 댈러스와의 중간 지점인 알링턴(Arlington)에 있는데, 유료의 가이드 투어도 할 수 있다.

댈러스에는 미식축구팀 댈러스 카우보이 말고도 우리에게도 잘 알려진 미국 메이저리그의 텍사스 레인저스가 있다. 텍사스 레인저스가 우리에게 익숙한 것은 박찬호 선수가 3년간 투수로, 추신수 선수가 6년간 외야수로 활약한 팀이고, 최근에 양현종 선수가 짧은 기간 동안 이곳에서 선수 생활을 했던 곳이기 때문이다. 홈구장인 글로브 라이프 필드(Globe Life Field)는 댈러스 카우보이와 마찬가지로 알링턴(Arlington)에 있으며 AT&T 스타디움과 붙어 있다. 역시 유료로 투어할 수 있다.

여행 기간이 미국 야구 메이저리그 플레이 시즌이라면, 인터넷을 통하여 사전의 게임 일정 정보를 입수한 후 입장권을 구입하여 일부러라도 경기 관람해 볼 것을 권한다. 미식 축구 시즌이면 마찬가지로 표를 구해 스타디움에 가서 직접 관람해 보는 것이 어떨까? 실제로 이들의 문화에 흠뻑 빠질 수 있는 기회이기 때문에 강력히 추천한다. 수년 전에 필자는 샌프란시스코에 머물 때 오클랜드의 콜리시엄(Coliseum) 구장에서 샌프란시스코 자이언츠(Giants)와 오클랜드 애슬레틱스(Athletics: 보통 오클랜드 에이스라 부름) 경기를 관람한 기억이 있는데, 지금도 그 분위기의 기억은 생생하다. 요즘 이 팀은 홈구장을 네바다주의 라스베이거스로 옮긴다는 소문이 있다. 그 외에도 시카고에서 시카고 베어스(Chicago Bears) 미식축구팀의 홈구장인 솔져스 필드(Soldiers Field)에서의 경기 관람과, 같은 시카고에서 유나이티드 센터(United Center)에서 마이클 조던의 시카고 불스(Chicago Bulls) 경기 관람, 바르셀로나(Barcelona)에서 FC 바르셀로나의 홈구장인 스포티파이 캄프 누(Spotify Camp Nou)에서 리오넬 메시의 현란한 몸동작과 발재간으로 순간 돌파하는 모습을 직접 보았다. 그러한 경험과 기억은 잊기 어려울 것 같다. 참고로 미국에서의 스포츠 관람은 핫도그와 맥주가 잘 어울리고, 유럽에서는 소지품 간수가 최우선이란 것을 잊지 말자.

예약을 미리하면 일정에 족쇄가 될 수 있으므로, 가급적 위험이 최소가 되는 날을 선택하여 예매하면 좋다. 예를 들면 4~7일간 어떤 도시에 머무른다면 세 번째 날 혹은 네 번째 날을 택하여 예매하면 일정에 자유롭다.

댈러스에는 미국 제일의 통신회사인 AT&T 본사가 댈러스 시청(Dallas City Hall)에서 다운타운 방향, 존 F. 케네디 메모리얼 플라자에서 멀지 않은, 잭슨 스트리트에 있다. AT&T 디스커버리 디스트릭트에는 전신의 천재 The Golden Boy 조각상이 있다.

댈러스 현지인 부부와 주변의 둘러볼 장소, 텍사스의 바비큐 맛과 댈러스에서 잘하는 식당, 댈러스의 자랑거리, 미식축구팀 댈러스 카우보이, 추신수 선수, 날씨 등에 관해 이야기를 하고 헤어졌다. 부부는 시내 산책 중이라 바쁜 일이 없었는지 꽤 오랜 시간을 두고 이야기했으므로, 필자도 쌩스기빙 스퀘어(Thanks-Giving Square)로 가던 길을 바꾸었다. 시내 이곳저곳을 걸어서 둘러보고 주차해 둔 댈러스 파머스 마켓(Farmers Market)으로 돌아와 늦은 점심을 먹었다. 마켓 안에는 여러 가지 먹거리들이 있었고, 그중에는 우리네 전통시장처럼 즉석에서 음식을 먹을 수 있는 식당들이 있어 사람들이 꽤 많이 붐볐다. 오전인 지금까지 총 걸음수는 10,000보 내외로 보통 때보다 많이 걸어 출출 하기도 했다. 시내 둘러볼 곳을 뒤로 하고 외곽에 있는 한국 식료품점인 H-MART에 갔다. 애틀랜타에서도 가 보았지만, 규모가 큰데 놀랐다. H-MART는 미국 대도시에 있는 한국 식품을 파는 미국 내 전국 규모의 대형마트이다. 식품의 종류가 많은데 우선 놀랍고, 식품 매장의 규모만으로만 비교해 보면, Walmart 못지않고 오히려 물건이 더 다양하고 규모도 더 큰 것 같다. 우리나라의 X마트나 L마트보다도 규모는 더 크다. 간단히 시장을 보고 왔는데, 그곳에는 교포들도 있었지만, 교포가 아닌 이들도 쇼핑하고 있었다. 한국 식품만 있는 것이 아니기는 하지만, 이들이 한국 식품에 관심이 많다고 한다.

댈러스에서 마지막 날이라, 느긋하게 집을 나섰다. 댈러스 교외의 가 볼 만한 곳과 시내의 쌩스 기빙 스퀘어(Thanks-Giving Square)와 시 외곽 북쪽에 있는 비숍 공원(Bishop Park), 프레리 크릭 폭포(Prairie Creek Waterfall) 등 몇 군데를 더 둘러본 후에, 오스틴(Austin)에 갈 예정이다. 오스틴은 댈러스에서 320km 정도 떨어져 있고, I-35 번 고속도로로 3시간이 채 안 걸리는 거리에 있다.

댈러스 시내 북쪽에 있는 비숍 공원은 자그마한 공원인데 Marriott 호텔 앞에 위치하고, 분수가 시원스럽게 뿜어져 나오는 것이 인상적이다. 아침에 폭풍 주의보와 함께 돌풍 주의보도 내려서 그런지 바람이 세차게 불어 뿜어져 나오는 물이 이리저리 흩어져 오히려 보기는 더 좋다. 인근 호텔에서 산책 나온 중년 부부가 인적이 드문 공원이라서 그런지 필자에게 사진을 부탁해서 찍어 주고 나서 잠시 대화를 나누었다. 파키스탄에서 온 여행객인데 필자처럼 미국을 렌터카로 자유 여행 중이었다. 이곳은 후기를 보고 왔는데, 후기가 지나치게 미화되어 있는 듯하다.

비숍공원과 프레리 크릭 폭포

비숍 공원을 뒤로하고 차로 20여 분 떨어져 있는 프레리 크릭 폭포(Prairie Creek Waterfall)에 도착했다. 이곳에 와 보게 된 동기는 호기심이 발동해서인데, 시내의 중심가는 아니지만, 그래도 도시 지역에 웬 크릭(Creek)이 있고? 또 그곳에 폭포(Waterfall)가 있는지? 궁금했기 때문이다. 더구나 댈러스가 있는 지역은 평평하고 언덕이나, 산이 없는 지형인데 폭포가 있다는 것을 눈으로 확인해 보고 싶었다. 그곳에 가는 길은 주택가 인근에 있어, 복잡하게 여러 골목을 지나야 하고, 일부 구간은 공사 중이라 불편했다. 공연히 왔나 하고 은근히 후회했다. 프레리 크릭 폭포는 실제로 주택가 공원에 있는 낙차 1~2m 정도의 자그만 폭포였다. 그러니까 크릭과 폭포가 있는 것은 맞고, 주민들의 휴식 공간으로 공원화하여 관리하고 있었다. 주변이 질퍽해서 신발과 차 안이 엉망이 되어 한동안 청소를 할 수밖에 없었다.

쌩스기빙 스퀘어(Thanks-Giving Square)로 가기 위해 시내 다운타운 쪽으로 향해 갔다. 프레리 크릭 폭포(Prairie Creek Waterfall)에서 오스틴으로 가는 길목 방향이다. 이곳은 시내 중심에 있는 자그만 광장인데, 주변은 온통 도로 공사 중이라 어수선했고, 조그만 녹지 공원 끝에는 마치 삐죽이 소라를 거꾸로 세워 놓은 듯한 교회 건물이 하나 있다.

이 건물의 안은 둥근 천장의 스테인드글라스가 아름다운 것으로 유명하다. 바람이 몹시 거세게 불어서 외부의 모습을 찍는 데 시간이 오래 걸렸다. 안으로 들어가 보니, 우중충한 날씨임에도 스테인드글라스는 작으면서도 짜임새가 있는 아담하고 소박한 모습이다.

마치 소박하고 수줍은 소녀를 연상하게 된다. 이 교회 건물에는 1963년 마르틴 루터 킹 목사의 "정의가 물처럼 흐르고, 올바름이 강한 강물처럼 흐를 때까지…'의 어록이 헌정되어 있다. 교회 내부에 들어가니 사람들이 바닥에 반듯이 누워 천장을 보길래 이상하다 생각했는데, 아름다운 스테인드그라스 사진을 찍으려면 교회 내부 바닥에 하늘을 보고 누워야 제대로 찍을 수 있다.

이제 댈러스에서 마지막 방문지인 트리니티 오버룩 공원(Trinity overlook Park)으로 향했다. 댈러스는 가운데 트리니티강이 동서로 흘러 시를 남북을 가르고 있다. 시 중심가는 북쪽에 있고 공원은 남

교회 외관과 교회 내부 스테인드그라스

쪽의 강 연안을 따라서 있다. 여기서는 북쪽의 댈러스의 스카이라인을 조망할 수 있고, 시민들의 휴식처로서 역할을 하고 있다. 댈러스를 흐르는 트리니티강은 도시의 규모에 비해 강의 크기가 작은 편이다. 보통의 도시들이 제법 큰 강을 끼고서 발달하는데 댈러스는 서로 간의 비율이 맞지 않는 느낌이다. 이런 경우 보통 시민들이 마시는 수돗물의 수질이 좋지 않은 것이 일반적이다. 강의 크기는 크지 않지만, 강을 따라서 시민들이 이용할 수 있는 걷는 길과 자전거를 탈 수 있는 시설들을 잘 조성해 놓았다. 여행 중이라도 적당히 걷는 시간이 필요하여 30분 정도 걸은 후, 오스틴의 숙소를 정하지 않은 채 오스틴으로 향했다.

긴 여정에서 나름대로 지켜야 하는 스케줄이 있으니까, 자유 여행이라 해도 시간 관리는 언제나 중요하다. 이것을 잘 맞추려면 의외성이 있는, 예상치 못한 시간 낭비를 최소화해야 한다. 필자에게는 이렇게 예상치 못하게 시간을 잡아먹는 세 가지가 있었다. 하나는 길 찾기, 두 번째는 식사하기, 그리고 마지막은 화장실 찾기이다.

텍사스의 주도 오스틴으로

어제 평소보다 늦은 시간에 오스틴으로 왔다. 보통은 자동차의 전조등을 켜기 전에 운전을 마치는 것인데, 약간 어스름에 숙소에 도착했다. 오는 도중에 숙소를 당일 예약하고 도착했다. 숙소를 당일 예약하는 방법은 필자가 가끔 하는 방법이다. 독자들이 익숙해져 자신감이 생기기 전까지는 최소한 이틀 전에 예약할 것을 권한다. 저녁을 마치고 서울의 가족들과 통화를 했다. 그러고 보니 집 떠난 지 벌써 한 달 보름이 지나 가족들이 그립다. 자연스러운 것이지만, 지금은 건강 유지와 앞으로의 여행을 안전하게 마무리하고 하는 것에 집중해야 한다. 여행자는 가끔 생길 수도 있는 위험한 일들을 계획에서 크게 벗어나지 않게 신경을 써야 한다. 집에 있는 가족들은 스스로 알아서 하지 않겠나?

동물 중 유일하게 인간만이 생명의 위협이 되는 행동을 자발적으로 한다고 한다. 절벽에서 뛰어내리거나, 비행기에서 점프, 급류 타기 등등 헤아릴 수 없이 많다. 여행도 그런 행위의 범주에 포함된다고 생각하기에 나름대로 안전에 신경을 쓰고는 있지만, 제삼자가 보는 시각은 부정적이다. 괜찮냐? 두렵지 않냐? 먹는 것은? 숙소는? 외롭지 않냐? 총기 사고가 잦던데 등등. 필자를 걱정하면서, 이런 여행에 대해 주변 사람들의 반응은 대체로 부정적이다. 그리고 그 걱정의 말들이 대부분 진짜 정확한 정보에 근거한다기보다, 가끔 매스컴에 보도된 내용들 때문인 것 같다. 하지만 정작 필자를 가장 잘 알고 있는 가족은 말하지 않는다. 반면에 부러워하는 시각도 아주 조금 일부 있다. 부정적 결과는 큰 실수 때문이 아니고, 오히려 아주 사소한 것에서 비롯되는 경우가 많다.

오스틴으로 가는 고속도로의 휴게소에 들렀는데, 이곳 텍사스주는 미국 북부에서 멕시코까지 이동하는(Migration) 제왕나비(Monarch Butterfly)의 이동 경로라고 소개하는 현판이 보였다. 제왕나비는 캐나다 혹은 미국의 동부, 중부에 살다가 가을의 추분 무렵이면 월동

제왕나비 관련 정보 및 이동 중 편의시설 안내. 나비 그림이 있는 의사당 앞 건물

지인 멕시코의 미초아칸주까지 약 4,000km를 떼를 지어 날아간다고 한다. 특히 오스틴 북쪽은 그 핵심 경로라고 한다. 이곳은 돌풍과 폭풍이 자주 부는 곳인데 아이러니하다.

이곳은 이동 중에 나비가 편안하게(?) 쉴 수 있도록 그 계절이 되면 대대적으로 나비가 좋아하는 식물들을 인공적으로 조성해 놓았다고 한다. 그렇게 하는 것이 도움이 될까 하는 의문이 간다. 왜냐하면 제왕나비는 이동 중에는 물과 수액을 전혀 먹지 않는다고 한다. 하지만 나비들의 이동을 돕고 싶은 사람들의 마음은 이해가 된다. 멕시코에서 월동을 한 제왕나비는 이듬해 춘분 무렵이면 다시 미국이나 캐나다로 이동한다고 한다. 나비는 몸 자체가 가볍기는 하지만 어떻게 그토록 먼 거리를 날아갈 수 있는지 경이롭다. 그리고 먼 거리를 날아가면서 목적지로 정확히 날아가는 내비게이션 기능이 그 작은 몸 안 어딘가에 숨어 있다는 것이 그저 신기할 뿐이다. 언젠가 TV 다큐멘터리에서 본 기억이 있는데, 시청 당시는 멕시코 숲에 도착한 나비들이 나무에 촘촘히 내려앉아 마치 나무에 꽃이 핀 것 같은 장면이었다. 이런 이동은 약 1만 년 전부터 했다고 하니 정말 신기하고, 놀랍기만 하다.

오스틴시는 텍사스주의 아버지라 부르는 스티븐 오스틴(Stephen Fuller Austin)의 이름을 딴 것이다. 오스틴은 1820년 스페인의 식민지였던 텍사스에 미국인 신분으로 최초로 대규모 미국인 이주자들을 합법적으로 데리고 왔다. 오스틴은 1823년에 이 지역 원주민과 무법자들로부터 정착민 보호 등 치안 유지 목적으로 민병대 형식의 무법자 사냥꾼인 '텍사스 레인저스'를 창설하여, 독립 후에 정부 공식 산하기관으로 승격시켰다. 하지만 멕시코가 1821년 스페인으로부터 독립하자, 멕시코의 영토로 변경된 상황에서 이주 당시 약속을 어긴 멕시코의 부당한 대우에 항거하고, 오스틴은 멕시코에 독립을 요구하다 오히려 감옥에 갇히고 만다. 결국 반란을 일으키고 독립을 선포한다. 오스틴은 독립을 쟁취하기 위해 멕시코와 전쟁을 하게 되고, 당시 연방군과 합류하여 승리함으로써 독립하게 된다. 텍사스에는 오스틴의 이름을 딴 다수의 학교라든지, 국제공항명 등등 텍사스 사람들은 오스틴이란 이름을 명예스럽게 여긴다고 한다. 이와 관련한 역사는 휴스턴에서 조금 더 기술해 보겠다.

오늘은 일요일이라 시내 중심가가 궁금하여 곧바로 중심가 콜로라도강 북쪽에 있는 레이디버드 레이크 라마 비치 메트로 공원(Ladybird Lake-Lamar Beach Metro Park)으로 갔다. 공원 주차장이 넉넉했고, 강변이라 그런지 조깅하는 사람이 눈에 자주 띈다. 주차 후 자전거 타기보다 시내를 일단 걸어서 둘러보았다.

오스틴은 다른 미국의 도시들처럼 시내 가운데로 동서로 콜로라도강이 흘러 시를 남북으로 나눈다. 필자가 미국의 서부를 여행했을 때 간간이 보았던 콜로라도강이 이곳까지 흐르는구나 하고 생각했다. 그러나 잘못된 생각이었다. 같은 강이 아니고 이름만 같고 서로 다른 강이다. 즉 미국에는 2개의 콜로라도강이 있다는 것이고, 필자는 이 사실을 이번에 처음 알았다. 대부분 사람이 알고 있는 콜로라도강은 로키산맥에서 발원하여 남서쪽 유타 애리조나주를 거쳐 멕시코의 코르테츠해로 흘러 들어가는 강이다. 텍사스주에 있는 콜로라도강은 텍사스주의 북서부에서 발원하여 여러 호수를 거쳐 남쪽의 멕시코만으로 흘러가는 별개의 강이다. 어떤 사람은, 심지어 미국 사람도 필자처럼 강 이름이 같아 서로 연결된 것으로 아는 사람이 많다고 한다. 우리가 알고 있던 콜로라도강은 이곳의 강이 아니다. 텍사스주를 흐르는 이 강도 역시 규모가 작지 않다. 이같이 혼란스럽게 된 것은 초기 스페인 사람들이 당시 지도 같은 것이 없던 시절에 일어난 실수에 의한 것이라 한다. 즉 처음에 강 이름을 지은 사람조차도 같은 강으로 인식한 것이라 하니, 우리의 과오는 아니다.

오스틴의 중심 상업시설들의 대부분은 북쪽에 있고 남쪽은 베드타운이나 지원 설비인 듯하다. 여느 도시와 비슷한 구조이다. 다른 도시와는 다르게 일요일에는 시내 전역이 무료 주차이다. 이곳을 일요일 여행할 때 주차 걱정은 안 해도 된다. 걸어서 이곳저곳 가던 중 Whole Foods market에 들러 보았지만, 특별히 가 볼 만하게 차별성이 있는 것을 발견하지 못했다. 여기도 여기저기 공사 중인 곳이 많다. 인프라 보수와 재건축 도로 수정 등이다.

의사당 앞 아무 설명 없이 길 위에 설치된 조형물

보통 도시처럼 슬럼화를 막고, 도시의 균형감을 유지하고 아름다운 모습을 간직하려는 시의 노력인 것 같다.

오스틴은 덥고 약간 습하기는 하지만 비교적 깨끗하고 사람들이 친절하다. 이곳 오스틴은 주의회 의사당이 있는 텍사스주의 주도(State Capitol City)로서 중요한 도시이다. State Capitol이라 부르는, 주 의사당으로 가려면 강변 공원의 사우스 콩그레스 다리에서 곧장 그 길(콩그레스 애비뉴: Congress Ave.)을 따라 계속 북쪽을 가면 된다. 의사당 내부는 출입이 자유롭다. 그리고 일요일이라서 정문 앞 넓은 주차장은 무료이고 대부분 비어 있어 관람하기는 편안하다. 그리고 30분마다 무료 가이드 투어가 있다. 일단 남쪽 끝에 있는 Visiter's Centre에 방문하면, 한국어로 된 안내서와 셀프 가이드 투어, 텍사스 지도를 무료로 받을 수 있다. 입구 좌측에는 텍사스의 탄

좌 텍사스주 의회 의사당, 우 연방 의회 의사당

생과 역사상의 부침 등을 동판에 새겨 조형물과 함께 설치되어 있고 우측에는 소들과 소몰이 카우보이들도 입구 잔디밭에 조형물로 설치되어 있다. 의사당 내부도 관람할 수 있고, 시간이 맞으면 상·하원 의원들 회의 모습도 볼 수 있다 한다. 가이드 안내와 같이 투어할 수 있으니, 이곳을 방문하면 가이드와 함께 투어 하기를 권한다.

필자는 가이드 없이 의사당 내부를 관람했다. 이곳의 역사 그리고 텍사스의 건국의 과정 등에 대한 자료들이 있다. 의사당 건물 외부로 나와 경찰이 주변에 있길래 같이 기념 사진 찍자고 했더니 흔쾌히 응해준다. 이곳 사람들은 비교적 까다롭지 않다. 그 경찰이 사는 곳은 휴스턴이라고 한다. 오스틴 시내의 주 의회 의사당으로 출퇴근하기에는 먼 곳에서 왔다. 특이한 것은 오늘이 일요일인데 학생들의 단체 투어가 자주 눈에 띈다. 텍사스주 의사당의 외관을 보면 워싱턴에 있는 미연방 의사당과 많이 닮았다. 특히 의회 건물의 상징인 돔의 모양을 자세히 보면, 색깔만 차이가 날 뿐 구성이 판박이다. 이것이 비교되는 것은, 다른 주 의회의 돔을 보면 중간층이 생략되고, 바로 반구형 돔으로 덮개를 씌운 형태인데 텍사스주는 다르다. 필자의 느낌으로는 연방에 대한 도전 같은 느낌을 받았다. 더구나 자세히 보면 정문 입구의 출입구 아치도 텍사스 것이 훨씬 크고 높다. 일부 텍사스인들은 미국인으로 불리는 것보다 텍산(Texan)으로 불리기를 선호한다는 이야기가 State Capitol의 돔을 보면 수긍이 가기도 한다. 물론 전체적인 규모 면에서는 텍사스가 작다.

의사당을 뒤로하고 왔던 길에서 세 블록 떨어진 트리니티 스트리트 강변 공원에 다시 돌아왔다. 늦은 점심을 하고 다시 웨스트 세자르 차베스 스트리트의 강변 공원에서 시민들이 가족 단위 혹은 동호인끼리 피크닉을 즐기는 모습들을 볼 수 있었다. 우리네 문화와 조금 다르다는 느낌을 받았는데 그 이유가 무엇일지 생각해 보았지만, 딱 이것이라 하는 것을 짚어낼 수 없었다. 다만 공원의 인프라가 우리의 그것보다는 나았다. 우리도 많은 자원을 투여하여 요즘 좋아지고 있어 그나마 마음이 가벼워졌다. 숙소에 왔는데 걸음 수가 22,000보 남짓하다.

오스틴의 숙소는 매일 다른 곳을 당일 예약했는데, 오늘 숙소가 마음에 들지는 않는다. 카드키가 두 번이나 말을 듣지 않고, 식탁 의자도 없다. 숙소를 결정하는 것은 자유 여행을 하는 사람들에겐 숙명 같은 것이다. 늘 가보지 않고 경험해 보지 않은 것을 선택하는 것인데 매번 만족스러운 결과를 기대하지만, 늘 기대처럼 이루어지는 것은 아니다. 이럴 땐 짜증이 나지만, 그냥 웃으며 받아들여야 마음이 가볍다.

숙박은 2인 이하로 장기 여행을 계획한다면, 간혹 차박을 대안으로 고려해 볼 수 있다. 다만 연속으로 2박 하는 것보다 일주일에 1회 이하로 권하고 싶다. 가끔 섞어서 하게 되면 일정에 구애를 덜 받는 장점이 있다. 다만 평소 잠자리에 예민한 사람들은 생각해 보아야 할 문제이다. 숙소 예약을 하지 않고 여행하다 보면, 자연스럽게 차에서 숙박해야 하는 경우가 생긴다. 즉 본인이 일정을 능동적으로 이끌어 간다는 것이다. 필자는 여러 형태의 장기간 여행을 한 경험이 있다. 어떤 경우는 3개월 치 숙소 예약을 모조리 하고 출발한 때도 있었다. 그때는 여행이라기보다 차라리 숙소에 끌려다닌다는 느낌의 여행을 한 것으로 기억한다. 그리고, 열흘 정도 앞서 한꺼번에 열흘 치씩 예약도 해 보았는데 결과는 마찬가지로 숙소에 끌려 다니는 여행이 되고 말았다. 필자가 말하는 차박이란, 캠핑카를 타고 공식 캠프장에 유료로 하는 그런 차박이 아니라, 7인승 이상의 일반 RV 차량에서 숙박하는 방법을 말한다. 이런 종류의 차박은 자유 여행자에게는 의외의 장점이 있다. 일단 '차박할 수도 있다'라고 생각하게 되면 여행 중 매일매일 불규칙한 일정 속에서 숙소를 결정해야 하는 스트레스에서 벗어날 수 있다. 그렇게 되면, 시간에 쫓겨 가야 할 곳을 생략하거나 서둘러 끝내거나 하지 않을 수 있다. 또 다른 장점은 값이 터무니없이 비싼 날이나 요일을 피할 수 있는 대안이 있다는 점이다. 자유 여행 하는 사람에게 숙소는 단순히 잠자고 샤워하고 필요한 세탁을 하는 그런 단순한 장소인데, 한국에서도 마찬가지지만 이곳도 주말에는 시설이 좋아진 것도 아닌데 값이 일반적으로 두 배 이상으로 뛴다. 참으로 난감할 때가 많다. 차박 가능성의 여지를 두면, 여기에 얽매이지 않을 수 있다. 그러나 차박할 때 필요한 사항, 즉 조건과 사전에 준비해야 할 것들이 있다. 조건은 세 가지이다. 하나는 큰 차량이어야 한다는 것인데, 보통의 SUV보다 큰 7인승 이상이어야 하고, 두 번째 조건은 2인이 최대 인원이며, 밴급 10인승 정도 되어야 한다. 왜냐하면 차 안에는 두 사람의 여행용품과 캐리어가 있기에 좀 더 많은 공간이 필요하다. 마지막 조건은 24시간 주차(보통 Overnight Parking)할 수 있는 곳이 있어야 하고, 화장실 문제가 해결되어야 한다. 24시간 주차가 가능한 곳은 고속도로상의 휴게소(Rest Area)와 월마트 등 대형마트 주차장, 일부 공원 주차장 등이니 참고하면 된다. 참고로 월마트는 먹거리 구하기도 쉽다. 사전에 준비할 사항은 침구 종류인데, 침낭과 베개,

그리고 중요한 것으로 차의 바닥에 깔 매트리스가 필요하다. 월마트 등에 보면 쿠션, 에어매트 등이 있는데 여행 기간 중 쓰기에 무리가 없는 용품들이다. 하룻밤 숙박비의 반도 안 하니 쓰다가 귀국할 때 버리고 오면 된다. 하지만 질병이 있거나, 평소 잠자리에 예민한 사람들에게는 권하지 않겠다. 절대로 하지 말아야 할 것은 텐트를 싣고 다니다, 캠핑처럼 텐트에서 자는 것이다. 우리나라와 달리 위험하기 짝이 없다.

아무리 바쁘게 돌아다니더라도 세월은 가나 보다. 3월에 집을 떠났는데 벌써 5월이 훨씬 지났다. 정말 세월이 빠르다는 것을 실감한다. 이곳 텍사스주의 오스틴은 식수원이 어느 곳인지는 모른다. 다만 보통 미국의 대부분 도시에서 공급하는 수돗물(City Water)은 그대로 믿고 먹을 만했다. 그런데 오스틴의 숙소에 들어와 수돗물을 트는 순간, 강한 소독약 냄새가 났다. 내가 잘 모르지만, 샤워와 씻는 것을 제외하곤 마시거나 조리용 용도의 물은 생수로 전환했다. 그리고 이곳 텍사스주에 오면서 특이한 점은 수돗물의 수질이 조금 떨어지는 것 같은 느낌과 공공장소의 문구가 스페인어를 함께 적는다는 점이다. 수질이 좋지 않은 것은 높은 산이 별로 없고, 지대가 낮은 습지 같은 지형적인 특성 때문인 것 같다. 스페인어는 지리적으로 가까워 멕시코에서 건너온 사람 대부분이 영어를 하지 못하는 사람들이라 그렇기도 하지만, 초기에 스페인 식민지, 멕시코 영토였던 영향인 듯하다. 마치 캐나다 동쪽에 가면 불어를 도로 표지판이나 공공장소의 표식을 병기하듯이 스페인어 표지가 자주 보인다. 숙소에서 청소하는 종업원도 방문이 잘 안 열려 도움을 청하려고 영어로 말을 걸었더니 뭔가 스페인어로 말하는 것 같았다. 하기야 뭔가 의사를 전달하려는 쪽이 답답하지 받는 쪽은 답답할 이유가 없으니, 미국이라도 뭔가 알리고 경고하고 안내하려면 받는 쪽이 알아들을 수 있는 언어를 써야 하는 것은 이해가 된다. 말하자면 미국 사람도 이해하기 어려운 영어로 말을 걸었으니, 그쪽의 반응은 지극히 당연해 보인다. 필자는 스페인어를 할 줄 모른다.

평소처럼 오전에 서둘러 시내 외곽 쪽에 있는 Sculpture Falls라는 곳을 둘러볼 생각으로 출발했으나 들어가는 입구를 찾지 못했다. 구글 내비게이션도 가끔은 믿을 만하지 않은 경우가 있는데, 이번에 제대로 당한 느낌이다. 독자분 중에도 필자처럼 호기심에 못 이겨 이곳을 가려 한다면 포기하길 바란다. 필자는 구글 안내를 따라서 갔지만 차들이 마구 달리는 길옆이고, 안쪽으로 들어갈 수도 없는 잘못된 안내였다. 그래서 혹시 필자가 운전을 잘못해서 그랬나 싶어 두세 번 시도했고 우회도로를 찾았지만 갈 수는 없었다. 안전한 곳에 잠시 주차하고 살펴보니, 필자 말고도 여러 대의 차량이 그곳에서 우왕좌왕하는 모습이 보인다. 아마 구글 지도를 따라서 그곳을 가려 한 듯하다. 필자처럼 입구가 없으니, 차를 세워 놓고 이리저리 진입로 여부를 살펴보더니 위험하다고 생각했는지 바로 빠져나간다.

그 길로 다시 콜로라도강 남쪽의 다운타운 강 건너편에 있는 질커 메트로폴니탄 공원(Zilker Metropolitan Park)으로 향했다.

공원은 한산했지만, 반려견을 데리고 나온 사람들이 많이 눈에 띄고, 혼자서 20마리 정도를 데리고 산책하는 사람도 있다. 개들은 모두 목줄을 했지만, 양쪽으로 10마리씩 나누었는데, 신기하게 꼬이거나 엉키지 않는다. 아마 오랜 기간에 숙달된 듯하다. 다만 여기저기 배설물을 치우기에는 역부족인 듯했다.

산책길을 따라, 서쪽으로 계속 가다 보니 앤 앤드 로이 버틀러 하이크 앤드 바이크 트레일(Ann and Roy Butler Hike and Bike Trail)란 이름이 긴, 시민들을 위한 걷거나 자전거를 타는 산책로가 연결된다. 이 길은 1번 도로인 MoPac Expy 다리 밑으로, 남북으로 도보용 교량인 로버타 크렌쇼 페데스트리안 워크웨이(Roberta Crenshaw Pedestrian Walkway) 다리를 건너 강변을 따라 계속되며, 전날 필자가 걸었던 길의 서쪽 편이다. 다운타운이 있는 방향으로 걸으면서

Texas Rowing Center와 카약을 즐기는 시민들

강변의 풍경들이 한눈에 들어온다. 강변에서는 날씨가 화창해서 그런지 꽤 많은 사람이 나와 야외의 따가운 햇살 아래서 나름대로 즐거운 한때를 보내고 있다. 가족 단위로 온 사람들은 주로 둘러앉아 먹는 준비를 하느라 바쁘고, 친구 혹은 연인끼리 온 그룹들은 강에서 카약을 즐기는 모습이다.

강변에는 여러 클럽이 이용하는 전용 부두인 Texas Rowing Center가 있고 이곳에서 시간 단위로 카약을 대여해 주고 있다. 길게 섬처럼 된 지역은 역시 시민들이 가족 단위로 여가를 즐길 수 있도록 시에서 배려한 여러 가지 피크닉 시설들도 있다. 하지만 이곳에서 좀 더 활기찬 활동으로 즐기고 싶다면, 카약이나 보트를 빌려 레이디버드 호수(Lady-Bird Lake)의 물살을 가르며 한때를 보내는 것을 추천한다. 필자는 혼자이고, 물과 카약에 자신이 없어 한동안 호숫가에 앉아서 멋진 풍경들을 감상만 했다. 개인들이 소유한 카약 외에 중량이 있는 보트의 경우 차에서 내려 강으로 띄울 수 있도록 강변에는 경사로를 설치해 놓아 쉽게 강물로 유도할 수 있도록 했다.

질커 메트로폴니탄 공원(Zilker Metropolitan Park)에서 조그만 지류인 바턴강(Barton River)을 건너면 콜로라도 강변을 따라 공원이 이어지고 오디토리엄 쇼어스 앳 타운 레이크 메트로폴리탄 공원(Auditorium Shores at Town Lake Metropolitan Park)이란 이름이 긴 공원이 있다. 콜로라도 남쪽의 강변을 따라 조성된 공원으로 동쪽 끝에, 의사당과 직선으로 연결된 대로의, 사우스 콩그레스 다리(South Congress Bridge)가 있다. 이 다리 밑에는 야간에만 볼 수 있다고 하는 생소한 이름의 '멕시칸 자유꼬리 박쥐(Mexican Free-Tailed Bats)'가 나타난다고 하는데 요즈음에는 환경 변화 때문인지 그마저도 좀처럼 보기 어렵다고 한다. 필자는 안전을 이유로 가급적 야간에 활동하지 않는 관계로, 낮에 가 보니 아무것도 없어서 휑한 다리 밑만 내려다보고 왔다.

필자가 앞에서 언급한 것처럼 샌프란시스코의 기업 경영 환경 및 주거 환경이 악화하면서 상대적으로 환경이 좋은 텍사스주로 기업들이 이주하기 시작했는데, 그중에서도 이 오스틴이 가장 적지로 떠올랐다고 한다. 전기자동차의 선두기업 테슬라(Tesla)와 기업용 소프트웨어 업체인 오라클(Oracle)이 대표적이다. 그리고 우리나라의 삼성전자도 오스틴 인근의 테일러에 진출하고 있다. 앞서 말한 테슬라(Tesla)와 오라클은 샌프란시스코 인근의 실리콘 밸리에 근거지를 두었으나, 높은 세금과 함께 지나친 주택 가격으로 경영 환경이 악화하여 오스틴으로 이전하였다. 또한 시의 지나친 관용으로 마약과 범죄율이 증가하면서, 매스컴에 의하면 현대의 실존하는 고담 시티(Gotham City)라 할 정도로 치안은 실종되어, 안전을 보장받을 수 없는 지역으로 변한 것도 이전 결정에 한몫했다고 한다. 당시 테슬라(Tesla)의 창업주 일론 머스크(Elon Musk)는 오스틴으로 이전하면서 "이곳(샌프란시스코를 포함한 실리콘 밸리 일대)의 주택 가격이 너무 높아, 직원들이 이를 피해 먼 곳에 거주할 수밖에 없어 출퇴근 시간이 길어져, 이곳에서는 기업의 성장을 더 이상 기대할 수 없는 장소가 되었다"라고 했다고 한다. 오스틴의 동남쪽 130번 도로 인근에 테슬라 기가 텍사스(Tesla Giga Texas)공장이 있고, 그곳의 도로명은 테슬라 로드(Tesla Road)이다. 호기심에 차를 가지고 인근에 가 보았지만 들어갈 수는 없었다.

오라클 역시 I-35 고속도로 동쪽 콜로라도강 남쪽의 사우스 레이크쇼어 대로(South Lakeshore Blvd)변에 본사가 있으며, 인근의 도로는 오라클 웨이(Oracle Way)로 명명되어 있다. 기업 친화적인 조치이다. 이외에도 오스틴에는 IBM, 애플, 구글 AMD, 아마존, 인텔, 델 테크놀로지 등의 기업들의 연구소와 핵심 시설들이 속속 들어서고 있다고 한다.

오스틴의 중심가에서 서쪽에 엔찬테드 록(Enchanted Rock)이란 바위산이 있다. 한 덩어리의 화강암이라 하는데 유사한 것이 애틀랜타의 화이트 마운틴에 있다고 해서, 이곳을 방문하지는 않고 조지아주의 화이트 마운틴으로 대체하기로 했다.

'오스틴 사람들'은 Austinities라는 애칭으로 불리는 반면, 스스로 'Keep Austine weird'(weird: 기괴한, 불가사의한, 기묘한, 이상한의 뜻)란 슬로건을 마음속에 담고 있다고 한다. 아마도 창의적인 사고를 위해서는 평범함과 단절해야 한다는 슬로건으로 이해했다. 오늘도 역시 20,000보 이상 걸었다.

자유 여행 팁 | 자유 여행 중 필수 코스, 마트

여행하려면 필수적으로 가지고 다녀야 할 것도 있고, 또한 신선식품 종류는 현지에서 사야 하니, 어디서 어떻게 사는 것이 좋은지 미리 생각해 두면 편리하다. 필자처럼 장기간 자유 여행을 하다 보면 자연스럽게 마트를 찾게 되고 이에 대한 다양한 쇼핑 경험을 할 수밖에 없다. 마트 종류는 다양하지만, 세 가지로만 분류해서 생각해 보자. 첫째가 대형 슈퍼마켓, 둘째가 한인 마트, 마지막이 우리의 다이소 같은 생필품 전문점이다. 첫 번째 대형 슈퍼마켓은 나라별 지역별로 다르다. 그러므로 사전에 인터넷 검색을 통해, 해당 국가의 대표적인 마트를 미리 알고 가야 한다. 뉴질랜드의 카운트 다운, 뉴월드와 호주의 울시라고 부르는 울월스가 대표적이다.

그다음 중요한 것은 영업시간이다. 영업시간은 평일과 휴일이 다른 경우가 대부분이다.

미국에는 월마트, 코스트코, 타겟, 세이프웨이 등이 있다. 여기서는 식재료뿐만 아니라, 온갖 종류의 생필품, 약국 등이 같이 있는 경우가 많다. 특이한 것은 월마트는 아침 6시부터 자정 전 11시까지 무려 17시간 영업하고 연중무휴이며, 모든 매장의 매대 번호의 물품 종류는 같다. 그러니까 어느 매장에서 본 물건을 다른 매장에서 찾으려면 매대 번호를 찾아가면 쉽게 찾을 수 있다. 매장이 넓지만, 쇼핑 시 효율적이어서 시간이 오래 걸리지 않는다. 약품 전문점은 CVS와 Walgreen 그리고 Rite Aid가 있다. 식료품 전문 매장으로는 유기농 제품과 천연제품 등을 취급 Whole Foods Market과 트레이더 조(Trader Joe's)가 있다. 두 번째는 한인 마트인데, 구글 지도에서 관심 지역을 검색하면 위치는 물론 관련 사진과 영업시간 등이 자세히 나온다. 검색할 때 "한인 마트", "한국 마트", "Korean grocery" 아무거나 입력해도 다 나온다. 그 중에도 특히 H MART는 미국 전역의 대도시에는 거의 다 있는 걸로 보인다. 그리고 물건의 신선함과 종류의 다양성은 미국 마트에 뒤지지 않는다. 규모 또한 미국 마트보다 큰 곳도 많고 식품매장만 보면 Walmart보다 큰 곳도 있으며, 국내의 대형마트에 뒤지지 않는다. 최근 들어 한국 마트는 과거 잡화점의 모습을 벗어나 전문 매장으로 진화했다는 생각이 든다. 마지막으로 저가 생필품매장이다. 대형마트에 가다 보면 가끔 무언가 빠진 것 같은 느낌이 들 때가 있다. 바로 우리나라의 다이소 같은 매장이다. 미국의 경우, 월마트 등 대형마트가 들어와 있지 않은 중소도시들을 겨냥한 것이다. 대표적인 것이 달러 제너럴(Doller General), 달러 트리(Doller Tree) 및 패밀리 달러(Family Doller)인데 미국 내 중소도시 시골에도 있다. 기회가 되면 가 보길 권한다. 요즘 이런 마트때문에 수십 년간 동네에서 영업해 오던, 지방 시골에 있던 작은 가게들이 모조리 파산해 버려 문제가 되는 모양이다.

여행자의 도시 샌안토니오

오스틴을 뒤로하고 샌안토니오를 향해 출발했다. 130km 거리로 1시간 반이면 도착할 수 있는 거리다.

샌안토니오는 샌안토니오강을 가운데 두고 남북으로 발달했으며 인구 140만여 명으로 인구 기준 일곱 번째로 큰 중급 이상의 도시이다. 도심 지역을 가로지르는 샌안토니오강은 알려진 것보다 훨씬 강의 규모가 크고 길다. 이 강은 텍사스주를 가로질러 티볼리(Tivoli)시 인근에서 사우스 과달루페강(South Guadalupe)과 합류한 후 샌안토니오만으로 유입된 이후 멕시코만으로 들어간다. 이 강들은 멕시코만 연안에 광대한 삼각주를 형성하는 데 기여한 것으로 보인다. 샌안토니오도 광역의 삼각주 지역인 것 같다. 이곳저곳에 크고 작은 호수들이 눈에 많이 띄고, 지역이 평평하고, 기후가 습하다.

샌안토니오는 배낭을 메고 걷기도 하고, 자전거를 이용하기도 하면서, 시 전체를 탐색하기로 했다.

시내 중심가의 사우스 알라모 스트리트(S Alamo St.)와 E Cesar E. Chaves Blvd 사거리 남서쪽 모서리에 라 빌리타(La Villita) 히스토릭 지역이 있다. 스페인어로 작은 마을이란 뜻이라고 한다. 말 그대로 골목과 골목들이 얽혀져 있지만 지역은 넓지 않다. 초기 스페인 정착민들 거주지였으며 아기자기하다. 골목마다 공방과 갤러리, 기념품점으로 가득하니, 여행 중 기념이 될 만한 물건을 골라 보는 재미도 있다. 특이하게도 여기에는 믿기지 않을 정도로 화장실이 많이 있다. 해외여행을 많이 다녔지만, 여기처럼 화장실 인심이 좋은 곳은 보지 못했다. 그만큼 샌안토니오는 사람들이 사소한 것에서 여행객들이 불편해한다는 것을 잘 이해하고 적극적으로 대안을 실행했다고 봐야 한다. 샌안토니오는 매력이 넘치는 도시이다. 무슨 이유에서인지 서구 지역은 한국과 달라 화장실을 이용하기가 쉽지 않다. 미국은 그래도 나은 편이지만, 유럽은 심해도 너무 심하다. 사람들의 생리적 욕구로 인한 압박감을 이용하여 이득을 보려는 상술에 웃음이 난다. 유럽에서는 고속도로 휴게실도 화장실을 이용하려면 화장실 입장권 티켓을 구매해야 하는 경우가 허다하다. 티켓 없이 화장실에 들어갈 수 없도록 바리케이드를 쳐 놓았는데, 그래도 욕먹는 것을 모면하려고 어른 허리쯤의 키가 되는 어린이는 티켓 없이 들어갈 수 있도록 통로를 해 두었다. 필자는 어느 정도 그 상황이 이해된다. 유럽 지역에는 유독 관광객이 많이 몰리는데, 여러 나라에서 온 그 관광객들과 해당 지역의 주민과 갈등을 겪을 것을 뻔하기 때문이다. 특히 화장실 문화는 지구적 관점에서 보면 지역 간에 엄청난 차이가 있기에 고육지책이 아닐까 생각해 보았다. 특히 잘사는 나라일수록 더 심하다. 그런 관행이지만 그들은 그들 스스로 선진국이라 한다. 그러고 보면 한국은 화장실 선진국이다.

라 빌리타(La Villita) 히스토릭 지역이 샌안토니오의 도심 가운데 있으면서, 철거하거나 개발하지 않은 것은, 이 지역이 관광 상품이 될 수 있다는 것에 시민과 자연스러운 합의가 있었기 때문이다. 아울러 옛것을 소중하게 보존하려는 시 당국이 지속적이고 전문적인 지원을 했기에 가능했을 것으로 추측된다.

이 주변은 날씨가 따듯한 지역이라서 그런지 시내에 조경수로 우리나라에서 7월 말에서 9월까지 피는 대표적인 여름꽃인 배롱나무가 자주 보이고, 5월인데도 꽃이 만발한 것이 특이하다. 배롱나무뿐만 아니고 눈에 익숙한 느릅나무와 회화나무도 보인다. 이 나무들은 어떻게 여기도 있는지 궁금하다. 우리나라는 문익점 선각자가 목화씨를 붓두껍에 넣어 몰래 가져온 것이 전부인데. 또 어린 시절 시골에서 보았지만 요즘 보기 힘든 아주까리(피마자)도 가끔 보인다.

여러 곳을 다니다 보니 관광 명소라는 개념이 서로 다르다는 것을 가끔 느낀다. 동서양이 공통으로 경이로운 대자연의 모습에는 사람들이 많이 모인다. 하지만 인간이 만든 작품에는 시각과 인식의 차이가 있는 것이 느껴진다. 우리 주변의 젊은 분이나 나이 드신 분들은 예쁘고, 아담하고, 좋은 냄새 나고, 깔끔한 장소에 많이 모이지만, 서양인들은 다소 오래돼서 꼬질꼬질하고- 물론 오래된 것일수록 더 지저분하다.- 그러면서 오랜 전통이 있고, 낡고, 똑바르지 않은 장소를 찾는다. 필자가 얼마 전에 용산구의 남영역에서 내려 용산 경찰서가 있는 방향으로 효창공원이 있는 대로를 걸어갈 때, 우연히 영국에서 관광 왔다는 남녀 관광객이 필자에게 길을 물어 왔다. 손가락으로 재개발이 안 된 언덕 위의 집들을 가리키면서 그곳에 갈 수 있는지 어디로 가야 하는지를 묻길래 의아해했다. 왜 그곳에 가려고 하느냐고 물었더니, 오래된 골목길에 가보고 싶다고 한다. 가만히 생각해 보니 유럽의 숱한 도시들로 구시가가 관광지인 점을 상기해 보면 이해가 된다. 우리의 것도 소중히 보존하여 사람들이 옛것을 보고 즐길 수 있도록 했으면 하는 바람도 있다. 이곳 라 빌리타(La Villita) 히스토릭 지역도 그런 곳인 셈이다.

아침에 샌안토니오에 진입할 때부터 오스틴처럼 시내 전역에 걸쳐 공사를 하는 곳이 여기저기 눈에 띈다. 알라모 플라자(Alamo Plaza)와 이스트 휴스턴(E Houston St.) 구역에 있는 알라모 요새로 가는 길과 요새 주변도 온통 공사 중이다.

알라모는 요새라 해서 규모가 큰 걸 기대하고 갔는데 규모가 작은 교회와 그리 높지 않은 담이 전부다. 사실 이곳은 요새가 아니고 성당(전도소)을 요새처럼 방어용으로 이용한 것이다. 당시 멕시코 영토였던 텍사스에서, 멕시코가 혼란한 틈을 타 1835년 미국 의용군이 멕시코군과 전투를 치르다 이곳에서 농성 중, 1836년 10배가 넘는 멕시코 군과 전투를 벌였고 186명이 이곳에서 전사했다. 전면 파사드에는 당시 전투의 상처들이 남아있다. 이 전투 역사는 1960년과 2004년에 2편의 영화로 제작되었고, 당연한 이야기지만 영화는 미국적 시각에서 각색되고 제작되었다. 1960년에 제작된 영화는 유명한 미국의 배우인 존 웨인(John Wayne)이 감독한 영화로서 이 영화 제작 후 파산할 정도로 재정적으로 어려웠다고 한다.

영화의 내용은 역사를 각색한 면도 있지만, 아주 어릴 적에 본 영화인데도 기억이 날 정도로 인상이 깊었다. 본격적인 전투가 있기 전 장면, 이미 그들은 승산이 없고 전원 전사하리라는 것을 알고 비장한 표정이다. 죽음을 앞둔 이때, 좋았던 시절을 회상하는 내용인 이 영화의 주제곡인 'The Green Leaves of Summer'가 여성 코러스로 흐른다. 노래 가사말은 "A time to be reaping(추수할 때가 되었네), A time to be sowing(파종할 때가 되었네), The green leaves of summer(여름철의 저 푸른 잎이), Are calling me home(고향으로 날 부르네)…… (이하 생략)"로 시작하는데, 이 주제가는 후에 기타 소리가 경쾌한 브라더스 포(The Brothers Four)가 리바이벌해서 불렀다. 영화의 마지막 장면에서 이 전투에서 살아남은 대위의 부인과 딸 등 3명이 멕시코군의 호위 속에 경의를 받으며 요새를 빠져나간다. 독자들도 이 영화를 보면 텍사스인들의 자부심 근원이 무엇인지 이해할 수 있을 것 같다. 여행이란 이런 것일 수도 있다. 텍사스인의 자존심을 표현한 것이 바로 텍사스의 주기인 Lone Star인데, 이 전투 당시 미국 연방에 여러 차례 도움을 요청하였으나, 결국 혼자만의 외로운 전쟁을 할 수밖에 없었기에 그때의 상황을 상징한다는 설도 있다. 옛 기억도 소환할 겸 영화를 보는 것도 좋고, 그게 안 되면 주제가라도 감상해 보자. 당시 전투에서 실제 인물이었으며, 의용군의 지휘관이었던 Davy Crockett는 "you may go to hell, I will go to Texas(당신들 모두는 지옥에나 가라, 나는 텍사스로 가겠다)"라고 했다고 한다. 그는 이미 테네시주 의원이었고 이름난 정치인이었지만, 텍사스 의용대에 가담하여 알라모에서 전사했고, 국민적 영웅이 되었다. 영화에서 존 웨인이 맡은 역이다.

알라모 요새(요새라기보다 성당) 전경

알라모는 필자가 요새라고 상상했던 것과는 달라도 너무 달랐다. 요새라 하기엔 허술하기 짝이 없고, 186명이 농성하기에는 무모하리만큼 작아도 너무 작은 성당(전도소)일 뿐이다. 그곳에 도착했을 때 혹시 잘못 온 것이 아닌지 주위를 두리번거렸다. 텍사스 의용군은 전력 면에서 월등히 앞서 있던 산타아나 장군(멕시코 대통령)이 이끄는 대군을 막기에는 턱없이 미미한 전력이었다. 필자가 직접 알라모 전도소를 보고 느낀 점은, 당시 항복을 권유한 멕시코의 제안을 받아들이지 않은, 요새 내의 지휘관들이 무능하거나, 무모하거나, 무식하거나, 아니면 근거 없는 영웅심을 가지고 있거나 라는 생각이 들었다. 하지만 역사란 사실에 근거한 것이기에 더 이상의 상상은 그만두기로 했다. 당시에 휴스턴 장군의 원군이 올 수 없는 상황을 이미 다 알고 있었으니 더욱 그렇다.

존 리 핸콕 감독의 2004년에 제작된 또 다른 영화는 같은 내용으로 좀 더 미국 편향적인 내용으로 제작되었다는데, 기회를 만들어 필자도 관람하고 싶다.

알라모 전도소는 매년 160만 명의 유료 티켓 방문자들이 다녀가고, 텍사스주에서 가장 방문객이 많은 장소로 알려져 있다. 현재 알라모 요새는 미국 국립 유적지(U.S National Historic Landmark)이며, 2015년에 유네스코 세계 유산(UNESCO World Heritage Site)으로 지정되었다. 이 전투 이후 휴스턴 장군이 이끄는 텍사스 의용군은 전투에서 승리하고, 멕시코의 산타아나 대통령 겸 총사령관을 생포함으로써 텍사스의 독립을 획득했고, 9년간 공화국으로 별도의 독립국으로 존재하다, 1845년 미국의 28번째 연방으로 편입되었다. 아이러니하게도 이곳 주민 60%가 멕시코계의 히스패닉이라 한다. 곳곳에 스페인어로 된 안내판들을 쉽게 볼 수 있고, 영어로 말을 걸면 고개를 좌우로 흔드는 사람도 있다. 알라모 요새의 내부는 무료이지만, 요새 내에 있는 성당 건물의 내부만 입장료를 받는다. 이곳 화장실도 매우 깨끗하다.

샌안토니오 여행의 또 다른 즐길 거리는 서울의 청계천을 리모델링할 때 시 공무원들이 벤치마크했다는 리버워크(River Walk)이다. 샌안토니오는 시내 가운데 남북으로 샌안토니오강이 가로질러 시를 동서로 분리하고 있고 강변을 따라 산책이나 조깅을 할 수 있는 보행자 전용도로가 있다. 이 리버워크는 강을 따라 구불구불하

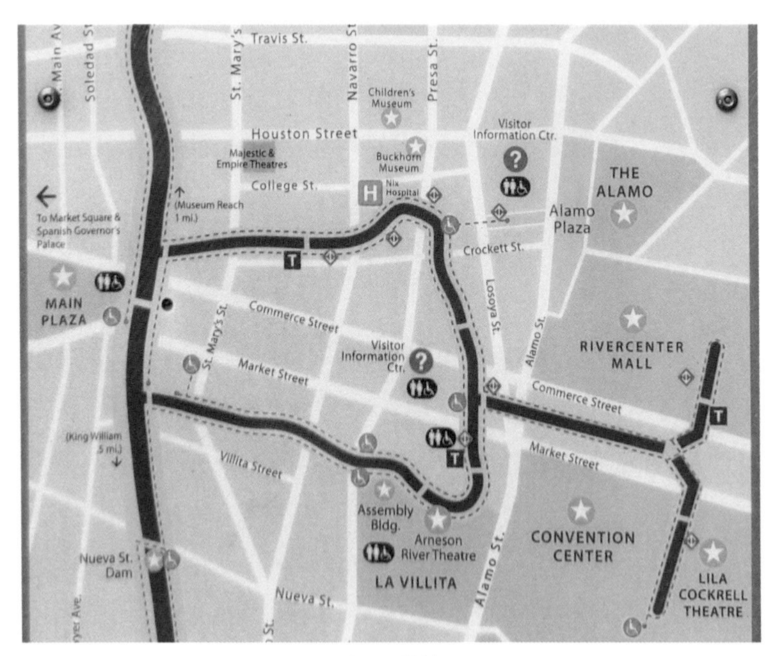

Bowen의 섬

게 조성되어 길이가 5km 이상으로 꽤 길지만, 사람들이 붐비는 구간은 다운타운을 중심으로 한 구역이다. 식당들과 카페들이 줄지어 있어서 여행객은 물론이고 현지인들도 이곳에서 식당에 음식과 커피 등을 즐길 수 있다. 필자도 한 음식점에서 처음 먹어보는 음식을 주문했는데, 멕시코 요리이다. 음식은 기존 미국 음식과 다른 멕시코식인데 우리 입맛에도 낯설지 않다. 이들은 이 음식들을 통칭하여 텍스멕스라고 부른다고 한다. 필자는 자전거를 차에 다시 실어놓고, La Villita에서 출발하여 시계 반대 방향으로 진행한 후 이스트 커머스 스트리트로 빠져나왔다. La Villita 인근의 리버워크가 있는 수로는 특이하게도 우리네 못생긴 버선처럼 생긴 수로가 있어 마치 인공적인 운하처럼 보인다. 그러나 인공 운하가 아니고 원래 그렇게 생긴 거라 한다.

가운데 섬은 Bowen이란 사람의 땅이었는데, 지금은 주 정부의 소유가 되었다. 리버워크는 그런 강의 주변을 따라 조성되어 있는데, 길은 지상보다 한층 아래로 강물 수면 높이보다 약간 높게 조성되어 있어 기존의 찻길이나 일반 도로보다 낮아서 차량은 당연히 다닐 수 없다. 리버워크를 걷다가 빠져나오려면 지상으로 나오는 계단을 이용하면 된다. 계단은 곳곳에 설치되어 있어서 언제든지 나올 수 있고, 산책길 따라 화장실도 있어 불편함이 없다. 주변은 잘 가꾸어진 화단들과 카페, 음식점들이 줄지어 있어 운치가 있고, 필자가 두 번이나 갔었지만 그때마다 많은 사람이 산책길을 메우고 있었다. 필자의 눈으로 확인한 청계천과 다른 점이 두 가지 있다. 첫째는 쓰레기통의 유무이다. 청계천 길에는 쓰레기통이 없다.

쓰레기통이 없다고 쓰레기를 안 버리고 집으로 가져가는 사람은 많지 않다. 보이지 않는 곳에 쑤셔 박거나, 다른 사람이 보지 않을 때 슬쩍 버린다. 리버워크 주변에는 쓰레기통이 곳곳에 있다. 선진국들은 평균적으로 길가나 공공시설, 공원 등에 쓰레기통이 많고, 후진국일수록 없거나 안 보이는 후미진 곳에 드물게 있다.

두 번째는 카페나 음식을 즐기려고 위로 올라와 일반 도로로 나갈 필요가 없다. 음식점과 카페는 리버워크 내에 있다. 청계천은 공간의 제한 때문이겠지만 아이디어를 공모하면 이런 점은 해결할 수 있을지도 모른다는 상상을 해본다.

(좌) 리버워크 크르즈 (우) 강변 풍경

이곳은 강변의 리버워크를 따라 순환하는 리오 샌안토니오 크루즈가 있어 가이드의 설명을 들으면서 감상할 수도 있고, 바쁜 사람들은 단지 중간중간에 있는 카페에 들러 차를 마시고 떠난다. 크루즈선은 마치 바지선처럼 길쭉한 타원형으로, 필자는 중고등 학교 때 생물 시간에 본 짚신벌레가 연상되었다. 수심이 깊지 않고 폭이 좁아, 마치 베네치아의 수로를 닮았는데 리버워크의 물은 근본적으로 다른 민물이다.

이스트 커머스 스트리트(E. Commerce St.)를 따라 서쪽으로 10분쯤 가다 보면 사우스 샌 사바 스트리트(S san Saba St.)가 나오고, 그곳에서 쉽게 찾을 수 있는 Historic market Square가 나온다. 필자는 궁금하기도 해서 방문했는데, 마치 중남미 멕시코의 선물 가게에 온 듯한 착각이 든다. 그것뿐이 아니라 전체적으로 사용하는 물감들의 색이 유럽 전통의 색과 매우 다르다. 파스텔 색조의 묘한 분위기의 중간색을 쓰면서도 강렬한 인상을 준다.

산 페드로 크릭 컬쳐(San Pedro Creek Culture) 공원

이스트 커머스 스트리트(E. Commerce St.)를 따라 서쪽으로 가다가 칼더(Calder)에서 수로 변의 산책로를 통해, 카마론(Camaron St.) 스트리트 북쪽에 있는 산 페드로 크릭 컬쳐(San Pedro Creek Culture) 공원으로 갔다. 공원으로 가는 산책로에도 타일로 된 벽화와 정원에는 계절 꽃들로 조경이 잘되어 있고, 간간이 앉아 쉴 수 있는 벤치가 있어서 상쾌한 기분으로 산책로 주변을 감상할 수 있었다. 공원 끝에 인공 폭포 설치해 주민들에게 멋진 풍경을 선사하고 이곳의 수질 문제를 해결하려는 아이디어로 보인다. 언젠가 이 도시에 다시 올 기회가 있다면 이 길을 또 찾게 될 것이다.

산 페드로 크릭 컬쳐(San Pedro Creek Culture) 공원에 도착하여 잠시 휴식을 취한 후, 리버워크의 북쪽 지역인 더 그로토(The Grotto)를 일반 도로인 이스트 퀸시 스트리트(E Quincy St.)를 이용하여 걸어갔다. 이곳 날씨가 더워 힘들었지만, 이 지역은 다운타운과 거리가 있는 지역인데도, 다른 도시처럼 산만하거나 지저분하지 않아서 그런대로 주변을 감상하며 걸을 수 있는 여유가 있다. 자전거라면 괜찮을 거라는 생각을 했다.

더 그로토(The Grotto)는 리버워크 중간에 인공적으로 조성된 작은 동굴인데 동굴 안에서는 물이 흘러 마치 폭포 같지만, 필자의 눈에는 강으로 하수가 유입되는 것으로 보인다. 인근의 수질도 깨끗해 보이지 않으며, 동굴 안에는 험상궂은 인물상이 있다. 밖으로는 석회석 자연물로 보이지만 인공 조형물인 알파벳 A를 진흙더미에 세워 놓은 것 같은 조형물이 있다. 사람들은 신기한 듯 사진을 찍는다. 필자처럼 걸어서 온 사람들이 아니고 차를 타고 온 사람들이다.

더 그로토(The Grotto)에서 다운타운으로 가려면 리버워크를 따라 약 1시간 4~5km를 걸어야 한다. 오늘은 걸음을 매우 많이 걷는 날이다. 가는 길에는 알라모 요새 인근과 오전에 들렀던 지역들도 지나가게 된다.

리버워크를 따라 걷다가 또 다른 볼거리인 타워 오브 디 아메리카스(Tower of the Americas)를 목적지로 삼고 발길을 향했다. 가는 도중 이스트 커머스 스트리트와 사우스 알라모 스트리트가 만나는 오거리 중앙에 La Antorcha de la Amistad라는 스페인어로 이름 붙인 붉은색 거대한 조형물이 있다. 멕시코의 조각가 세바스찬(Sebastian)의 작품이라고 하는데 'The Torch of Friendship(우정의 횃불)'이란 뜻이다. 작품은 두 개의 커다란 붉은색 기둥이 끝에서 나선형으로 두 바퀴 선회한 후에 하나로 연결되어 있다. 필자는 과거의 서로 일방적인 아픔의 역사가 있었지만 화해하자는 시민 의식을 상징하는 것이 아닌가 하고 생각해 보았다.

La Antorcha de la Amistad 스페인어 조형물(우정의 횃불)

오거리 한쪽, 리버워크와 연이은 이스트 커머스 스트리트(E

(위) 상공회의소 앞 작품, (아래) 선물 가게 인형

Commerce St.)에 샌 안토니오 상공회의소(San Antonio Chamber of Commerce)가 있는데, 상공회의소보다, 입구에 세워 놓은 회화 작품이 눈에 띈다.

시의 전경을 추상화하여 표현한 것으로 보이는데 현란한 색과 다양한 색으로 표현한 중남미의 이미지가 두드러져 보인다. 이것을 한동안 보고 있자니, 필자가 지금 있는 곳이 미국의 도시인지 중남미의 어느 도시인지 착각이 든다. 그렇게 만든 이 그림은 길거리의 볼거리로는 뛰어나다는 생각이 들었다.

사우스 알라모 스트리트(South Alamo St.) 북쪽 변에 있는 타워 오브 디 아메리카스(Tower of the Americas)는 1967년 완공된 탑으로 1968년 월드 엑스포 기념으로 헤미스페어 공원(Hemisfair Park) 내에 조성된 거대한 탑으로 샌안토니오 전체를 조망할 수 있다고 한다. 그런데 흐린 날은 가지 말라고 한 안내서를 본 기억이 나서, 오늘 날씨가 흐리고 비도 가끔 오는 탓에 다른 곳으로 발길을 돌렸다. 그런데 왜 Americas로 끝에 복수를 의미하는 's'를 붙였는지 의아했다. 처음에는 필자가 잘못 본 줄 알았다.

어제는 많이 걸었는지 온몸이 뻐근하다. 자전거를 탄 오전의 일정을 제외하고도 15,000보가 넘는다. 이제 생각해 보았다, 남은 일정을 어떻게 잘 소화해 낼까? 우선 애틀랜타에서 인천 가는 비행 스케줄이 확정되었으니, 애틀랜타 숙소를 예약했다. 미국에 들어올 때 애틀랜타로 들어왔으니 원점으로 돌아가는 셈이다. 단지 도착 당일은 밤 10가 넘은 시각이고, 다음날 렌터카 인수하고 자전거 구매 등 여행 중 필요한 물건들을 쇼핑하기 위해 하루를 머무른 것이 전부이다. 당시 피곤이 극에 달해 감기에 걸리기도 했었다. 물품 구매를 완료하고, 애틀랜타 시내 투어를 하지 않고 바로 플로리다로 향해 출발했다. 돌아갈 때는 충분한 시간을 갖고 애틀랜타 시내의 관심 장소를 둘러보기로 했었다.

어제 날씨가 좋지 않아서 패스했던 Tower of The Americas를 먼저 방문했다. 높이가 약 228.6m 되고, 주변은 인공 폭포가 조성되어 있다. Hemisfair 공원 중앙에 있고 공원 맞은편에는 라 빌리타 히스토릭 빌리지가 있다. 입구에 도착하면 매표소가 바로 전면에 있어서 입장하기 위해 특별히 신경 쓸 일이 없으며, 관람객으로 붐비지도 않으니 예약도 필요 없다. 입장료는 시니어 우대제도가 있으니 해당하는 분은 좀 더 저렴하게 이용할 수 있다. 다행히 날씨가 좋아 시내 및 먼 교외 지역까지 시야가 좋았다. 보통 전망대 위에 올라가면 전경을 파노라마 사진을 찍어서 내려다보이는 곳의 주요 랜드마크들를에 표시해 놓는다. 도보로 다닐 때 파악이 안 되던 골목에 대한 입체적 감각을 느낄 수 있어서 전망대는 나름대로 가치가 있다. 요즘 해외여행 중 들르는 대도시들은 대부분 도시 중앙이나 번화한 장소에 이런 고층 타워가 기본으로 있다. 필자가 가 본 도시 중 이런 타워가 없는 도시는 기억이 나질 않는다. 관광객에게 서비스도 제공하고, 돈도 벌고 굳이 안 할 이유가 없어 보인다.

거의 유료이고, 조망 층과 식당 층이 대부분 있고, 식당 층 대부분은 일정 속도로 회전하도록 설계되어 있다. 유행인가 보다. 그동안 아내와 여행하면서 모든 도시의 타워를 올라가 보지는 못했다. 서울의 남산 타워는 남산 정상에 있으니, 관광객에게 좀 더 질 좋은 전망을 선물할 수는 있으나, 관광객이 접근하기 쉽게 되었다면 어떨지 생각해 보았다. 이 타워가 명동이나 광화문에 있다면 매일 사람들로

전망대에서 본 샌 안토니오 중심가

붐비어 상업적으로도 더 성공하지 않을까? 대안으로 관광객들이 접근하기 쉽게 시내에 하나 더 건설하면 안 될까? 생각해 보았다.

오늘은 작심하고, Tower를 비롯해 관심 지역을 걸어서 둘러보

(좌)리버워크의 카페들 (우)리버워크에서 메인도로 연결 계단]

기로 하였다. 마켓 스퀘어(Market Square)와 샌 페드로 크릭 컬처 공원(San Pedro Creek Culture Park) 그리고 어제 갔었던 더 그로토(The Grotto)를 지나서 걸어서 둘러보기로 했다. 더 그로토 북쪽에는 예상했던 것만큼 가볼 만한 곳은 아니었지만, 그런대로 가치 있는 조형물과 구조물들이 있었다. 어제는 정신없이 볼거리 위주의 걸음을 걷다 보니 시내 중심가를 가로지르는 리버워크 코스를 제대로 감상하지 못한 것 같다. 걷다 보니 잡념에 빠져 걸었던 길이라 오늘 두 번째인데 생소해 보인다. 마음의 여유를 갖고 리버워크 코스로 가다 보면 주변 정원을 조형물로 짜임새 있게 장식해 놓은 것이 보이고, 화초 식재 등이 잘 다듬어져 있는 것이 눈에 들어온다. 이곳을 이용하는 사람들이 편안하게 걷고 휴식을 취할 수 있게 조성해 놓은 사람의 배려도 눈에 보인다. 간간이 폭포도 있어 경관과 수질 문제를 해결하려 한 것 같다.

리버워크를 따라서 다운타운 쪽으로 계속 걸어 내려오다가 Auditorium Circle 인근에서 리버워크를 벗어나, 알라모 요새 쪽으로 걸어오다 보면, E Martin Street 인근에서 Veterans Memorials Park를 만나게 된다. 공원의 규모는 공원이라기보다 건물 앞에 조성해 놓은 정원 같은 느낌으로 작다. 이곳에 Vietnam War Memorial이라는 조각 작품이 있어 발걸음을 멈추게 한다. 두 명의 미군 병사의 모습이 대조적이다. 한 병사는 공격받고 치명적인 상처를 입은 듯 경사진 진창 같은 곳에 반듯하게 하늘을 보고 거꾸로 쓰러져 있고, 철모는 머리맡에 뒹굴고 있다.

베트남전 추모 기념물

머리칼이 곱슬머리인 것으로 보아 흑인으로 보인다. 다른 병사는 군장을 한 채 허리를 굽히고 경사진 면에 꿇어앉아 쓰러진 병사의 턱 밑 목과 머리를 받치고 시선은 위를 보며 무언가 소리를 지르는 모습이다. 치열한 전투 상황과 당시 미군이 겪었던 어려움이 연상되는 조각품이다. 하단 한쪽에는 꽃다발들이 놓여 있어, 전쟁에서 희생된 젊은이들의 가족이나 지인들이 잊지 않고 놓고 간 것으로 보인다.

여느 도시와 마찬가지로 여기도 Hop On & Hop Off 투어도 가능하다. Hemisfair Park 남쪽 H&M 백화점 앞과 ALAMO 앞에서도 이용할 수 있다. 방법이야 어찌되었든, 본인의 여건에 맞게 도시를 탐색하면서 즐기면 그만이다. 필자는 자전거와 걷는 방법을 택하였지만, 가이드가 있을 때, 언어 문제만 어느 정도 해결된다면, 가이드의 설명으로 여행지에 대한 보다 깊은 이해를 할 수 있어서 좋은 방법이다. 보통 현지 가이드 투어인데 인터넷에 검색해 보면 많은 정보를 얻을 수 있다. 요즘은 해외에서도 한국어로 안내해 주는 곳도 많으니, 여행을 떠나기 전에 미리미리 챙겨 놓으면 여행이 한결 즐겁고 개운하게 마무리할 수 있다.

한 가지 주의 사항이 있다. 해외여행을 다니다 보면 공원을 수시로 만나게 된다. 관리가 잘된 공원은 잔디가 카펫처럼 펼쳐져 있다. 여행자들은 잔디에 앉아 쉬고 싶을 때가 많다. 특히 그늘진 나무 밑은 더 앉고 싶다. 그러나 되도록 잔디에 앉지 말 것을 권한다. 사람들이 공원에 산책 나올 때 개를 동반해 나오는 경우가 많은데, 우리처럼 공공장소에서 목줄이 의무화되어 있지만 안 지키는 사람도 있다. 그리고 명목은 개의 운동이지만, 진짜 목적은 배설이다. 여기저기 장소를 가리지 않는다. 치우는 사람도 있지만 안 치우는 사람들이 있다. 또한 소변은 절대 안 치우며 보이지도 않는다. 공원에서 쉬고 싶으면 절대적으로 벤치를 이용할 것을 권한다. 나무 밑 그늘에 앉고 싶지만 거기가 더 더럽다. 현지인들이 깨끗한 공원이라도 앉을 때는 반드시 깔개를 깔고 앉는 이유를 알아야 한다.

샌안토니오 미션 국립공원과 광주의 정자

어제 많은 지역을 걸어서 늦게까지 다녔기 때문에 피곤하기도 하고, 귀국할 때 여러 가지 조치할 일들 때문에 생각이 많아 오늘 아침은 늦게 숙소를 나섰다. 어제는 아침 7시부터 꼬박 12시간을 걸어서 다닌 셈이다. 그에 비해 걸음 수는 2만 보 남짓이다. 오늘 예정된 투어로 들를 곳은 거리가 너무 멀어서, 걸어서 다니기는 여건상 거의 불가능하므로 차를 이용하기로 하였다.

오늘의 첫 번째 목적지는 샌안토니오 남쪽에 있는 샌앤토니오 미션 국립공원(San Antonio Missions National Park)이다. 초기 멕시코가 스페인 식민지 시절인 1600년대와 1800년도 초기 사이, 이 지역 원주민들을 대상으로 하는 선교의 목적으로, 선교 활동의 중심으로 활용하고자 지어진 성당 유적지가 있는 곳이다. 이곳은 1975년에 국립 유적지가 되었다가 1978년에 국립공원으로 지정되었다고 한다. 그리고 국립공원이지만 입장료가 없는 곳이다.

공원은 4개의 미션(Mission: 전도소)으로 구성되어 있는데 미션과 미션 간의 거리가 상당하므로 렌터카 없이는 안 가는 것이 좋다. 간혹 여행 책자에 걸어서도 갈 수 있다고 소개하고 있는데, 필자는 반대한다. 왜냐하면 4개의 미션 중 가장 가까운 곳이 Mission Concepcion인데 필자의 숙소를 기준으로 거리가 6km이고 가장 먼 곳이 16km인데 왕복해야 하니, 단지 손으로 터치만 하고 온다고 해도 32km이다. 그러므로 쉬지 않고 빠른 걸음으로 걷는다 해도 8시간 걸린다. 이곳의 날씨가 습하기 때문에 장시간 걷기는 체력이 염려스럽기도 하고, 마땅한 대중교통 수단도 없다. 있다 하더라도, 여러 곳을 들러야 한다. 렌터카를 이용해서 간다고 하더라도 모두 돌아보려면 반나절 이상이 필요하다.

당시 4개의 미션은 전도의 목적만 있었던 것은 아니라는 것이다. 남아있는 유물이나 유적들로 미루어 토착민인 인디언들과 아프리카계 노예들에게 농사짓는 법과 가축 기르는 법을 가르치고, 수공 직조와 대장간일 등 기술을 가르쳐, 장기적으로 이 지역을 식민 지배하는 데 도움을 주고자 한 목적도 있었던 것으로 보인다고 한다.

4곳을 모두 돌아볼 순서는 필자의 숙소 위치를 고려할 때 북쪽부터 돌아보는 것이 접근하기 편리하다. 미션은 북쪽으로부터 Concepcion, San Jose, San Juan 그리고 Espada이다.

원래 미션은 5개였는데 하나는 샌안토니오 시내에 있는 Alamo 요새다. 알라모 요새는 국립공원에서 빠져 있고, 샌안토니오 주 정부 소유로 대신 국립유적지로 지정되어 있다.

보통의 국립공원에는 입장료가 있는데 이곳은 입장료를 구조적으로 받을 수 없게 되어 있다. 민가와 밀집해 있고 4개의 유적지가 공원 내에 있기는 하지만 미션과 미션 간의 거리가 상당하기 때문이다. 그리고 각 미션은 오래된 식민지풍의 성당 건물인데, 알라모 요새에서는 성당에 입장하기 위해서는 유료 티켓을 사야 하지만, 이곳 4곳의 Mission은 내부 입장이 무료이니, 방문했을 때는 꼭 내부를 둘러보자. 제일 북쪽에 있는 Mission Conception과 Mission Espada 까지는 약 10km가 넘는다.

4개의 미션 모두는 샌안토니오강을 따라 남북으로 배치되어 있다. 그것은 신대륙 발견과 함께 식민지 개척 당시 그곳엔 마땅한 도로는 당연히 없었을 것이고, 대안으로 선박을 이용하여 강을 따라 내륙으로 침투하는 통로로 사용한 것으로 짐작된다.

이 방법은 식민지 개척 시기와 제국주의 시대에는 일반화된 방법이 아니었나 생각한다. 조선시대 말 군함으로 접근하기 쉬웠던 강화도에 프랑스함대가 와서 우수한 무기를 앞세워 우리의 강화도 서고를 몽땅 털어가서 지금까지 돌려주지 않고, 훔쳐 간 쪽이 큰소리치고 있다. 또한 지금의 서해대교 밑으로 삽교천을 따라 독일인 오페르트가 프랑스 페롱 신부와 조선의 천주교 신자를 앞세워 충남 예산군 덕산면 가야산 밑에 있는 남연군 묘 도굴하려던 사건도 하천을 이용한 내부 침투의 한 예이다. 이렇듯 우리의 근대사에서 하천을 강대국들의 진출입 통로로 사용한 예는 많다.

우리나라 삽교천 주변은 밀물과 썰물을 이용하여 비교적 왕래가 편리했기 때문에 이용한 흔적들이 있다. 여러 곳이 있을 수 있지만 중국 산둥성과 한국에서 가장 가까운 서해안의 당진은, 서해안에서 내륙으

Mission Conception

로 통하는 삽교천이 있어서 선박으로 침투하기 편리한 통로였다.

4군데 미션 중 첫 번째 Mission인 Conception을 찾아가는데 구글의 내비게이션이 잘못되었는지 입구를 찾지 못하고 이리저리 우왕좌왕했다. 한참 후에 지나가는 지역 주민인 듯한 사람에게 물어서 겨우 찾아갔는데, 원인은 구글 내비게이션의 잘못이었다. 독자들은 나중이라도 이런 일이 발생하지 않았으면 좋겠다. 그 사이 구글이 수정하거나 여행자가 지도를 확대해서 정확히 미션 위치를 찍으면 된다. 필자가 우왕좌왕한 것은 주변에 비슷한 것들이 있어서 혹시나 하고 이곳저곳 들렀기 때문이다. 위치는 이스트 미첼 스트리트(E Mitchell St.)와 미션 로드(Mission Rd)의 교차 사거리에서 잘 보인다.

1755년에 지어진 석조 건물로, 일부 손상된 모양이지만 오래된 것임에도 기품이 있어 보인다. 벽 하나, 돌 하나에도 건설 당시 어려운 가운데에도 노력했을 당시 사람들의 숨결을 느낄 수 있었다. 비록 우리 것은 아니지만, 같은 사람으로서의 손길을 느끼는 것은 인종이나 나라에 국한되는 것은 아닌가 보다.

내부에는 오래된 프레스코화가 있고, 이곳에서 아직 미사를 볼 수 있다고 하니, 관심 있으신 분들은 시간에 맞추어 입장하기만 하면 된다. 성당 뒤쪽의 방문자 센터에 가면 더 많은 정보를 얻을 수 있다.

1720년에 지어졌다는 두 번째 방문지는 미션 산 호세(Mission San Jose)인데, 536번 도로와 Mission Rd의 교차점에 있으며 4개의 미션 중 가장 규모가 크고 가장 아름다워 방문자가 제일 많아 방문자 센터를 운영하고 있다. 일부 여행객은 바쁜 일정이 있으면 이곳만 방문하고 떠난다고 한다. 우물과 방앗간이 그대로 보존된 것이 인상적이고, 유사시 요새 역할도 했을 거란 생각이 들 만큼 구조가 견고하게 되어 있다.

식민지풍으로 건축된 성당과 부속 건축물들은 구조적으로 견고한 아치 구조가 많은 것이 인상적이다. 당시의 벽 무늬 흔적으로 보아 아름다운 스페인식 문양으로 벽면이 덮여 있었을 것으로 추측된다. 역사에는 가정법이 없다 하지만 교육적이나 재미를 위해서 가정하는 것은 흥미 있는 일이다. 이곳이 멕시코와 멀지 않고, 멕시코만을 통해 선박으로 접근하기 어렵지 않아 텍사스는 스페인에는 귀

Mission San Jose와 내부

중한 곳이었다. 군대가 가기 전에 성직자들을 먼저 보내는 것은 제국주의 시대에는 공식과도 같은 것이다.

당시의 이곳에는 다섯 개의 미션이 있었는데 그중 중앙에 있는 것이 미션 산 호세이다. 중앙에 배치함으로써 나머지 네 곳에 문제가 생기면 지원 본부 역할도 할 수 있었을 것으로 본다. 이렇게 추정하는 것은 이곳은 단순한 전도소가 아닌 요새처럼 견고해 보이고 규모도 가장 클뿐더러, 내부에는 오랫동안 버틸 수 있는 농경지와 우물 등이 있기 때문이다. 의용군들은 왜 여기를 놔두고 알라모를 택했을까?

4개의 미션 중 세 번째 방문 미션은 Mission San Juan이다.

Mission San Juan

차로 이동하면 미션과 미션 간에는 붐비지 않으니 쾌적하고, 미션 전면에는 주차장이 널찍하게 조성되어 있어서 방문객은 조금도 불편하지 않았다. 필자가 방문한 시기가 비수기라서 그럴지도 모르겠다. 이곳에는 과거 스페인식 시범농장이 있었고, 성당 내부의 작은 마당은 아기자기하게 꾸며져 있어서 방문자들의 마음을 편안하게 해준다. 인근에는 편안히 걸을 수 있는 트레일이 조성되어 있어서 개울가(South River Walk)로 잠시 걸었다. 이외에도 Mission Parkway Park Trail과 Mission San Juan Capistrano Park Trail 등이 있어 여유가 있으면 걷기에 최적한 곳이다.

Mission Espada

마지막 방문지는 Mission 중 가장 남쪽에 있는 Espada인데, 4개의 미션 중 보존 상태가 가장 떨어지지만, 성당만은 그래도 예전 모습이 많이 남아 있다. 성당은 1756년에 지어졌으며, 프란체스코 선교부의 수도원이 내부에 있었고, 자급자족하기 위해 농기구를 만들기 위한 대장간과 직조 기술을 도입한 수제 직조기 등의 유물들이 보인다. 한때 원주민인 코만치족의 습격으로 많은 것을 잃고, 한 번의 화재를 겪었지만, 교회 기반의 공동체를 유지해 왔다고 한다. 유적지에는 그러한 풍상의 흔적이 보이는 듯했다.

미션 공원을 뒤로하고 샌안토니오에서 규모가 큰 브레큰릿지 공원(Brackenridge Park)을 방문했다.

시내 중심가 북동쪽으로 그리 멀지 않은 I-35와 I-37 교차점 인근의 281번 도로로 10km 정도만 운전하면 도착할 수 있다. 공원에는 내부를 가로지르는 차도가 있고 중간중간에 주차장이 있어 공원을 이용하기 편리하게 되어 있다. 일단 주차하고 자전거로 공원의 구석구석을 둘러보았다. 공원은 생각보다 규모가 크다. 골프 코스가 있는 것은 물론, 과천 서울대공원처럼 공원 내에 동물원도 있고 어린이들을 위한 놀이시설도 있다. 방문객들이 힘들이지 않고 공원을 둘러볼 수 있도록 궤도차가 있어 시민들의 휴식과 오락 공간 역할을 하고 있다. 골프 코스와 우거진 숲 사이에는 트레일 코스도 있어 한낮이지만 골프를 즐기거나, 걷거나 조깅하는 사람들이 자주 눈에 띈다.

Denman Estate Park에 있는 광주의 정자

인터넷 검색을 하다가 우연히 광주의 정자(사진)가 있는 공원이 있어 호기심이 발동하여 그곳을 방문했다. 현재 머무는 숙소에서 그리 멀지 않은, 규모가 다른 공원에 비해 아주 작은 덴만 에스테이트 공원(Denman Estate Park) 내에 있었다. 덴먼 에스테이트(Denman Estate) 공원은 시내 중심에서 북서쪽으로 약 16km 지점의 410번 고속도로와 I-10 고속도로 교차 지점에서 가까운 위치에 있어서 쉽게 들릴 수 있는 장점이 있다. 공원 내에는 Pavillion of Gwang-Ju가 인터넷상에 보였는데, 실제로 가까이서 보니, 정자의 규모가 보통 산책길이나, 등산길에 있는 정자와는 다르게 규모가 크고 고급스럽다. 필자는 아주 오래된 친구를 만난 듯 반가워서, '광주의 정자' 표지석을 어루만지며 한참을 있었다. 정자뿐 아니라 우리의 전통 담장과 출입문도 있어서 운치를 더해 주는데, 문은 우리네 전통의 대문이라기보다는 안채와 사랑채 간의 샛문처럼 보였고, 단청까지 한 것이 조금 어색하긴 했다. 누군가가 디자인하면서 보기 좋게 하려고 살짝 왜곡한 듯싶다. 정자의 단청은 아름다움을 더해 주기는 하지만, 쪽문에까지 단청은 낯설다. 진정한 의미의 우리 것은 아닌 듯싶다. 사람들이 그 문을 신기한 듯 들락거리기는 한다.

정자의 모습을 휴대전화로 사진을 찍으려는데, 샛문 쪽에서 현지인 가족이 열심히 사진 찍는 모습이 보였다. 한 가족인 듯한데 부인은 제대로 된 한복으로 맵시를 내었다. 의아해서 가까이 다가가 폭풍 질문을 했다. 한국에 가본 경험이나 한국에 대해 잘 아느냐 물었더니, 전혀 아니란 대답을 한다. 앞뒤가 안 맞는 것 같아 의아한 생각이 들었다. 어떻게 한국에 가본 적도 없고, 한국에 대해 아는 것이 별로 없는 외국인이 한복을 입고 이곳에 와서, 그것도 평일에 사진 촬영을 하는지? 호기심이 발동하여 그럼 한복은 어떻게, 어디서 구했으며, 왜 한복을 입을 생각을 했는지 물었다. 한국 드라마에서 본 한복이 너무 예뻐 온라인에서 구했고, 이곳 공원에 한국 정자가 있어 배경으로 사진 찍으려 일부러 왔다는 것이다. 정말 대단한 사람들이구나 하는 생각이 들었다. 이곳에서 한국 드라마를 볼 수 있는 것도 놀랍거니와 한복을 인터넷으로 샀다는 것은 더욱 놀라웠다. 그 옷을 입고 이곳을 배경으로 사진 찍을 생각과 그것도 온 가족이 함께 왔다는 것에 놀라울 따름이다. 사실 요즘 세상에서는 놀랄 일도 아닌데, 틀에 박힌 필자의 생각이 오히려 부끄러웠고, 여행이란 이런 것이구나 하는 생각도 함께 들었다. 가까이서 사진을 찍으려고 정자에 가보니 현판이 있었는데, 알고 보니 샌안토니오시와 광주광역시는 자매 도시였다. 2010년에 지어진 정자이다. 사실 유럽이나, 미국, 호주 뉴질랜드 등 세계 곳곳에 일본 정원(Japanese Garden)이 없는 곳이 별로 없다. 올랜도의 디즈니랜드에도 일본과 중국은 있지만 우리는 자그마한 흔적조차 없었다. 그런 곳을 방문할 때마다 은근히 부러웠는데 이처럼 반갑고 자랑스러울 수가 없다. 좀 더 시내 중심가의 사람들이 많이 찾는 공원이었으면 더 좋았을 것이란 아쉬움은 남는다. 일반적으로 중국 정원이나 일본 정원을 조성할 때, 당시 시장 이름을 새겨 놓은 것을 본 적은 없다. 시민의 돈으로 한 것이기 때문이다. 그런데 여기에는 당시 시장의 이름이 새겨져 있다. 필자가 사는 동네에도 프랑스의 도시와 자매결연을 하고, 기념으로 도로를 넘어가는 육교를 건설했고, 다리 명칭을 새겨 놓은 현판이 있다. 그냥 시민이나 구민이 대표이다. 멋스럽고 자랑스러운 한편, 마치 등산로 바위에 커다랗게 이름 석 자를 새겨 놓은 것을 보았을 때와 느낌이 비슷했다.

샌안토니오 북동쪽으로 내추럴 브리지 캐이번즈라는 아름다운 자연 동굴이 있다고 하는데, 교외 지역이기도 하지만 동굴을 열성적으로 좋아하지는 않는 필자의 취향이라 방문하지 않았다.

텍사스 최대 도시 휴스턴

샌안토니오를 떠나 향한 휴스턴은 시 광역 인구가 700만 명이 넘어 텍사스주의 4개의 대도시 중 가장 큰 도시이자, 미국 전체에서 뉴욕, LA, 시카고 다음으로 큰 도시이다. 휴스턴이란 도시명은 멕시코로부터 독립하기 위해서 전쟁을 치를 때 텍사스 의용군을 지휘해 멕시코 대통령을 생포함으로써 독립을 얻어내고, 독립한 후 9년간의 텍사스 공화국 시절 초대 대통령이자 유일한 대통령인 샘 휴스턴의 이름에서 따왔다. 주도는 오스틴이지만 멕시코만 내항으로 도시가 발전했고, 특히 정유시설과 나사 우주센터가 있는 도시로 유명하다. 국제공항이 있는데 공항 명칭이 조지 부시 인터콘티넨털 에어포트(George Bush Intercontinental Airport)다. 이 공항은 미국 3대 항공사인 유나이티드 항공의 허브 공항 역할을 한다. 휴스턴은 여전히 수질 문제를 안고 있는 버펄로 바이유(Buffalo Bayou) 수로가 북서쪽에서 남동쪽으로 시내를 가로지르고 있는데, 이 수로는 유속이 낮고, 샌 하신토(San Jacinto) 하류에서 합류하여 멕시코만으로 흘러 들어간다. 휴스턴은 텍사스주에서도 가장 큰 도시 임에도 다른 도시에 비해 강이 빈약하다. 위도상 제주도보다 훨씬 남쪽이다 보니 5월인데도 기온이 35~38도를 오르내리고 무덥다. 규모가 큰 도시라서 시내에 가까울수록 고속도로 차선은 많아졌고, 교통체증이 있기는 하지만 고통스러운 정도는 아니다. 샌안토니오에서 약 340km

떨어져 있고 I-10 고속도로는 거의 동쪽으로 진행하는데 주변의 풍광은 아열대 지방에서 볼 수 있는 풍경이다. 목장 지대 간간이 늪지로 보이는 곳이 많은 것으로 보아 동서로 길게 발달한 삼각주 지형인 것으로 보인다. 차로 3시간 거리지만 속도를 내지 않고, 도중에 휴식을 취하면서 여유 있게 도착했다. Android Auto를 내비게이션으로 이용해 왔는데, 처음 사용할 때 통신 케이블의 문제때문에 자주 말썽을 부린다. 휴스턴 도착해서 새로 케이블을 사서 연결해 보니 언제 그랬냐는 듯이 잘 작동한다. 답답해서 구글에서 검색해 봤더니, 잘 작동하다가 작동이 안 되면 케이블을 교체하라는 게 답이었는데, 필자도 전문가가 아니라 해결책을 제시하기 어렵다. 무선이 일반화되기를 기다릴 수밖에 없다.

미국 최대의 정유 화학 단지가 있는 휴스턴은 텍사스주 전체가 그렇듯이 기업 경영 환경과 치안 상태가 우수하므로, 기존에 실리콘 밸리를 근거지로 하던 기업들의 이전 희망 도시로 오스틴과 함께 요즘 뜨고 있는 도시이다. 이미 클라우드 서비스업체인 휴렛 팩커드 엔터프라이즈(HPE) 이전했고, 일론 머스크의 우주항공업체인 스페이스 X(Space X)도 휴스턴에 있다. 이는 물론 NASA가 이미 휴스턴에 자리 잡고 있는 영향도 있겠다. 혹시나 해서 검색을 해 보았더니, 아니나 다를까 휴스턴과 울산시는 2021년에 자매도시로 결연을 맺었다. 산업의 형태가 비슷한 시가 협력한다는 것은 긍정적이다.

요즘 날씨가 너무 좋아 더워 불편할 정도였는데, 다행인지 아침에 날이 흐렸다. 오늘은 숙소에서 약 60km 떨어져 있는 '샌 하신토 배틀그라운드 스테이트 히스토릭 사이트'(San Jacinto Battleground

State Historic site)로 향했다. 가는 길이 Independent Highway를 거쳐서 가게 되는데, 길 양편에는 끝도 없이, 규모가 어마어마한 정유 화학 단지가 자리하고 있다. 우리나라의 여수나 울산의 산업 단지와는 비교도 할 수 없을 정도로 규모가 크다. 필자가 차로 시속 110km의 속도로 40분 이상을 달렸는데도 끝나지 않았다. Independent Highway는 1836년 텍사스가 멕시코로부터 독립한 것을 기념하기 위해 '샌 하신토 배틀그라운드 스테이트 히스토릭 사이트'로 가는 고속도로에 명칭을 부여한 것으로 보인다.

Independent Highway가 끝나고 Independent Parkway의 북쪽으로 5분 정도 가면 샌 하신토(San Jacinto)에 도착한다. 목적지에 도착할 무렵이면 화학 공장 지대가 끝나고 샌 하신토(San Jacinto) 전투 전적 기념물이 나타난다. 마치 오벨리스크처럼 높은 탑 형태의 기념물은 규모도 크고 높이도 높아서 가까이서는 사진 찍기가 힘들다. 탑 하부는 유료 입장할 수 있고 150m 높이에 있는 정상도 엘리베이터를 타고 올라갈 수 있다. 굳이 이곳에 온 이유는 텍사스의 역사가 참으로 시사하는 바가 있어 호기심이 발동했다. 미국인 반란군 186명이 전사한 알라모 전투 이후 반란군들은 다시 모여 전투력을 증강하고 시간을 벌어, 결국 샌 하신토(San Jacinto) 전투에서 승리했을 뿐만 아니라 당시 멕시코군의 지휘관이었던 '산타 안나' 멕시코 대통령을 생포했다. 지금 생각해 보면 참으로 어처구니없는 일이지만, 당시 멕시코에서는 대통령이 총사령관으로 전쟁을 지휘할 수밖에 없는 상황이었던 것 같다. 그렇다 하더라도 어떻게 일국의 대통령이 싸우다 생포되나? 상대를 가벼이 본 결과가 아니겠는가? 반란군은 산타 안나 대통령을 풀어주는 조건으로 독립을 쟁취하고,

당시 샌 하신토(San Jacinto) 전투를 지휘했던 휴스턴 장군은 독립공화국의 초대 대통령으로 취임한다. 승자는 모든 것을 얻었지만 패자는 그 반대가 되었다. 누군가가 말했듯이 국가 간의 전쟁에서 평화란 있을 수 없고, 승리 외에 다른 대안이 전혀 없다는 것이 역사가 증명하고 있다.

그 후 텍사스 공화국은 9년간 유지되다 미국 연방에 가입하게 된다. 이것이 미국과 멕시코 전쟁의 단초가 된다. 공식적으로는 초기부터 연방에 가입해 달라고 텍사스에서 간청했으나, 미국 연방 의회는 계속 거부하다 9년 후 받아들였다고 한다. 멕시코에서는 1846년 자국 땅이었던 텍사스의 독립을 인정하기는 했지만, 언젠가는 자국 땅으로 할 기회를 엿보고 있었다. 그러던 차에 미국이 연방으로 받아들임과 동시에 미국 영토가 되자, 그 기회는 물 건너가 버렸고, 멕시코와 미국은 서로 불편한 관계가 계속된다. 미국은 이 '불편한 관계'를 역이용하여, 러시아가 크림반도 합병할 때 써먹은 '위장 깃발 작전' 수법으로 선제 공격을 함으로써 미-멕 전쟁을 일으킨다. 미국은 전면전으로 리오그란데강을 건너 멕시코로 진격하였다. 결과만 이야기하자면 이 전쟁으로 패전한 멕시코는 전쟁 전에 가지고 있던 영토의 55%를 미국에 빼앗겼다.

현재의 멕시코는 원래 영토의 45%뿐인데, 그렇더라도 현재의 대한민국 영토보다 20배가량 크고 세계 13위이며, 천연자원은 원유를 비롯하여 무궁무진하다. 참고로 1위인 러시아는 우리나라보다 170배, 2위, 3위인 캐나다와 미국은 100배, 우리 이웃인 일본은 62위로 우리보다 3.7배 크며, 한국의 영토 크기 순위는 108위이다.

당시 빼앗긴 곳은 캘리포니아, 네바다, 애리조나, 유타, 뉴멕시코,

콜로라도, 와이오밍, 캔자스, 오클라호마, 텍사스 등이다.

미국-멕시코 전쟁의 압권은, 북쪽의 뉴멕시코부터 서쪽의 캘리포니아에 걸친 북부 전선보다, 해군력을 비롯해 모든 전력이 앞서 있었던 미국이 멕시코만의 최대 항구 도시 베라크루즈에 상륙하여-마치 임진왜란 때 충주 달래강에서 관군이 몰살당하여 한양은 물론이고, 평양까지 왜군에게 무혈입성한 것처럼- 차풀테펙 전투에서 대승을 거두고 파죽지세로 진격하여 수도인 멕시코 시티를 점령한 것이다. 패닉 상태에 빠진 멕시코는 미국이 하자는 대로 할 수밖에 없었고 달라는 것을 다 줄 수밖에 없었다. 이때부터 미국은, 특히 해병은 전략상 적의 허리를 자르는 상륙작전이 전술적으로 상당한 효과가 있다는 것을 알게 되었다 한다. 유럽에서 2차대전 당시 미국이 주도하여 '노르망디 상륙'과 1950년 한국전쟁에서 '인천 상륙 작전'을 펼쳤다. 미국-멕시코 전쟁을 통해 얻은 전쟁 승리 DNA는 승리에 쐐기를 박는 수단으로 전술적으로 효과가 있다는 것을 여러 번 증명해 보였다.

샌 하신토 배틀 그라운드 스테이트 히스토릭 사이트(San Jacinto Battle Ground State Historic site)의 정상에 올라가면 전투가 벌어졌던 곳들이 있는 멀리까지 조망할 수 있으니 놓치지 말자. 이곳은 일종의 미국 역사에 있어서 성지 같은 곳으로, 많은 사람이 단체로 참배차 들린다. 필자가 간 시간에도 단체 버스 몇 대가 도착해서 붐볐고, 버스에서 내리는 사람들의 나이대가 매우 다양하지만 그래도 노인들이 많았다.

공원처럼 조성된 San Jacinto Battle Ground State Historic site

위대한 텍사스에 대한 향수 때문일까? 한 무리의 50~60명의 백인이 우람하고 위협적인 소리의 할리를 타고 도착했다. 이들은 동호인으로 추정되는데 가죽점퍼에 긴 부츠, 성조기 두건, 진한 선글라스, 긴 수염 등 모습이 통일되어 있다. 왠지 기분은 유쾌하지는 않았지만, 단체로 애국심의 발로로 이곳에 참배 차 들린 것을 여행객이 신경 쓸 필요는 없다.

역사의 현장을 뒤로하고 시 중심가에서 동쪽으로 메모리얼 드라이브 도로로 가다 보면 버팔로 바이유 수로 공원 앞에 있는 휴스턴 경찰 추모비(Houston Police Department Memorial)가 나타난다. 파란 잔디에 계단식 나지막한 석조 구조물인데 휴스턴시를 보호하다가 목숨을 잃은 경찰관들을 기리기 위한 추모물이다.

그런데 이곳이 휴스턴 중심가 스카이라인이 좋은 곳이라고 해서 왔다. 그런데, 필자가 도착한 시각이 오후 1시쯤으로 태양의 방향을 보니 오전에 와야 더 좋은 사진을 찍을 수 있을 것 같다.

휴스턴 경찰 추모비(Houston Police Department Memorial)에서 보이는 휴스턴 스카이라인

본격적으로 시내 중심가 탐색을 위해, 길가 유료주차장에 주차하고 걸었다. 그런데 놀랄 일은 아니지만, 골목골목 노숙자들 천지다. 해밀턴 스트리트 인근의 휴스턴의 야구팀 '애스트로스'의 홈구장인 '미닛 메이드 파크(Minute Maid Park)'로 가기 위해 텍사스 애비뉴로 걸어가고 있는데, 노숙자 한 사람이 나를 향해 무어라 이야기하면서 다가오길래 외면하고 걸음을 빨리했다. 이런 경우에는 이렇게 대처하는 것이 최선인 것 같다. 아마도 이곳 날씨가 춥지 않은 이유로 그런 사람들이 선호하는 도시인가 보다.

Minute Maid Park 및 인근 풍경

미닛 메이드 파크(Minute Maid Park)에 도착했는데 아무래도 구장의 이름이 특이하다. Minute Maid는 Coca Cola 소유의 소프트 드링크 회사 이름이다. 이곳에 와 보고 싶었던 것은 2022년도 메이저 리그의 월드시리즈 우승팀이 바로 휴스턴 애스트로스(Houston Astros)이기 때문이다. 토요일이라서 그런지 한산하고, 기념품 상점과 구장 투어는 문을 열지 않아서 섭섭했지만 발걸음을 돌렸다.

휴스턴에서 역사 유적지 순례나, 샌안토니오에서의 미션 순례를 하면서 필자는 곰곰이 생각해 봤다. 모차르트, 다빈치 등 필자가 알고 있는, 인류의 삶을 위해 위대한 업적을 남긴 위인들은 공통으로 유년 혹은 그 이후라도 감수성이 극도로 달한 시기에 여행을 했다는 것이다. 거꾸로 자질은 있었지만, 단순한 이유만으로 여행을 포기한 사람들은 위대함에 가까이 갈 기회를 잃었다고 생각한다면, 필자 개인의 논리 비약일까? 이런 사실을 상기하면 위대한 사람의 뒤에는 대부분 위대한 부모가 있다는 생각을 하게 된다. 여행은 그 자체만으로도 교육적이다. 왜냐하면 스스로 능동적으로 변화하는 상황을 만들고 평소 생활하는 패턴을 벗어나기 때문이다. 그래서 젊은이들에게 더욱 권하고 싶다. 부모는 자녀에게 지식이나 지혜의 지평을 넓히는데 돈을 투자하는 것이 아니라 그저 명목상의 타이틀 획득에 골몰하는 것 같다. 눈에 보이는 성과를 기대하기 때문인데, 이것을 옳지 않다고 말할 자격이 있는 사람은 없다. 하지만 그래도 필자는 젊을수록 여행에 투자하라고 말하고 싶다.

변화가 없으면 느낌도 없으며, 어떤 느낌이란 동적인 변화에서 오는 마음의 움직임이 아닐까 한다. 매일 변화가 없는 생활을 하다 보면 그게 무얼 의미하는지 인식조차 하지 못하지 않을까? 이렇게 필자도 떠돌이 노숙자처럼, 기댈 곳 없이 홀로 여행할 수 있는데, 감수성이 많은 나이의 10대들은 어떨 것인지 대충 상상이 된다. 떠나 보면 부수적으로 현재 가족과 함께 누리는 것들이 얼마나 소중한 것인가 새삼 느끼게 해준다. 그것이 그냥 변화 없는 생활 중에서는 느낌과 울림이 없이 그저 관성의 물결에 휩쓸려 시간만 지나갈 것이다.

미닛 메이드 파크를 뒤로하고, 여행객들에게 흥미로운 장소인 허먼 공원(Hermann Park)으로 향했다. 허먼 공원은 공원 자체도 볼거리가 있는 장소지만, 주변에 휴스턴 미술관(MFAH: Museum of Fine Art Houston), 텍사스 메디컬 센터(Texas Medical Center), 라이스 대학교 등 여행자들이 휴스턴에서 방문해야 하는 장소들이 몰려 있다.

허먼 공원에는 시민들이 가족 단위 혹은 친구들과 어울려 즐길 수 있는 공간과, 동물원, 골프장 등 시설들이 있어 많은 사람으로 북적인다. 북쪽 입구에는 자연사 박물관과 함께 이 도시의 이름인 샘 휴스턴의 기마상이 있다. 기마상과 마주 보고 일직선상 공원 중앙쪽으로 강대국의 자존심과 오만함을 나타내는 파이오니아 메모리얼 오벨리스크(Pioneer Memorial Obelisk)가 있다.

휴스턴 미술관은 한국관이 있다고 해서 가 보고는 싶지만, 뉴올리언스의 Museum of Art를 가기로 하고 이번에는 지나치기로 했다.

라이스 대학은 사실 대학 자체도 남부의 하버드라고 불릴 만큼 명문이기도 하지만 필자가 관심을 두고 있는 것은 Rice Stadium이다. 이 미식축구 경기장은 라이스대학의 팀 OWL의 홈구장이지만, 1962년 9월 12일 당시 대통령이었던 John F. Kennedy의 연설로 더 유명하다. 케네디 대통령은 구소련에 비해 많이 뒤떨어진 우주 개발 분야에서 이를 극복하기 위한 그의 결단과 국민의 지지를 끌어 낸 연설을 이곳에서 했다. 적대적 경쟁 관계였던 소련은 늘 몇 단계씩 미국을 앞서 나가고 있어, 미국의 자존심을 건드렸고, 미국은 이를 극복하기 위해 1958년에 미 항공 우주국인 NASA(National Aeronautics and Space Administration)를 이곳 휴스턴에 설립했지만 역시 따라잡기는 역부족이었다. 케네디는 많은 전문가의 자문을 받아 이를 극복하려는 과정에서 달 궤도 진입하는 것으로 소련을 앞설 가능성이 없지만 달착륙을 목표로 하면 그나마 기회는 있을지도 모른다는 조언을, 당시 NASA의 책임자였던 James E. Webb으로부터 듣는다. 더욱이 1961년 소련의 유리 가가린이 우주 궤도를 성공적으로 돌고 지구로 귀환하는 데 성공함으로써 미국인 가슴속에 불을 질렀다. 그는 함축적인 한 문장으로 미국인들에게 꿈과 희망을 선물했다. "We choose to go to the Moon! We choose to go to the Moon! We choose to go to the Moon…." 톤을 달리해서 같은 문장을 세 번 반복함으로써 굳은 의지를 보여 주었다. 케네디의 이 부분 연설을 듣고 싶은 분은 홈페이지(https://spacecenter.org)에 들어가면 가능하다. 이 한 문장으로부터 필자가 받은 느낌은 미국의 전술인 상륙작전이 문득 떠올랐다. 즉 상황을 역전시킬 방법은 전술적으로 위험이 따르지만, 건너뛰어 질러가는 상륙작전과 같은 개념이다. 즉 달 궤도를 돌거나 지구 궤도를 돌고 귀환하는 것이 아니라, 아예 달 표면에 착륙해서 첫발을 디디는 지름길을 택했다는 것이다. 마치 전투에서는 늘 지지만 전쟁에서는 이길 수 있다는 불확실하지만 희망적인 메시지를 반복한 것이다. 하지만 당시에는 불가능해 보이는 목표를 제시한 케네디는 이 연설로 국민의 환호를 받았고, 전폭적인 지원을 얻어낸 결과, 케네디가 암살당한 6년 뒤인 1969년에 소련은 생각지도 못한 달착륙에 성공함으로써 미국인의 자존심을 한껏 높여 주었다. 그 역사의 현장이 바로 여기 Rice Stadium이다.

휴스턴에 온 이상 NASA(홈페이지 https://spacecenter.org) 반드시 방문해 보자. NASA를 방문하려면 트램 투어를 해야 하는데, 홈페이지에 들어가면, 쉽게 살 수 있으며, 현장에서도 구매할 수 있으나 비싸다. 인터넷에 'NASA Tram Tour Space Center Houston'을 입력하면 티켓을 살 수도 있다. 이후는 순서대로 진행하면 된다. NASA의 위치는 휴스턴의 외항 갤버스턴(Galveston)으로 가는 45번 고속도로 남쪽으로 가다가 NASA 바이패스 도로로 빠지면 된다. 필자는 개인적으로 엔지니어이기는 하지만 투어에는 관심이 없어 하지 않았다. 대신 비가 오는 중임에도 휴스턴 외항인 갤버스턴을 다녀왔다. 하지만 폭우 수준으로 비가 쏟아지는 바람에 포트로더데일에서 폭우에 대한 트라우마가 있어 차로만 한 바퀴 돌고 숙소로 돌아왔다.

폭우 속의 휴스턴

휴스턴에서 마지막 날이고 일요일이다. 시내 쇼핑몰은 일요일이라서 문을 닫았고, 어제부터 오던 비가 그칠 것 같지 않아, 시내 중심에서 남쪽에 있는 에클렉틱 메니지리 공원(Eclectic Menagerie Park)을 다녀올 생각으로 숙소를 나섰다. 며칠 전 주차할 때 햇빛이 강해 나무 밑에 주차했더니 새들이 차 위를 오물로 더럽혀서 세차하고자 주유소에 들렀는데 비가 더 세차게 쏟아지기 시작했다. 숙소로 되돌아갈지 생각해 보았지만, 숙소에 돌아가 봐야 딱히 할 일도 없어서 본래 계획대로 출발해서 공원에 도착했다. 공원에 도착하니 방문한 여행객이 별로 달갑지 않은지 날씨는 비협조적으로 아예 천둥번개를 동반한다. 어쨌든 일정 내에 가보아야 할 곳들을 방문해야 하니까. 이곳에 오는 것도 만만치 않았다. 숙소에서 출발해서 휴스턴 시내 정남쪽인데 33km 떨어져 있지만 우중에 내비게이션의 지시에 따라 280, 610, 45, 10, 69, 288 여섯 개의 고속도로를 거쳐야 했다.

이 공원은 금속과 플라스틱 제품 등으로 여러 가지 모형을 제작해서 설치한 야외 설치 예술 작품 공원이다. 공원 주차장에서 비가 몹시 쏟아져 차 안에 있으니 점점 더 천둥·번개가 심하다. 밖에 우산 쓰고 나갈 수 있는 상황도 아니라, 차를 이리저리 움직여서 차 안

Eclectic Menagerie Park 조형물들

에서 감상하는 것으로 만족했다. 좀처럼 비가 그칠 것 같지 않고 아직 저녁이 되기는 이른 시간이라서 일단 숙소에 돌아왔다. 숙소에서 저녁때가 되니 비가 멎었다.

이곳에서 선물 가게에 들러 귀국할 때 뭔가 가족들 선물을 사볼까 했지만 번번히 좌절하고 만다. 가장 큰 이유는 선물을 사는 안목이 부족한 것이었고, 두 번째는 Made in ~ 인지라, 가족들이 이런 것을 무겁게 왜 사 왔냐고 대놓고 면박이다. 과거에는 품질이 낮아 물건의 잘 안 보이는 곳에 조그만 글씨로 써 놓았었다. 하지만 현격한 저가로 주변국들의 제조업 생산 시설을 초토화시키고 자신감이 붙었는지, 이제는 버젓이 대문짝만하게 새겨 놓아 물건을 산 필자만 낭패다. 한국에서 다XX에 가면 훨씬 저렴한 가격으로 살 수 있는 것인데, 비싸게 사서 무겁게 들고 다닌 필자를 원망하고 싶다. 그러나 지금의 어려움은 코로나 여파로 거의 모든 백화점이나 전문 가게들이 문을 닫았다는 사실이다. 코로나 팬데믹 시기에 온라인 구매자들의 습성이 팬데믹으로 인한 사회적 거리 두기가 해제된 지 오래지만 좀처럼 오프라인으로 전환되지 않기 때문이다.

자유 여행 팁 | 여행객의 렌터카 주차

차를 가지고 다니는 것이 자유 여행자의 선택이라면 필수적으로 주차에 대한 개념(콘셉트)은 분명해야 한다. 우선 차가 있으니, 주차가 가능한 숙소를 선택해야 한다. 보통 주차비는 밤샘 주차를 하면 일반적으로 20~30불일 정도이다. 숙박비의 20~40% 수준이며, 당연히 숙박비와는 별도이다. 그것도 호텔이 관리하는 것이 아니고 호텔은 돈을 지불하면 티켓을 주는 형태이다. 한마디로 말하면 주차 설비는 이미 주차 전문 관리 업체에 임대되고 호텔과는 별개의 계약이 되는 것이다. 거의 모든 호텔이 그렇다. 주차 관리 인원에 대한 부담은 줄이면서 일정한 매출이 가능하기 때문으로 보인다. 문제는 소비자관점에서 업체가 일정 수익을 보장하고자 요금을 올리면 숙박 업체를 이용하는 여행객은 그야말로 봉이 되는 순간이다. 이런 지역일수록 주변의 주차 단속을 심하게 하고, 무료 주차는 꿈도 못 꾼다. 시내 중심가에 있는 호텔은 거의 어김없이 유료 주차임을 알아야 한다. 그런데 주차비가 적지 않다.

2010년대 중반까지만 해도 잘만 찾으면, 무료 주차 구역을 비교적 쉽게 찾을 수 있었다. 유럽이나 미국도 마찬가지였다. 그러나 지금은 없다고 보아야 한다. 주차할 만한 공간은 모조리 주차비 현장 지불 기계가 있거나, 주차장 관리, 주차비 징수 전문 회사의 관리 장소로 되어 있다. 그래서 주차비는 많이 올라 있다. 임대한 비용과 관리

비가 포함되니까. 여행자들에게는 반갑지 않은 현상이지만 여행객들이 많이 찾는 지역들의 자연스러운 대응이다. 소위 울며 겨자 먹기식이고, 지나치다 싶은 생각이 들면 여행 내내 마음이 불편하고 여행이 즐겁지 않다. 누구나 가보고자 하는 곳을 자동차로 가려면- 미국에 팁 문화가 발달한 것처럼- 값의 고하를 떠나 움직이는 대로 무료 주차를 포기해야 한다. 그런 곳일수록 상식적인 방법으로 자동차 없이는 가기 불가능하다. 그럼에도 불구하고 저렴하게 주차하려면 노지보다 주차빌딩이 조금 저렴하고, 길가에 요금 징수기가 있는 곳이 제일 저렴하다. 그런데 길가에는 시간 제한이 있는지 자세히 보아야 한다. 주차하는 방법은 간단하다. 차량번호(Plate number 혹은 Licence plate number)를 입력하고 원하는 시간을 선택한 후 해당 요금을 지불하면 된다. 이때 신용 카드를 쓰면 된다. 현금을 쓸 경우 지폐가 불가능한 경우가 많다. 동전만 가능하다는 뜻이다. 요즘은 구매할 때 카드를 쓰기 때문에 동전이 생길 기회가 거의 없다. 2010년대 초반만 하더라도, 자꾸 동전이 생겨서 귀찮았는데 이젠 동전이 귀하다. 그러니 동전을 꼭꼭 잘 보관해 놓는 것이 좋다.

호텔의 주차비가 부담된다면 혹시 인근에 대형마트가 있는지 검색해 보고, 주차비를 받지 않는 곳이면, 이용해 보는 것도 방법이다. 또한 일부 지역의 공영 주차장은 오후 6시부터 익일 오전 8시까지 무료인 곳이 제법 많다. 물론 이 경우에는 숙소에서 약간의 거리가 있으므로 일단 체크인 하고, 무거운 짐은 옮긴 후 주차하고 느긋하게 걸어오면 된다.

언젠가 꼭 와 보고 싶었던 루이지애나

루이지애나주의 뉴올리언스로 가는 날이다. 미국식 발음과는 다르며, 왠지 지명이 낯설다. 알고 보니 이곳을 초기 프랑스 식민지였고, 당시의 루이 14세의 이름을 따서 루이지애나가 되었다고 한다. 그리고 루이지애나에서 가장 큰 도시인 뉴올리언스는 초기 프랑스 정착민이, 뉴욕 지명을 만든 것처럼, 프랑스의 도시 '오를레앙'에 '누에보'란 접두사를 앞에 붙인 '누에보 오를레앙'이 오늘날 영어식으로 뉴올리언스가 되었다 한다. 남의 나라 역사를 조금 살펴보는 것은 음식에 소금을 넣는 것처럼 여행의 맛을 더 느낄 수 있어 의미가 있다. 우리가 국내에서도 특정 관광지를 가면 문화 해설가란 제도가 있는 곳도 있다. 문화 해설가는 그곳의 유래와 역사를 소개하는 것이 기본이다.

뉴올리언스는 초기 신대륙 개척 시절 북미 지역에 프랑스인들이 비교적 많이 이주해 사는 두 군데 중 하나다. 한 곳은 북동쪽 메인주와 인근 캐나다 동부 지역이다. 이 지역의 프랑스계 이민자를 아카디언이라 부르며, 메인주에는 아카디아란 이름의 북쪽 유일의 국립공원이 있다. 캐나다 동부 노바스코샤주의 원래 명칭도 아카디아주였는데, 영국인들이 이곳을 캐나다 영토로 하면서 노바스코샤주로 이름을 바꾸었다고 한다. 당시 노바스코샤주에 거주하던 프랑인들이 영국 여왕에게 충성 맹세를 거절하면서 박해를 받았고, 추방되거나, 박해를 피해 아프리카계와 함께 뉴올리언스로 대거 이주했다고 한다.

지금도 캐나다 동쪽을 여행하다 보면 별이 있는 깃발이 내걸린 집들을 많이 볼 수 있는데, 필자가 2017년 가을에 캐나다 북동쪽 단풍 테마 자유 여행을 했을 때, 그 깃발들이 유대인 표시인 줄 알았다. 그런데 가만히 보면 별의 크기와 모양이 다르다. 심지어 어떤 것들은 프랑스 깃발 안에 별을 그려 넣었는데 이것이 바로 아카디언 상징이다. 사진들의 깃발은 현재 인터넷을 통해 구매할 수도 있다.

이렇게 뉴올리언스로 이주해 온 아카디언은 본래 이 지역으로 프랑스에서 직접 개척민으로 이주한 사람들과 구분하여 불렀는데, 뉴올리언스 인근의 미국 원주민의 호칭 오류와 영어식 표기로 인해 케이준으로 불리게 되었고, 케이준이라는 독특한 문화를 만들었다. 이들은 이곳에서 다양한 민족과 섞이면서도 특유의 불어를 조금 사용한다고 한다.

아카디아 깃발들

케이준을 대표하는 문화 중에는 음식 문화가 있다. 음식들은 여러 가지가 있지만, 스페인의 빠에야에서 유래한 잠발라야와 걸쭉한 수프의 일종인 검보가 있으니, 뉴올리언스에 왔으면 기회를 만들어 즐겨 보기를 권한다. 이곳에는 케이준 말고도 초기의 프랑스, 스페인, 독일, 이주민과 아프리카계, 이곳 원주민인 인디언들의 총체적 복합공동체인 크레올이 있는데 이들의 음식도 비슷하지만, 식재료와 조리법이 조금씩 다르다고 한다.

휴스턴에서 뉴올리언스로 가는 길은 I-10 고속도로인데 마치 늪지대를 지나는 것처럼 느껴졌다. 지대가 낮고, 오랜 세월 속에 남부 지역 하천의 하류가 모여 멕시코만으로 유입되면서 발달한 삼각주 내를 가로지르는 것이다. 간간이 길 방향과 나란히 나 있는 소로도 보이고 목장 지역도 보이지만, 물가에는 맹그로브 나무도 보인다. 길가의 입간판에 간혹 Swamp(늪지) 혹은 Crawfish(Crayfish: 민물 가재) 등의 단어가 보인다. 이것으로 미루어 보아 이곳의 지형을 짐작할 수는 있다. 사실 우리나라 민물 하천에 외래종인 Crayfish 가재 때문에 토종 어종들이 수난을 당한다고 한다. 이 문제는 수입 가재를 관상용으로 키우던 일부 사람이 하천에 방생하면서 생긴 문제라고 한다.

가끔 보는 여행안내 책자에는 뉴올리언스는 "하루 종일 음악이 흐르는 도시"라는 표현을 쓰며. 가장 미국적인 음악이라고 하는 재즈 때문인 것 같은데, 꼭 그런 것만은 아니고, 다소 과장된 표현이다. 여행 관련 책자에서 이런 여행 욕구를 자극하는 표현이나 문구들이 가끔 보인다. 어느 도시나 마찬가지다. 음악이란 필요한 곳에서만 나오는 것이지, 도시 전반에 하루 종일 나오는 것이 아니기 때문이다.

놀라(Nola)라는 애칭을 쓴다고 하는 이 도시로의 여행은 휴대 전화 문제로 인해 아침 출발이 늦어졌다. 아무리 해도 인터넷 불통에 통화까지 잘 안되었다. 처음에 어리둥절, 왜 그런지 이유를 몰랐다. 한 달짜리 Prepaid 유심인데, 한 달이 다 되려면, 아직 멀었기 때문이다. 어쨌든 이를 해결하려면 가까운 VERIZON Shop으로 가야 한다. 숙소의 WIFI로 위치를 검색해 보니 가까운 곳에 있기는 한데, 10시에 영업 시작이라서 시간에 맞게 체크아웃하고 도움을 요청했다. DATA 메모리 15기가에 한 달은 맞는데, DATA가 다 소진된 것이었다. 내가 그 생각 못 하고 자주 동영상을 보았고, 내비게이션 내내 켜고 다녔고, 핫스팟 기능을 전화기 2대에 분배하다 보니 12일 만에 용량을 다 소진한 것이다. 그런데 국내와는 다른 것이 메모리는 없더라도 음성통화는 되는데, 여기서는 모든 것이 불능 상태가 되어 버린다. 앞으로 주의해야겠다. 결국 추가 구입하고 약간의 기술적 문제가 있어서 오후 1시 넘어서 출발했다. 그래도 규정 속도를 지켜 가면서 편안하게 운전했지만, 이곳 사람들은 조금 더 빨리 달린다.

카트리나의 뉴올리언스

오랜만에 늦잠을 잤다. 이렇게 여행 중에 8시가 넘도록 자본 적이 없다. 어제 전화기 문제로 신경을 많이 소진한 모양이다. 사실 별것도 아닌데 12시가 넘어서 출발했고 뉴올리언스는 비교적 가까우니 중간에 점심 식사하고 바로 시내 중심가로 들어갔다. 다운타운이자 관광의 중심지인 프렌치 쿼터 지역은 미시시피강 강변을 따라 발달해 있다.

비가 내리는 The Moonwalk River Front Park 인근

U자로 꺾인 미시시피 강변의 더 문워크 리버 프런트 공원(The Moonwalk River Front Park)에 있는 공식 주차장에 주차하고, 비가 오는 것에 개의치 않고 투어를 시작했다. 뉴올리언스의 중심가인 잭슨 스퀘어에 도착했는데, 역시나 비가 옴에도 불구하고 사람들이 구름같이 많다. 사실 필자가 뉴올리언스에 오고 싶었던 것은 2005년 당시 허리케인 카트리나에 의해 초토화됐던 것이 매스컴에서는 많이 회복되었다 하는데 지금의 상태를 직접 보고 싶기 때문이다. 그리고 전통적 미국 문화와 결이 약간 다른 '재즈'를 경험하고 싶었던 이유도 있다. 카트리나로 인한 당시의 피해 규모는 1,800여 명 사망(통계가 아직도 확실치 않음. 미국답지 않다) 6만여 명 이재민, 120조 원 피해 금액이라 한다. 미국 역사상 재난 피해치고는 최대다. 지형적으로 뉴올리언스 자체가 미국 최대의 강인 미시시피강 하구 삼각주에 건설된 도시다. 도시의 대부분 지역은 해수면 보다 낮고, 특히 소득이 적은 흑인 하층민은 지역이 더 낮은 지역에 많이 살고 있었다. 해수면이 낮지만, 바닷물을 막아 주는 제방이 있고, 배수 시설들이 있기에 거주가 가능했던 것이다. 그러던 것이 1급도 아니고, 2급도 아닌 3급 태풍에 이 제방이 무너지면서 순식간에 피할 틈도 없이 갑자기 주거 지역을 타격했으니, 그 피해가 클 수밖에 없었을 것이다. 잘 아는 사실이지만, 제방은 처음 조금씩 새다가 무너지면 걷잡을 수 없이 순식간에 무너진다. 그리고 제방 안쪽과 바깥쪽의 수위가 같아질 때까지 물이 빠른 속도로 유입된다. 이런 시설들은 국가가 관리한다. 사실 정치가나 공무원들은 국민의 안전 확보에 온 힘을 기울여야 한다고 생각한다.

뉴올리언스의 중심가에 필자가 서니, 그때의 상처가 아문 것처럼 보이고 관광객들도 활기차다. 그리고 휴스턴 방향에서 뉴올리언스를 비롯한 루이지애나로 들어오는 I-10 고속도로 입구 여행자 방문센터(Traveler's Visitors Center)는 다른 곳 보다 더 적극적으로 홍보활동을 하고 있었다. 뉴올리언스 관광 중심지는 프렌치 쿼터라는 구시가지인데, 이곳을 뷰 카레(구 시가)라 부르고, 미시시피강과 연한 그 중심에는, 잭슨 광장이 있다. 잭슨 광장 중앙에는 앤드류 잭슨(Andrew Jackson)의 앞발을 힘차게 들고 있는 기마상이 있다. 앤드루 잭슨은 제7대 미국 최초의 평민 출신 민주당 대통령으로, 이곳 뉴올리언스에서 영국군을 상대로 대승을 거두면서 명성을 날렸다. 이상한 것은 서양에서 청동 기마상의 두 앞을 모두 들고 있으면 전사한 것이 일반 관습이라는데, 잭슨은 전사하지도 않았을 뿐만 아니라, 지독한 인종 차별주의자에 인디언들을 가장 많이 학살한 주인공인

잭슨 광장 전면의 세인트루이스 대성당과 잭슨 기마상

데도, 청동 기마상은 앞발을 모두 들고 있다. 역사란 단순하지 않나 보다. 그런 그는 지금까지도 이곳에서 존경받는다고 한다. 독자들도 궁금하면 20달러 지폐를 보면 된다.

잭슨 광장의 정면에는 세인트루이스 대성당이 자리하고 그 좌우에는 성당을 호위하듯 카빌도(왼쪽)와 사제관(오른쪽)이 있는데 이 두 건물은 지금은 주 정부 소유로 두 건물 모두 주 박물관이다. 사제관 박물관에는 마디그라 축제의 역사와 카트리나로 인한 피해, 그리고 복구 등 작업 순간들의 기록물들이 전시되어 있다. 카빌도에는 나폴레옹 데스마스크, 조세핀의 유물, 나폴레옹의 초상화 등이 관심을 끈다. 성당은 무료입장할 수 있지만 두 박물관은 유료이다. 그리고 미시시피강 방향을 바라보고 좌측에 있는 붉은 벽돌색의 긴 건물이 퐁탈바 아파트이다.

퐁탈바 아파트

프랑스 퐁탈바 남작 부인이 세운 임대 아파트인데, 미국에서 가장 오래된 아파트라고 한다. 현재도 사람이 거주하고 있고 1층은 상가 건물이다. 잭슨 스퀘어에서는 나무들 때문에 이 건물 정면 사진을 찍을 수 없고 성당 쪽이나 미시시피강 방향에서 측면을 촬영할 수 있다. 성당을 중심으로 식민지 양식의 건물들로 가득 들어선 뒷골목들이 사람들로 붐비는 지역이다. 그 골목들 중 관광객들로 가장 붐비는 구역인 로열가(Royal St.)와 버번가(Bourbon St.)는 어슬렁거리며 기웃기웃 구경하는 지역이다.

버번가와 로열가 전경

우리 식으로 말하자면 먹자골목과 술집들, 카페, 조그만 박물관, 그리고 아트갤러리가 몰려 있다. 골목 이름인 버번(Bourbon)은 미국인들이 사랑하는, 특히 남부 지역의 위스키인데 대략 45~50도 정도이다. 버번 골목을 미국 여행 책자에서는 탐탁잖게 표현한 것을 보았는데, 아마도 대낮부터 술에 취해서 흥청거리고, 문란한 광경들을 볼 수 있어서가 아닐까 생각해 보았다. 사실은 외지에서 온 관광객이라면, 안전만 하다면 그런 광경에 더 호기심이 가는 것 아닐까? 그래서 호기심에 버번가를 훑듯이 천천히 탐색해 보았다. 간간이 시끄러운 음악 소리가 나기는 하지만 필자가 상상한 것 같은 광경은 볼 수 없었다. 아마 비가 오기 때문인가 생각했다. 대낮에 술 마시고 흥청거리는 것은 내슈빌의 브로드웨이(Broadway)에 밀집해 있는 홍키통크(Honky Tonk)일 것이다. 특이한 것은, 사진에서 보이듯, 2층 건물의 테라스가 인도 위의 지붕 역할을 해서 비가 와도 인도에는 비를 피할 수 있는 구조다. 아마 비가 많이 오는 지역의 특성을 반영한 듯하다.

이곳 시내 교통은 RTA라고 쓰여 있는 클래식한 전기차인 스트리트카가 있는데 걷기가 불편한 분들은 이용할 만하다. 시내 중심가와 외곽을 연결하는 교통수단이다. 필자는 개인적으로 이곳에 온 관광객이라면 무조건 한번 이용해 볼 것을 권한다. 일종의 옛날식 전철인데 그리 빠르지도 않다. 타보기를 권하는 이유는 우선 안전하게, 미국의 이색적 도시의 도로를 즐길 수 있고, 전차가 지나가는 거리에는 참나무 터널, 호화 주택들이 보이는 등 주변 경관이 마음을 편안하게 해주기 때문이다. 운전을 직접 하지 않아도 되고, 이곳 날씨가 덥고 습해서 걷기 불편한 점을 고려하면 강추다.

타는 곳은 세인트 찰스 애비뉴(St Charles Ave)에는 정류장이 촘촘히 있으니 아무 곳에서나 타면 된다. 뷰 카레 지역에 있다면 로열 스트리트로 남서 방향으로 걸어서 카날 스트리트(Canal Street)까지만 가면 정류장들이 있다. 뉴올리언스에서 박물관이나 갤러리 등을 방문해서 보내는 시간을 고려하지 않는다면 이곳을 관광하는 최고의 선택이 될 수 있다.

뉴올리언스는 대중들에게 잘 알려진 마르디그라 축제가 열리는 도시이다. 이 축제는 흔히 가톨릭에서 말하는 재의 수요일 2주 전 금요일부터 시작해서 12일간 계속된다. 전 세계 대부분의 축제가 그렇듯이 축제의 서막과 하이라이트는 퍼레이드이고, 방점은 음식으로 찍는다. 퍼레이드는 화려한 복장을 한 일꾼과 이와 관련한 현란한 몸짓, 그리고 밴드 집단들이 한 조가 되어 시가지의 주요 도로를 행진하는 형태이다. 축제가 꼭 이런 형태가 아닌 것도 있다. 스페인의 마드리드에서 2018년에 10월 하순 경에 우연히 축제의 중심에 서 있었는데, 마드리드 시내 중심가를 끝도 없이 양 떼들과 목동들이 지나가는 퍼레이드였다.

우리나라에도 자치단체 단위로, 사람들에게 즐거움을 선사하는 축제가 많이 있다. 앞으로 콘텐츠를 알차게 만들어 세계적인 축제의 형태로 발전시켰으면 하는 바람이 있다.

필자는 개인적으로 축제가 있는 그런 시기에는 해당 지역 여행을 되도록 피하려 한다. 개인 취향이다. 이유는 축제가 방해되어 보고 싶고 들르고 싶은 곳을 원하는 대로 할 수가 없다. 그리고 차분히 둘러볼 곳을 둘러보기도 힘들다. 숙소 구하기가 매우 어려운 것은 물론이고, 구했다 하더라도 비용과 위치 등에서 많은 대가를 치러야 한다. 주변 인근 도시마저도 숙박은 물론이고, 음식값과 그 외 모든 물가도 평소의 가격보다 올라 있다. 그런 상황은 이해하지만, 정도가 심하다는 생각이 들 때가 많았다. 필자가 2016년에 독일 뮌헨에 옥토버 페스트에 아내와 간 적이 있었는데, 주변 숙소의 숙박비가 너무 비싸서 애를 먹은 기억이 있다.

로열가와 버번가에서 5블록 떨어져서 노스 람파트가(North Rampart st.)로 가면 콩고 스퀘어(Congo Square)와 나란히, 뉴올리언스가 낳은 재즈와 트럼펫 연주가인 루이 암스트롱 기념 공원이 있다. 공원에 들어서면 좌측 콩고 스퀘어(Congo Square)에는 아프리카계 미국인들이 악기 연주와 춤을 추는 여인의 조형물이 있다.

암스트롱 기념공원으로 발길을 옮기면 옅은 회색의 대형 철제 아치가 암스트롱 기념공원 입구임을 알린다. 안쪽에서는 거리의 악사들이 브라스밴드를 연주하면서 행진하는 모습의 조형물이 방문객을 반긴다. 이 조형물 아래의 현판에는 'NEW ORLEANS MARCHING BRASS BAND(뉴올리언스 브라스 밴드 행진)'라고 새겨져 있다. 자세히 보면 모두 아프리카계의 미국인으로 보이며, 재즈를 연상하게 한다. 이들 아프리카계 미국인들은 자유를 잃고 노예로 육체의 고단함과 삶을 파괴하는 같은 인간의 폭거 아래 한 때나마 위안을 주는 영혼의 자유를 찾았을 것이 분명하다. 그들의 표정을 자세히 보면 그런 느낌이 든다.

공원 안쪽 중심에 왼손에는 트럼펫을 들고, 오른손에는 손수건인 듯한 것을 움켜쥐고서 방문객들을 내려다보고 있는 모습의 루이 암스트롱 동상이 있는데, 필자가 갔을 때는 일부 공사 중이었지만 관

암스트롱 공원 내 동상과, 브라스 밴드 조형물

람하는 데는 큰 지장은 없었다. 그는 이곳 출신이지만 시카고에서 주로 활동했고, 뉴욕과 할리우드에서도 활동했다. 1963년에 그랜드 워커힐 서울에서 내한 공연도 했다고 한다.

보통 유명인들을 추모하기 위한 공원에는 당사자의 동상이 있는 것이 보통인데, 필자가 다니면서 안타깝게 생각하는 것이 하나 있다. 바로 인근에 서식하는 조류들의 배설물로 동상의 얼굴과 머리는 물론이고 전신이 오염되어 있다는 점이다. 이런 현상은 필자가 여행지 곳곳을 다니면서 공통으로 느끼는 안타까움인데, 좋은 아이디어로 조류들의 배설물로부터 동상들을 보호하여, 순례자들이나 여행객들의 안타까운 마음이 들지 않도록 했으면 하는 바람 있다. 이곳도 예외는 아니었고, 바다가 가까우니 갈매기로 추정된다.

골목길을 정신없이 돌아다니면서 본 결과 2005년 카트리나로 인한 상처들이 외관상으로는 복구되었다고 볼 수 있지만, 물이 들어섰던 흔적들이 여전히 보이고, 복구의 손길이 미치지 못한 건물들의 노후화 문제들이 남아 있는 것 같다. 허리케인 카트리나가 주고 간 이곳의 상처가 90% 치유되고 복구되었다고는 하나, 아직도 세월이 더 필요 할 것 같다. 프렌치 쿼터 지역처럼 방문객들이 많이 찾는 지역은 아무래도 행정관청이 예산과 인력을 집중적으로 투입하여 빠르게 복구했을 것으로 보인다. 그 결과 도로와 건물에 남아 있던 카트리나의 흔적들이 대부분 사라졌으나, 뷰 카레 지역을 벗어나면 장담하기 어렵다.

뷰 카레 지역을 정신없이 이리저리 걷다 보면, 약간의 혼란스러움을 느끼는 것은 사실이다. 아마도 초창기 이주민 시절의 프랑스풍 건물이라든지, 식민지 건축 양식이 풍기는 묘한 감정이 우리에게 전이된다. 카리브해의 어느 작은 나라의 뒷골목 같다는 생각과 골목마다 나지막한 파스텔 색조의 연이은 건물들은 조화롭게 사람들을 끌어안는 듯하다. 비가 내리고 있기는 하지만 아랑곳하지 않고, 무수히 많은 여행객이 오늘처럼 열정적으로 이 오래된 골목들을 누비며 의미 있는 볼거리를 찾아 탐색을 계속한다. 비록 필자가 겪어보지 않은 당시의 분위기이지만 흑인 노예들과 혼혈인들 그리고 과거의 과도기적인 인간의 자유에 대한 열망, 분출, 재즈 음악 등이 어디선가 한번 겪은 것 같은 착각이 든다. 오래전에 보았던 영화 때문일까? 문득 '과거는 사라진 것이 아니다. 심지어 지나가지도 않

산책로 같은 조각공원

았다'라고 한, 노벨문학상을 받은 미국의 작가 윌리엄 포크너의 말이 생각난다.

뉴올리언스는 영화 '바람과 함께 사라지다'에서 여주인공 스칼릿이 남주인공 레트 버틀러와의 세 번째 결혼의 신혼여행 장소로 나온다.

뷰 카레 지역을 벗어나 있는 시티 파크(City Park)에 가면 시민들을 위한 종합 휴식 공원으로, 조깅, 어린이 놀이시설 등이 있고, 뉴올리언스 뮤지엄 오브 아트(New Orleans museum of Art)가 있다. 공원은

이 지역의 식물들과 튀지 않은 자연스러운 조경으로 관람 코스처럼 산책로가 구성되어 있어 뉴올리언스 시민들에게 휴식과 위안을 주는 느낌이다. 이 공원은 뉴욕의 센트럴 파크처럼 직사각형으로 조성되어 있는데 세로로 5km, 가로로 1.6km로 센트럴 파크보다 규모가 크다. 늪지에 조성되어 있어 다리가 많고, 연이어 폰차트레인 호수(Lake Pontchatrain) 변의 레이크셔 공원(Lakeshore Park)과 연결되어 있다. 오래된 참나무와 옥수수수염처럼 늘어져 이를 감고 있는 녹회색의 스패니시 모스(Spanish Moss: 스페인 이끼)가 나뭇가지와 바람에 흔들거려 산책길의 정취를 한껏 높인다.

산책길에는 요소 요소에 특색 있는 정원들이 있고, 특히 늪지 특색을 살린 정원들이 조성되어 있다. 여행자라면 꼭 가 보아야 할 장소로 추천한다. 공원도 훌륭하지만, 뉴올리언스 미술관과 조각공원이 있기 때문이다. 미술관은 월요일 휴관하며 유료지만 바로 옆에 있는 조각공원은 무료이다. 조각공원 안은 여러 가지 재미있게 구성한 작품들이 있고 넓어서, 숲으로 된 공간에 마치 연인과 함께 산책하듯 즐기면서 작품들을 감상할 수 있게 되어 있는 장소이다. 조

스패니시 모스로 뒤덮인 오크 나무 아래 부르주아의 작품 마망

각 작품의 예술성을 판단하는 안목이 필자에게는 없지만, 작품마다 발걸음을 멈추게 한다. 오래된 참나무 아래에 있는 거미 작품이 보인다. 이 작품은 뉴욕의 현대 미술관(MoMA)에서 본 기억이 있는 것 같은데, 장소는 확실하지 않지만 본 기억이 있다. 프랑스 출신의 루이스 부브르주아의 작품 '마망'이다. 필자는 우리가 사는 주변에도 이런 공간이 상업성과는 별개로 이런 공간이 있었으면 하는 바람이 있다.

삶의 윤택함이란 여유 있게 지낼 수 있는 공간과 질적 우수함, 그리고 도덕성이 함께 어우러져 만들어지는 추상명사인가 싶다. 하지

New Orleans Museum Of Art와 공원 내부

만 현실이 그렇지는 않다는 것이 못내 아쉽다. 무료이지만 정문에 모금함은 있다.

미술관(New Orleans Museum Of Art)에는 여러 예술품 컬렉션에 관심 있는 분들은 들러볼 만하다. 널찍한 공간에 잘 가꾸어진 정원과 잔디밭 끝에 들어선 건물은 나지막하고 넓다. 이오니아식 대리석 기둥이 있는 옅은 갈색과 파스텔 색조의 본관은 각이 있는 형태지만 친근감을 느끼게 한다.

미술관 안내

휴스턴 미술관을 건너뛴 이유는 이곳 미술관(New Orleans Museum of Art)에 오기 위함이었다. 입구와 멀찌감치 떨어져 있는 인공의 수련 연못은 건물과 대조를 이루면서 건물의 각을 어루만져 부드럽게 하고 있다. 이 미술관에는 아시아, 아프리카, 대양주 예술품도 전시한다. 아시아 컬렉션들은 3층에 있으며 일본 예술품이 참으로 많다. 그리고 어느 미술관에서 보아도 일본의 작품과 중국의 작품은 특색이 뚜렷하다. 2층의 전시실에는 19세기 작품들과 인상파, Contemporary 작가, 현대 미술 등 다양한 작품들을 감상할 수 있다. 우리에게 익숙한 피카소나, 모딜리아니 등의 작품들도 있다.

필자가 과거에 여행 중 방문했던 유명한 미술관일수록 소장한 작품들은 많으나, 여러 가지 이유로 그중 아주 일부분만 전시해 소장한 작품 모두를 볼 수 없는 아쉬움이 있었다. 이곳을 선택한 것은 정말 잘한 것이라 뿌듯했다.

세계 어디를 가나, 항상 이런 미술관에 오면 늘 아쉬운 것이 일본 예술은 이렇게 대접받는데, 어찌하여 대한민국은 보이지 않는가이다. 그러나 편견을 버리고 일본 예술품을 보면, 간결하고 함축적인 것이 많다. 느낌은 다르지만, 우리의 전통 동양 예술은 세밀함이 서양 것에 비해 떨어진다는 느낌이 있다. 함축적인 것은 우리의 전통과도 많이 닮았다.

이 공원은 뷰 카레 지역에서 걸어서 가기는 거리가 제법 된다. 습하고, 더운 날 걷는다는 것은 무리가 따르고, 공원 안의 주차장이 널찍하고 여유가 있으니, 차로 갈 것을 권한다. 그리고 기왕에 차를 가지고 왔으면 레이크폰차트레인 코즈웨이 다리(Lake Pontchartrain Causeway Bridge)를 드라이브해 보자. 어림잡아 다리 길이가 40km가 넘는데, 호수 위로 드라이브하면서 보이는 경치가 장관이다. 한국 사람들에게는 신기한 경험이지만, 주변 경관은 호수 위이니 단조롭다. 더욱이 건너편까지 갔다 오려면 왕복 80km가 넘으니 지루하다. 필자는 중간 지점에서 유턴하여 돌아왔다. 상하행선이 각기 별도의 다리지만 중간중간에 다리를 바꾸어 유턴 개념으로 되돌릴 수 있는 'CROSSOVER'가 있다.

뉴올리언스의 교외 지역으로는 다소 명칭이 복잡한 포부르 마리니, 바이워터, 나인스워드 지역이 있지만 안전과 날씨를 고려하여, 차를 타고 둘러보았다. 도로 이곳저곳이 손상된 부분이 많이 보여 카트리나의 영향에서 완전히 벗어났다고 보기는 어려웠다. 목조로

된 주택의 일부는 당시 입었던 피해 때문에 돌아오지 않은 주민의 소유인지, 수리되지 않은 채로 있는 것도 보인다. 결국 시간의 문제인 것 같다.

여기서는 다른 것 다 패스하고 브래드 피트(Brad Pitt)가 미래지향적인 주택지구로 개발한 '프로젝트 메이크 잇 라이트(Project Make It Right)' 주택지구와, 뮤지션즈 빌리지(musicians Village)를 방문하였다. 차를 주차하고 둘러본 메이크 잇 라이트(Make It Right)는 새로 건설된 친환경 주택이라 하는데, 내부를 볼 수 없기에 외관에서만 보자면, 별다른 것이 없는 목조 건물 지붕에 태양광 전지 패널만 있는 것

(위) Lower 9th Ward 지역의 일반 주택, (아래) 메이크 잇 라이트 주택]

이 보일 뿐이다.

이 프로젝트는 허리케인 카트리나로 모든 것을 잃은 Lower 9th Ward 지역의 150가정에 주택을 공급하는 것으로, 브래드 피트(Brad Pitt)가 선의로 했다고는 추정되지만, 소송에 걸려 있다는 내용이 보인다.

뮤지션즈 빌리지는 한국에서도 가끔 보이는, 울타리 내부에 각자의 주택을 특색 있게 꾸며 놓은 그런 일종의 예술인 마을 같은 것으로 예상했는데, 비슷하기는 하지만 예상과는 달랐다. 우선 겉으로 보기에는 지금까지 교외 지역에 있는 목조 주택보다는 비교적 깔끔했고, 은은한 파스텔 색조의 외관과 잘 손질된 앞 정원이 돋보인다. 주변의 도로포장도 그런대로 괜찮았고, 집들은 알록달록하다.

물론 탬파(Tampa)나 세인트 피터스버그(St. Petersburg)와 같은 지역의 고급 주택과 견줄 바는 아니다. 여러 색깔로 알록달록 예쁘게 어깨동무하듯 나란히 줄지어 있는 모습이 정겨워 보인다. 역시 내부에 들어갈 수 없는 관계로 사진만 몇 컷 휴대 전화로 찍는데 눈치가 보였다. 사실 이곳에 오기 전에 관련 내용을 보니 관광객들이 우르르 몰려와 사진들을 찍고 소란 떨고 수선을 피우므로, 실제 이곳의 주민들이 사생활 침해 문제로 달가워하지 않는다는 내용을 보았다. 힐끗 집주인인지 관리인이 보이길래 집이 아름다워 보여 사진 좀 찍을 게요 했더니 끄덕인다. 뮤지션즈 빌리지(Musicians Village) 구역을 벗어나니 다른 곳과 마찬가지로 금방 수준 차이가 난다.

루이지애나주의 뉴올리언스에 여행 중이기에, 자연스럽게 미국

뮤지션즈 빌리지의 파스텔 색조의 알록달록 주택

역사에 대한 궁금증과 함께, 국가란 과연 무엇인가 생각해 보았다. 루이지애나에 얽힌 역사는 지나간 일이지만 재미있는 스토리도 있다. 남의 나라 역사이니 잔가지는 빼고 여행의 목적에 맞게 간추려 보자면 다음과 같다.

미국은 유럽에서 떨어져 나와 늦게 출발한 국가라는 취약점이 있는 나라였다. 따라서 필요에 따라 능력이 된다면 국력을 키워 나갈 여러 건의 전쟁은 필수적이었다. 하나씩 보자면, 자주권 획득을 위한 독립전쟁, 인류 보편적 가치를 세우기 위한 남북전쟁, 영토 확장과 미래 자원을 위한 멕시코와의 전쟁, 그 외 캐나다와의 전쟁이 있다. 이렇듯 전쟁을 통해 강대국으로의 면모를 갖추었으나 전쟁을 통하지 않고 국력을 키운 것이 있으니, 이는 누구나 다 아는 구소련으로부터 알래스카 매입이다. 누가 상상이나 했으랴? 그 당시에는 미 의회에서도 반대했으니까. 그러나 필자가 보기에는 이 모든 것보다 더 중요하지만, 필자가 잘 모르는 것이 이곳 뉴올리언스를 비롯한 루이지애나에 있다. 바로 루이지애나 매입 스토리로 돈을 주고 프랑스로부터 이 땅을 매입한 것이다. 평화롭게 전쟁도 없이! 루이지애나는 초기 스페인 식민지였으나 루이 14세의 손자였던 펠리페 5세는 이 땅을 프랑스에 넘긴다. 이후 프랑스는 국내의 혁명 등 여러 건의 국가적 소용돌이 때문에 여러 곳에 흩어져 있는 영토 관리의 어려움이 있었고, 결정적으로 7년 전쟁에서 대패한 것이 이 땅을 팔아버린 결정적인 이유라고 한다. 당시 프랑스 측은 나폴레옹이었고 미국은 제퍼슨 대통령이었다. 매각한 땅의 면적은 214만km2이었는데, 대한민국의 면적의 20배나 되고, 당시 프랑스 면적의 3배보다 큰 면적이라 한다. 이 어마어마한 영토를 전쟁이 아닌

펜대로 얻었다는 것은 현실로 믿기지 않는 역사적 사실이다. 가격은 1,500만 달러였고 현재 가격으로 1제곱키로미터=302,500평에 7달러 수준이다. 1,500원/달러로 계산해도 평당 0.03원이다. 숫자로 보아도 정말 어처구니가 없다. 알기 쉽게 이야기하면, 대한민국 전체 땅 면적을 강남의 아파트 한 채 값도 안 되는 10억 원에 산 셈이다. 더욱이 가관인 것은, 미국이 사겠다고 한 것이 아니라, 프랑스가 팔겠다고 한 것이라니 웃음밖에 안 나오며, 이보다 더 웃기는 것은, 땅을 판 프랑스는 도대체 얼마나 넓은 땅을 판 것인지 제대로 파악도 못 하고 있었다고 한다. 지도의 흰색 부분인데 현재 미국의 모습을 완성한 퍼즐 게임 같은 것이다.

흰색 부분이 루이지애나 매입 때 취득한 영토

필자의 견해로는 그 어떤 사건도, 미국의 국력을 키운 역사적 사실 중에, 이것을 넘어서는 것은 없다고 본다. 루이지애나가 바로 그런 역사의 현장이고, 이 사건을 루이지애나 매입 사건이라 부른다.

아침부터 비가 쏟아지기 시작한다. 뉴올리언스를 떠나기 전 마지막 날이라서 비가 많이 옴에도 불구하고 차를 몰았다. 비는 점점 세차게 쏟아지고, 게다가 천둥·번개를 동반한다.

고속도로를 달리다 우연히 뒤를 보다가 깜짝 놀랐다. 자전거가 없어졌다. 누군가 밤에 잠가 놓은 와이어를 끊고 가져갔다. 사실 여행 막바지인 시점에서, 자전거는 이제부터는 거의 쓸 일이 없어졌다. 위험하기도 하고, 사진 찍기가 정말 불편했다. 자전거는 그래서 때에 따라 약간 거추장스러워 적당히 버리려고 했다. 다행스럽게도 내 손으로 처리하기 전에 누군가 알고 있는 것처럼 가져갔으니 고마울 수밖에. 사실 50여 일 나와 함께 짧은 기간 애환을 같이 했는데, 필자의 의지가 아닌 다른 사람의 의지로 주인이 바뀐 자전거에 미안했다. 더 좋은 주인 만나서 더 멋진 라이딩을 하고 나보다 더 많이 사랑해 주는 주인을 만났으면 하는 바람이다. 애초부터 여행을 계획할 때 자전거를 가지고 여행하기로 했지만, 어떻게 자전거를 구하고, 처리할지 한동안 궁리를 많이 했었다. 심지어 집에 있는 자전거를 항공기에 싣고 가는 것도 검토해 보았는데, 짐 분량과 항공기에 적재하는 데 불편한 점, 도난의 위험성 등등으로 타당성이 없었다. 대안으로 중고 자전거를 현지에서 사는 것도 검토해 보고, 중고 자전거를 매매하는 전문 매장도 알아보았다. 그러던 중 미국에 사는 친구가 한국에 들렀을 때 미국 여행 계획을 잠깐 이야기하면서 중고 자전거 구입 계획을 이야기했더니, 월마트에 가면 120불이면 쓸만한 자전거를 살 수 있고, 올 때는 버리고 오라는 충고를 들었다. 사실 그 친구의 이야기대로 했지만, 자전거 가격은 10% 정도 더 비쌌다. 아무튼 버리고 오는 것처럼 되어 버린 셈이다.

어제 본 시의 외곽 지역들은 시내 중심가의 뷰 카레 지역들과는 예상외로 여러모로 많이 달랐다. 대표적인 것이, 주변의 주택들은 낡았는데 그것이 수해로 그런 것인지는 불분명했으며, 길 상태도 여기저기 팬 곳이 많아 규정 속도로 유지하기 힘들었다. 아마도 관광객이 많이 오는 지역은 우선 먼저 서둘러 정비해 놓고 급하지 않은 곳은 우선순위에서 뒤로 밀리나 보다. 중간 지역의 도로와 주택 역시 교외 지역 인지라 썩 좋지 않았지만 그래도 외곽의 낮은 지역에 비하면 괜찮은 수준이다.

한국에서 온 관광객이라면 사실 시티파크(City Park)에 가서, 예를 들면 보타닉 가든, 조각공원 이런 것들과 뮤지엄 오브 아트(New Orleans Museum of Art)를 관람하러 가는 편이 낫다.

다른 도시와 마찬가지로 여기서도 자유 여행을 즐기지만, 그래도 간혹 현지 투어를 즐기고 싶으면, 구글 지도상에서 New Orleans Visitors Center를 검색하면 여러 곳이 나오니, 가장 가까운 곳에 가면 된다. 코로나로 인한 사회적 거리 두기는 해제된 지 오래되었지만 밀리거나 붐비지 않으니, 특별한 경우가 아니면 예약할 필요는 없다. 투어에는 자원봉사자들이 안내하며 프렌치 쿼터를 도는 '프렌즈 오브 더 카빌도(Friends of the Cabildo)', 자전거를 타고 시내를 도는 '컨페더러시 오브 크루저스(Confederacy of Cruisers)', 늪지대 투어인 'Swamp Tour' 등을 즐길 수 있다.

자유 여행 팁 | 여행 중의 고민거리

여행하다 보면 특별한 테마를 가지고 가는 것이 아니라면 여러 도시를 들르게 마련이다. 도시 지역은 대자연의 모습을 감상하는 것이 아니기에 선택해야 하는 것이 너무나 많다. 웬만한 규모의 도시라면 도시 내에, 시청 건물, 의사당 건물, 다수의 미술관, 박물관, 궁(宮), 성(城), 타워, 여러 개의 공원, 보타닉 가든, 정원, 동물원, 성당, 교회, 대관람차, 타워 등등이 있다.

이렇게 많은 장소를 제대로 다 둘러보자면 계획한 일정으로는 어림도 없다. 그런데 여기서 여행자들은 고민이 생긴다. 여행사의 패키지여행을 하게 되면 하지 않을 고민이다. 무엇이든 선택할 수 있는 자유 여행자가 감수해야 하는 것 중 하나다. 아무리 자유 여행자라도 특별한 연관이나 연고가 없다면, 한 도시에 장기간 머무를 계획을 하지는 않는다. 시간은 한정되어 있다는 의미이다. 게다가 한 도시에만 해도 미술관이나 박물관들은 각각 10여 곳이 넘는 곳도 많다.

더욱 고민하게 하는 것은 또 하나 있다. 즉 그 많은 박물관이나 미술관들이 관람객을 유인할 수 있는 컬렉션, 작품이나 유물, 전시물이 미술관이나 박물관 한 곳에 있으면 좋으련만, 현실은 그렇지 않다. 여행자가 평소 염두에 두었던 작품들은 필자의 경우를 보면 몇 군데 분산 보관된 것이 보통이다. 더욱 대중에게 인기 있는 작품들은 분

산되는 것은 공식이다. 또 하나의 문제는 이들을 보기 위해서는 입장료를 내야 하는데, 입장료가 정말 저렴하지 않다. 시간도 제약이 있는데, 고가의 입장료를 내고 관람하는데, 대충 훑어보고 나오려니 입장료가 아까운 생각도 든다. 보통 제대로 관람하려면 박물관이나 미술관의 경우 하루 혹은 적어도 반나절 이상이 소요되는 곳이 허다하다. 물론 시간이 많지 않다는 전제도 있으므로, 그것도 제약 사항이다. 이동하고, 줄 서 티켓 구매하고, 입장하고 하는데 부스러지는 시간과 식사 시간, 혼자가 아닐 때 의사 결정을 하는 시간 등을 고려해야 한다. 그래서 필자는 큰 도시의 경우 미술관과 박물관 중 하나, 의사당과 시청 중 하나, 동물원은 생략, 보타닉 가든과 수족관 중 하나, 공원 한곳을 선정하고, 궁과 성은 웬만하면 입장한다. 성당과 교회는 오래된 것을 선정해서 한 곳, 타워와 대관람차는 보통 생략하거나 타워를 선호한다.

이때 복수인 경우가 많은데 고를 때 기준은 ①지명도 ②박물관이나 미술관의 보유 작품이나 유물 ③후기내용 파악 등으로 하는데, 이러한 작업과 과정을 거치려면 역시 시간과 정성이 필요하다. 사전에 관련 장소에 대한 정보를 모두 파악해야만 한다. 이런 일련의 프로세스를 여행 중에 하기에는 작업에 대한 집중도가 떨어지고, 현재 진행하고 있는 여행에 충실하지 못할 수가 있다. 그러므로 출발 전 국내에서 여행 준비 기간 중에 이에 대한 것을 염두에 두고 준비하면 즐거운 여행을 하는 데 보탬이 된다.

마지막 고비를 넘지 못한 렌터카

뉴올리언스에서 출발해서 애틀랜타 방향으로 차를 몰았다. 물론 애틀랜타까지 하루에 갈 생각은 없다. 이렇게 머무르던 도시를 떠나 새로운 도시로 갈 때, 시내의 복잡한 길을 벗어나서 고속도로로 진입하려면, 여러 번 길을 좌회전 우회전해야 하고, 고속도로를 여러 차례, 보통 4~5번 정도 바꿔 타야 한다. 그러기 위해서 운전자와 내비게이션이 매우 바쁘게 돌아가고, 차선이 여러 개 있을 때는, 어느 차선으로 줄을 서야 다음번에 빠지는 길에서 수월하게 노선 변경이 가능한지 가늠해야 한다. 현지인들이야 사정을 잘 알고 있으니 문제없지만, 외지에서 온 여행자들은 어려움을 겪게 마련이다. 거의 모든 여행지에서 겪는 일이다. 그리고 일단 복잡한 도심을 빠져나와 주 루트의 고속도로에 진입하고 나면, 한숨 쉬고 스르르 안도하게 된다. 이젠 숙소에서 가져온 커피와 간식을 여유롭게 즐길 수 있다. 주변 경치를 감상하면서 여행의 즐거움과 순간의 자유로움에 온몸이 짜릿함을 느끼는 순간이다. 특별한 일이 생기지 않으면 이 상태가 지속된다. 특별한 일이란 세 가지다. 졸음이 오거나, 차의 기름을 넣어야 하거나, 화장실 가고 싶을 때뿐이다.

오늘도 예외 없이 시내를 빠져나와 미시시피주를 지나, 앨라배마주의 몽고메리시를 목적지로 방향을 잡았다. 그곳으로 가려면 I-10 고속도로를 이용해야 하는데, I-10에 진입하여 1시간 정도 여유롭게 여행으로 인한 행복감에 젖어 있을 무렵, 갑자기 조수석 타이어 압력에 변화가 보이기 시작했다. 41, 39, 38, … 순간 펑크가 났다는 것을 직감하고, 2차선으로 맨 오른쪽 차선을 변경하고 비상등을 켰다.

당시 75마일(120km/시속)로 달리고 있다가 50마일 이하로 줄였다. 일단 고속도로에서 빠져나와, 타이어 교체가 가능한 곳으로 가는 것이 최선인데, 순간 멍해져서 얼마를 더 가야 빠져나가는 길이 나올지 알수 없었다. 가끔 겪는 일이지만 긴장을 놓고 있다 갑자기 당하는 일이라, 무엇을 어떻게 해야 할지 판단이 서질 않았다. 다만 안전을 위해서 갓길에 충분히 바깥쪽으로 차를 세우고 잠시 차분히 생각했다. 이 상태로 계속 전진해서 고속도로 출구를 통해 빠져나가 주유소가 나올 때까지 가야 할지, 갓길에 세우고 도움을 요청해서 서비스팀이 올 때까지 기다려야 할지 양자택일의 선택을 놓고 생각해 보았다. 결정을 빨리 해야 하지만 선뜻 판단이 서지 않았다. 이럴 때 아내가 곁에 있었다면 필자보다 현명한 판단을 내려 주었을 것이지만 의논할 사람이 아무도 없다.

갓길에 세워 놓고 기다리게 되면, 위험하긴 마찬가지고 압력은 계속 더 떨어질 것이다. 더욱이 도움의 서비스팀이 언제 도착할지 모르는 상황이다. 구글 지도를 검색해 보니 15km 전방에 출구가 있고 얼마 안 떨어져 주유소가 있었다. 우선은 비상등을 켜고, 맨 우측 차선으로 저속 주행을 해서 일단 주유소까지 가기로 했다. 타이어의 펑크가 난 곳은 미시시피주의 샌드힐 크레인 국립 야생동물 보호구역(Sandhill Crane National Wildlife Refuge)을 지나는 I-10 고속도로상이었는데, 먼저 렌터카 회사에 전화해서 상황 설명하고 도움을 요청해야 했지만, 이것저것 설명할 자신도 없을뿐더러 갓길에 오랫동안 세워 놓고 도움을 기다리는 것에 불안감을 느꼈기 때문이다. 비상등을 켜고 침착하려 했지만, 핸들을 잡은 두 손에 힘이 들어갔다. 완전 저속인 시속 40km 정도로 달렸다. 15분 정도 지난 것이 긴 시간의 터널을 지난 느낌이었고, 다행히 출구가 나왔고 주유소가 보였다. 세상에 이렇게 반가울 수가?

주유소에 도착해 보니 압력은 2psig였는데 몇 분 전부터 바퀴에서 금속성 닿는 소리가 진작부터 났었다. 일단 어쨌든 안도의 한숨이 나왔다. 가까스로 위험한 상황은 벗어났으니, 지금부터 진짜 문제를 해결해야 한다. 우선 곰곰이 일의 우선순위를 생각해 봤다. 해야 할 일은 렌터카 회사에 전화하는 일. 인근에 타이어 교체할 수 있는 곳이 있는지, 얼마나 떨어졌는지, 그곳까지는 어떻게 갈 것인지 알아보는 것. 스페어타이어는 있는지 등이다.

우선 스페어타이어 확인 결과 타이어는 있었다. 그다음 우선 순위 중 얼마나 떨어졌는지 업체 알아보기, 그리고 업체에 전화하기, 렌터카에 전화하기 순으로 진행했다. 구글 검색으로 두 군데 찾았는데 1km로 떨어진 자동차 정비소에 전화했더니, 자기네는 안 한다고 해서, 나의 위치를 알려 주고, 인근에 타이어를 교체할 수 있는 곳이 있으면 알려 달라고 부탁했다. 약 6km 지점에 있으며, 가는 길 안내도 해주었다. 듣고 보니 두 군데 중 먼 곳을 이야기하는 것 같았다. 그러다 이럴 것이 아니라 주유소에 물었더니 그 장소가 맞았다.

이젠 렌터카 회사에 전화할 차례다. 잘 알지만 전화하면 ARS가 길게 나오고 어떤 경우인지 번호를 몇 번 눌러야 통화가 된다. 우리 세대는 정서에 안 맞지만 어쩔 수가 없다. 정말 짜증이 났지만 어쩔 수 없는 상황이라 꾹 참고 여러 번 시도했다. ARS로 이리저리 여러 곳을 거쳐, 곡절 끝에 통화가 연결되어, 상황 설명하고, 어찌해야 하냐고 했더니, 지금 안전하냐, 다친 데는 없나? 묻고 혹시 스페어타이어 확인했나? 묻고 인근에 고칠 수 있는 데 있나? 묻는 등 예상대로였다. 우선 가서 나의 비용으로 교체하고, 영수증 꼭 챙겨서 실비 정산 보상받을 수 있도록 차 반납할 때 제출하라고 하고, 재차 여러 번 확인 후 통화를 종료했다.

이제 안전하게 차를 타이어 교체 정비소에 가져가는 일만 남았다. 교체는 정비소에서 할 테니까. 그런데 진짜 문제는 지금부터였다. 스페어타이어로 교체하려고 하니, 타이어와 잭은 있는데, 잭을 돌려 들어 올리는 공구와, 바퀴의 볼트를 푸는 공구가 없었다. 빌릴 곳도 없다. 난감하고 황망하다. 그러다 언뜻 혹시 타이어에 바람을 넣으면 어느 정도는 가지 않을까 하는 생각이 스쳤다. 25센트 동전 8개를 넣어야 펌프가 작동하므로 동전을 교환하여 바람을 넣었으나, 줄줄 새서 헛수고가 되었다.

이제 선택은 하나뿐이다. 그냥 몰고 정확히 5.7km를 이 상태로 가는 것이다. 고무 부분보다 금속 부분으로 굴러가며 겨우 도착했는데, 5.7km가 그렇게 멀 수가 없었고 손과 등에서는 땀이 났다. 국내라면 이런 상황까지는 안 되겠지만. 도착해서 보니 타이어 고무 부분은 림 부분과 완전히 분리되어 있어서 땅바닥에 카펫처럼 펼쳐져 널브러져 있다. 이렇게 타이어 된 것을 생전 처음 보았다. 얼마나 당황스러운 상황인지, 사진을 찍어 놓는다는 것도 깜빡 잊었다. 그런데 또 다른 걱정거리가 생겼다. 만약 금속 부분에 변형이 생겨 바람이 새면 어떻게 하나. 다행히 그러지는 않았다. 타이어 하나를 가지고 나오면서 중고인데 60불 정도라 하며, 교체해 줄까 묻길래 해달라고 부탁했고, 결과적으로 교체는 성공적이었다. 이곳에서 중고 재생타이어로 교체를 한 것이었다. 만일 새 타이어였다면 60불로는 어림없는 가격이다.

교체 후 다시 고속도로로 달렸는데 지금까지는 괜찮다. 펑크 발견하고부터 수리비 계산까지 두 시간 반가량 걸렸다. 이런 일을 당하면, 교과서적으로는 당황하지 말고 서두르지 말아야 한다는 것은 알지만, 일단 당황하게 된다. 우선으로 생각해야 할 것은 안전이고, 렌터카 빌릴 때는 비용이 더 들더라도 보험은 가능한 한 풀보험에 가입하는 것이 좋다는 것이 필자의 생각이다.

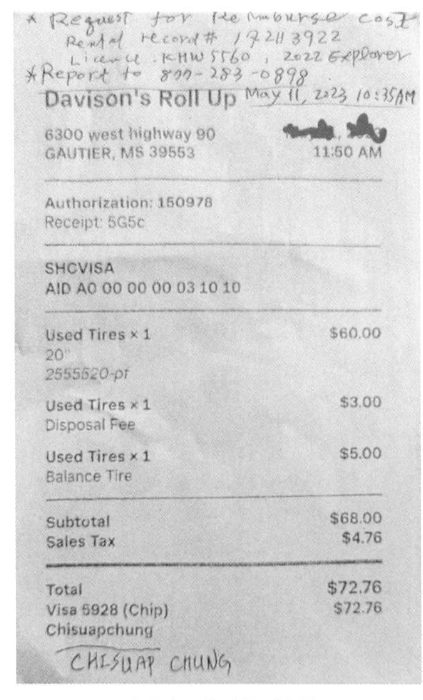
Davison's Roll Up

6300 west highway 90
GAUTIER, MS 39553 — 11:50 AM

Authorization: 150978
Receipt: 5G5c

SHCVISA
AID A0 00 00 00 03 10 10

Used Tires × 1 20" 2555520-pr	$60.00
Used Tires × 1 Disposal Fee	$3.00
Used Tires × 1 Balance Tire	$5.00
Subtotal	$68.00
Sales Tax	$4.76
Total	$72.76
Visa 6928 (Chip)	$72.76

Chisuapchung

타이어 교체 비용 영수증

또한 렌터카 차 인수할 때 반드시 스페어타이어와 교체할 수 있는 공구 일체가 있는지 여부를 꼭 확인해야 한다. 꼭 이럴 땐 동행하지 못한 아내 생각이 간절했지만, 또 다른 한편으로는 이런 험한 고생을 할 뻔했는데 이 자리에 없어서 정말 다행이다 싶은 생각도 들었다.

사실 아침에 출발하고 나서 너무나 순조롭고 고속도로 사정도 좋아서 중간에 미시시피주의 몽고메리에 하루 머물다 가려 했던 것을 애틀랜타로 바로 가는 것으로 고려해 보았는데, 그게 그렇게 쉽게 되지는 않는다. 참 오묘하다는 생각이 든다. 세상일은 내가 어쩔 수 없는 일들이 늘 일어날 수 있다는 것을 느꼈고, 이게 평탄한 여행길에 이벤트를 만들어 주는구나 하고, 훌훌 털어 버렸다.

뉴올리언스를 떠나 몇 시간을 달렸는데도 늪지같이 고도가 낮은 지역에다, 삼각주 지역을 여전히 벗어나지 못하고 있었다. 남부지역은 필자의 예상보다 훨씬 넓게 삼각주 지형이 발달했음을 실감하고 있다. 발달한 늪지들은 이 지역 멕시코만을 중심으로 방대하게 펼쳐져 있다. 주변에 보이는 자연 풍광도 맹그로브 등 늪지 식물과 Swamp Tour(늪지 투어) 입간판이 자주 보이는 등 자연히 이 지역이 늪지임을 말해 준다.

기아 공장과 다운타운이 아름다운 애틀랜타

오늘은 이 여행의 종착지인 애틀랜타로 향한다. 어제 오후 늦게 해가 떨어지기 직전에 앨라배마주의 몽고메리시에 도착했지만, 애틀랜타에서의 일정 때문에 몽고메리시에서는 숙박만 하기로 하고, 여행 탐색은 생략하기로 했다. 몽고메리시는 흑인 인권운동가인 마르틴 루터 킹 목사가 사목 생활을 하면서, 흑인 인권 신장을 위해 비폭력 시위 등으로 인권운동가로 명성을 쌓아갔던 곳이다. 그 이외에도 몽고메리는 남북전쟁 개전 초기에 남부 연합의 수도였던 역사는 있지만 바로 버지니아의 리치먼드로 이전했다.

어제 차 바퀴가 펑크난 일은 잊고 차분하게 출발하여 앨라배마주 경계를 I-85 고속도로를 북동 방향으로 비스듬히 북진하여 주 경계에 도착했다. 주 경계(State Border)을 넘으면 바로 Georgia Visitor Information Center가 나온다. 환영 입간판에 복숭아 그림이 그려져 있는 것이 이곳이 복숭아 주산지임을 알려준다. 이곳에서 5km만 더 가면 '기아대로(KIA BLVD)'가 나타난다. 그뿐 아니라 고속도로상에서도 KIA 로고가 선명하게 보인다. 차를 되돌려 고속도로와 평행하게 나 있는 기아파크웨이(KIA PKWY)를 따라 공장 쪽으로 가보았다. 기아자동차 조지아공장(KIA West Point Assembly Plant)이다. 2010년에 완공된 공장이라는데, 기아차뿐 아니라 현대차도 생산한다고 한다. 누가 이런 것을 할 수 있을까? 생각해 봤다. 해외 연수

기아자동차 조지아주 공장

다녔던, 초창기 80년대 후반에 현대차 엑셀만 봐도 그날 하루 종일 기분 좋았던, 그때 그 기분이 소환되는 듯했다. 조지아주의 웨스트 포인트는 미국 육군사관학교와 명칭은 같지만 다른 곳이다.

애틀랜타는 조지아주의 주도이자 주에서 가장 큰 도시이며, 미국 남부 지역의 관문 역할을 하는 도시이다. 조지아주 자체가 미국 동남부의 주 중에 텍사스주를 빼놓고는 가장 큰 주이고, 북쪽에는 애팔래치아 산맥의 줄기인 블루 리지 마운틴이 있다. 동남부 주들 가운데, 테네시주와 함께 산악지역이 있는 주이다. 이곳 조지아는 특이하게도 복숭아주라고 부른다. 그만큼 이곳의 특산물인 복숭아가 유명한데, 5월 하순으로 아직 철이 아니라서 아쉽게도 맛을 볼 기회를 잡지는 못했다.

애틀랜타는 '영화 바람과 함께 사라지다'의 배경 도시이자, 작가인 마거릿 미첼의 출생지이기도 하다. 남북전쟁 때 북군에게 패해 도시 전체가 불탔었다고 한다. 지미 카터 대통령도 이곳 출신이며, 인권 운동가 마르틴 루터 킹 목사도 이곳 애틀랜타에서 태어났다. 애틀랜타는 코카콜라와 UPS 등 다국적 기업과 AT&T, 델타 항공사의 본사가 있는 곳이다. 전 지구적 뉴스 채널인 CNN도 여기에 있다. 그래서 들러 볼 곳이 많으니 시간적 여유를 가지고 방문할 것을 권한다. 원래 미국에 입국할 때 이곳으로 왔으나, 이 도시를 탐색하고 여행하는 것은, 귀국하기 위해 이곳 애틀랜타로 다시 올 때 하기로 했었다. 시내로 진입하면서, 입국할 때 들렀던 도시라서 그런지 다른 여행지에 비해 낯설다는 느낌이 덜했다. 심리적인 것이다.

스톤 마운틴 공원에 가려 했는데 금요일 오후이고 비가 쏟아지기 시작해서 급히 목적지를 시내 중심가로 변경했다. 애틀랜타에 도착하여 오후가 꽤 지난 시간이라서 바로 시내 중심가로 차를 몰았다. 중심가에서 가까운 조지아 주립대학교 주변 도로가에 3시간 한정 주차 공간에 주차하고 중심 지역으로 걷기 시작했다. 생각했던 것과 달리 도심은 약간의 언덕도 있다. 지금까지 남부 도시들의 평지 지형에 익숙해져서인지 조금 꾀가 나 걷기를 포기하고 다시 차를 몰고 CNN과 코카콜라 사이의 올림픽 공원 인근에 주차하고 망설였다. 코카콜라와 CNN은 다음 날 오전에 오기로 하고, 방문지 우선순위를 변경하여, 다시 차를 몰고 주 의회 의사당으로 갔다. 워싱턴의 연방 의사당(United State Capitol)과 똑같이 설계했다는 주 의회 의사당(State Capitol)에서 서성거렸다. 하지만 연방의 의사당과는 돔의 외관상 차이가 난다. 돔을 올리기 전에 수직 원통형 구조물이 연방 의사당에는 1개 층이 더 있다. 물론 내부는 비슷한 구조일 수 있다.

돔이 금색인 것이 다르고, 비슷하다고 한 것은 아마 내부 구조인 듯하다. 주 의회 의사당 길 건너편에는 노숙자들이 여기저기 있다. 옆으로 피해 가면서, 사진 촬영을 하려는데, 경찰관이 다가와서 말을 건다. 그 경찰이 한눈에 보기에도 동양에서 온 여행객이라는 것을 알 수 있었는지, 여행을 온 것이냐고 묻길래, 그렇다고 대답하고, 의사당 전체를 찍고 싶은데 금색 지붕이 자꾸 잘린다고 했더니 잘 찍을 수 있는 곳을 알려주었다. 그리고 의사당 안에 들어갈 수 있으니 시간 되면 구경하고 가라고 안내해 주었다. 들어가는 입구까지 데려다 주면서 즐거운 시간되라는 인사까지 잊지 않는다.

애틀랜타 주 의회 의사당과 내부의 킹 목사 초상화

친절한 의회 경찰관

경찰관은 우리 식으로 표현하면 의사당 경비원인데, 조지아주 의회 경찰(Georgia Capitol Police)이란 견장을 붙였다. 밖에서 서성이는 사람을 적극적으로 안에 들어가서 관람하라는 그런 친절은 어떻게 베풀 수 있는 걸까? 우리도 복장을 멋지게 디자인하고, 대우도 좋아지면 자부심을 갖고, 국민에 대한 서비스도 향상되지 않을까 생각해 보았다.

의사당 안으로 들어가니 보안 요원들이 ID 보여 달라고 한다. 여권 보여 줬다. 사진 찍더니, 친절히 안내해 준다. 그러면서 엘리베이터를 타고 일단 4층에 가서, 거기서부터 구경하면서 나선형으로 내려오는 것이 편하다며 관람하는 방법까지 친절하게 일러준다. 우리도 그럴 수 있는지 상상만 해 보았다.

조지아 주박물관이 4층에 있고, 내부에는 지미 카터, 마르틴 루터 킹, 마거릿 미첼의 초상화가 걸려 있다. 의사당 내부를 들어갈 때는 잊지 말고 여권을 지참한다.

애틀랜타는 주 전체인구의 반 이상인 520만 명이며, 1996년 하계올림픽이 개최됐었고, 당시 애틀랜타 도시의 아름다운 정경들이 CNN을 통해 전 세계에 방영되었다고 한다. 또한 애틀랜타 공항은 전 세계에서 가장 교통량이 많기로 유명하고, 미국 내 허브 공항으로, 특히 델타 항공사의 허브 공항이다.

이제 집으로 돌아갈 시간이 가까이 왔다. 그동안 혼자 다니면서 두려움 반 호기심 반으로, 미국의 동남부를 매일 경로 체크와 숙소 정하기, 먹고 사는 문제 등을 혼자 해결해 나가며 오늘에 이르렀다. 아직은 나흘 남았고, 여행이 다 끝난 것은 아니지만, 하나씩 종결을 해야 한다. 지금까지 방문지와 테마를 정하고, 그리고 내비게이션을 따라 운전하고, 어떤 길은 자전거로 다니고, 어떤 길은 걸어서 다니면서 많은 것들을 보았다. 매일 식품과 여행지에서 필요한 물건을 쇼핑했고 숙소를 구하지 못 하였을 때는 몇 번의 차박도 했다. 조금도 쉴 틈 없이 이동하고 움직이고, 도시에 특성, 지방의 명소 검색 등등 해야 할 일들이 많았지만 그래도 필자에게 다행인 것은 잠을 쉽게 잘 잔다는 것이다. 썩 건강하지는 않지만, 그저 걸어 다닐 만했다.

월드 뉴스 채널인 CNN이 주말에는 문을 열지 않고 스톤 마운틴은 시 외곽에 있어 일정이 순하게 돌아가지는 않는다. 나중에 안 일이지만 CNN은 주말이라 문을 안 연 것이 아니고, 코로나 여파로 2020년을 끝으로 아예 내부 투어 프로그램을 운영하지 않는 것이다.

늦게 일어나 시내를 어떻게 다닐까 궁리하다 출발이 늦어졌다.

이곳 애틀랜타는 흑인 인권운동가인 마틴 루터 킹 주니어(Martin Luter King Jr.)가 태어난 곳이라 생가와 추모 공원을 먼저 들르기로 했다.

생가는 Auburn ave와 에지우드 애비뉴 사우스이스트, 블러바드 노스 이스트 사이에 있다. 시내 주차에 어려움이 없고 피곤하기도 해서 이후에도 차로 이동하면서 시내 탐방을 하기로 했다. 생가는 무료로 가이드 투어를 하는데 줄을 길게 서야 하고 12시까지이니 유의해야 한다. 12시 이후는 토요일이라서 그런지 아예 문을 닫는다. 필자의 예상대로 방문객들은 백인보다는 흑인이 많았고 아시안 계통은 필자뿐이었다. 여행지마다 그렇게 많이 보이던 중국인이 안 보인다. 어느 관광지를 가나 단연 중국인이 가장 많았었지만, 이상하게도 2018년 필자가 산티아고 순례길을 갔을 때 역시 중국인은 한 명도 안 보였다. 무슨 연관성이 있는 것 같다. 혹시 사회주의 국가라서, 인권 문제와 산티아고의 종교 주제 등이 연관성이 있는가 보다. 하여튼 유명 관광지마다 그 많던 중국인이 안 보이니 신기하기만 하다.

킹 목사 추모 공원에는 기념관이 있다. 기념관 입구에는 낯익은 동상이 있는데, 마하트마 간디의 동상이다. 간디는 킹 목사의 비폭력 무저항 인권운동을 하는데 롤모델이었다. 킹 목사 자신은 1964년 노벨평화상을 받았으나 테네시주 멤피스에서 1968년 39살의 나이에 백인 총탄에 쓰러졌다. 기념관 입장은 무료이다. 내부에는 시대별로 활동 내용과 사진들, 그리고 녹음된 연설, 녹화 기록 등이 있다. 시간을 내어 방문해 봄 직하다.

좌로부터 마르틴 루터 킹 목사 생가 터, 기념관 입구, 간디 동상

차로 이동하여 시내의 중심가로 깊숙이 운전하여 갔다. 유료 주차하고, 1996년 애틀랜타 하계올림픽 기념공원에 갔다. 도심 핵심 중심가에 이런 공원이 있다는 것이 놀랍다. 공원에서 서쪽을 바라보고 왼쪽에 CNN이 있고 오른쪽이 코카콜라 본사(World of Coca-Cola), 조지아 수족관(Georgia Aquarium)과 국가 인권센터(National Center for Civil and Human Rights)가 자리하고 있다. 먼저 코카콜라부터 입장을 했는데 주말에도 방문객을 받는다. 유료이며, 시니어 할인을 받았는데도 20달러다.

사실 내키지 않아서 망설이다가, 그래도 여기까지 왔는데 하는

올림픽 공원에서 보이는 다운타운, 위부터 CNN본사, 대관람차와 오륜상, 1996년 올림픽 기념물, 월드 오브 코카콜라

생각에 투어했다. 예상한 대로, 기업의 탄생과 기업 비밀, 코카 콜라의 레시피 등 별것도 아닌 것들을 포장해서 고가의 유료 상품으로 만들었다. 사실 사람들의 호기심은 갖가지 음료를 시음해 보는 데 관심이 있는 듯했다. 지구상에는 많은 음료가 있지만 10여 종 정도의 음료를 놓고 시음하면서 코카콜라의 우수성을 알리는, 그야말로 꿩 먹고 알 먹고이다. 그래도 소득이 하나 있었는데 이곳에서 손녀의 메이드 인 인도네시아 선물을 선물 코너에서 살 수 있었다. 필자 개인의 생각이니 혹시 어린이를 동반하고 애틀랜타에 왔으면 일단 망설이지 말고 가보자.

코카콜라 내부와 시음장 풍경

코카콜라를 뒤로하고 쇼핑센터를 가려 했는데 문제가 생겼다. 이곳 쇼핑센터는 규모가 큰 편인데, 주말에는 문을 열지 않는다. 그런데 나중에 알고 보니 문을 닫은 것이다. 코로나 여파와 여러 가지 복잡한 상거래 패러다임의 변화로 보인다. 출발 전에 분명 인터넷에서 확인했건만. 코너에 파출소 같은 데가 있어서 물어보았을 때도 문을 열었다고 했는데 이상했다. 한가지 의심이 가는 것은 사람의 왕래가 많지 않은 걸로 봐서 문을 닫은 것이 맞나 보다.

다운타운에서 이곳저곳을 걸어 다니다보면 조지아주가 복숭아가 유명하다는 것을 상기시켜 준다. 며칠 전 주 경계의 고속도로 휴게소에도 복숭아 그림이 있었다. 중심가에는 복숭아나무 센터(Peachtree Center)가 있고, 도로 명칭도 복숭아나무 거리(Peachtree Street)인 것으로 미루어 봐도 복숭아는 이곳 특산물이 맞는 것 같다. 복숭아는 필자가 좋아하는 과일 중 하나다. 어린 시절 맛보았던 복숭아의 감미로운 맛과 유럽 여행 중 자주 사 먹었던 도넛 복숭아, 일명 납작 복숭아. 그 복숭아의 놀라운 맛과 기존의 둥근 복숭아를 입으로 베어 먹을 때와 다르게 불편하지도 않고 손에 쥐었을 때도 편안했던 느낌은 잊히지 않는다.

CNN에서 좌측으로 두 블록 거리에 메르세데스-벤츠 스타디움(Mercedes-Benz Stadium)이 있다. 2017년에 다목적으로 건설한 이 스타디움은 미식축구(American Football)팀 애틀랜타 펠콘(Atlanta Falcons: NFL-National Football League)과 애틀랜타 유나이티드 FC(Atlanta United FC: Major League Soccer)의 홈구장이다. 이 경기장에서 2026년 북미 3개국인 캐나다, 멕시코와 공동 개최키로 한 FIFA 월드컵 게임 중 몇 개의 게임을 할 예정이라고 한다.

시내에서 여기저기 걸어 다니느라 시간이 많이 지체되어 숙소로 향했다. 숙소는 스톤 마운틴 방향으로 정했다. 이곳 애틀랜타는 도시 규모가 비교적 큰 편이라서 심하지는 않지만, 시도 때도 없는 교통체증에 난폭 운전하는 차들이 가끔 있어 조심해서 운전해야 한다.

애틀랜타의 스톤 마운틴 공원

이곳에서 상당히 궁금한 것이 있다. 월마트를 비롯하여 대형마트에 가면 항상 사람들이 인산인해를 이룬다. 우리나라와는 조금 다른 모습이다. 이곳은 매장 규모가 우리나라 L마트나 E마트 규모보다 훨씬 큰 반면, 인구 밀집도는 우리나라보다 훨씬 낮다. 그런데 아이러니한 것은 월마트의 경우 휴일 없이 아침 6시부터 자정이 가까운 11시까지 영업을 하면서도 많은 인파로 붐빈다는 점이다. 어떤 상관관계가 있는지 이해가 잘 안된다. 유럽이나 호주, 뉴질랜드를 여행할 때는 항상 마트 오픈, 혹은 영업 종료 시간을 신경 쓰면서 여행했다. 왜냐하면 자유 여행을 하게 되면 스스로 먹을 것을 준비해야 하는데 자연히 마트의 영업시간에 신경을 쓸 수밖에 없다. 이러한 마트들은 도시 지역에만 있는데, 이동하다 보면 영업이 종료되는 시간 무렵에 도착하는 경우가 태반이다. 그런 의미에서 미국은 월마트라는 쇼핑 장소가 늘 열려 있는 관계로 자유 여행자에겐 천국과 같은 곳이다. 그리고 주요 번화가와 공원 같은 곳, 의사당 주변 등에는 어김없이 노숙자들 많지만, 이곳엔 노숙자들도 그리 많지 않으며, 게다가 월마트는 밤샘 주차를 허용한다.

기후가 좋은 남부지역이라서 그런지 유난히 노숙자들이 더 많은 것 같다. 하지만 여행객들은 신경 쓸 것 없다. 가끔 다가와 말을 거는데, 그냥 무관심하게 지나치면 아무 일 없다. 사실 이렇게 노숙자가 된다는 것도 일종의 선택의 자유일 뿐이다. 자유가 없는 사회에서는 노숙자도 없다. 간혹 거지 없는 완벽한 사회인 것처럼 선전하는 일부 국가가 있지만, 거기에는 자유가 없다고 하는 것으로 이해하면 맞는 것 같다.

열흘 전쯤에 마트의 안내 방송 중 마더스 데이 코멘트가 자꾸 나오길래 인터넷에 확인해 보니, 5월 8일인 우리와 달리 미국은 5월 두 번째 일요일이 어머니날이었다. 마트마다 꽃다발, 꽃바구니 등이 넘쳐나고 일부 거리에서도 꽃다발을 팔고 있었는데 관심이 없었다. 지금 생각해 보니 어머니날이었던 것이다. 그 당시 일부 학생들은 꽃다발을 만들어 와 마트 입구에서 쇼핑하러 오는 사람들에게 호객행위를 하는데 가만히 지켜보니 제지하지도 않을뿐더러 많은 사람이 팔아 주기도 했다. 그런데 그 학생 다 팔았는데도 잠시 후 어디선가 부모로 보이는 사람이 또 많은 양의 팔 물건들을 가져다주고 사라졌다가 다시 나타나기를 반복했다. 다시 나타날 때는 어김없이 팔 물건은 한보따리 들고 오고, 사라질 때는 엄청 빠른 속도로 사라졌다. 세상 어디서나 마찬가지인가 보다.

귀국 준비하느라 아침 시간을 보내고, 점심 전에 스톤 마운틴 공원(Stone Mountain Park)으로 출발했다. 스톤 마운틴은 필자의 귀국 전 숙소인 공항 인근에서 동북 방향으로 약 45km 떨어진 애틀랜타 교외에 있다. 스톤 마운틴(Stone Mountain)은 마치 삶은 달걀을 세로로 반 쪼개어 엎어 놓은 것 같은 형상의 화강암 덩어리다. 마운틴이라 하지만 오로지 거대한 화강암 돌덩어리 하나뿐이다. 마치 호주 아웃백의 지구의 배꼽이라는 울룰루 같은 느낌인데, 울룰루는 붉은색이라면 스톤 마운틴은 화강암이라서 흰색이 섞인 검은색에 가깝다. 높이 약 252m에 둘레가 8km나 되는 거대한 화강암이다. 세계 최대 규모라 한다. 더욱이 바위 중간쯤에는 남북전쟁 당시 남부를 이끌던 지도자들인 남부 연합 대통령 제퍼슨 데이비스, 로버트 리 남부군 총사령관, 잭슨 장군 등이 말을 탄 모습으로 부조가 새겨 있다. 1970년에 완공된 이후 많은 관광객이 찾는다고 한다. 스톤 마운틴 공원 자체도 로버트 리 장군도로로 둘러 싸여 있는 형국이다.

정상으로 올라가려면 스톤 마운틴 스카이 라이드(Stone Mountain Skyride)라는 케이블 카를 타고 올라갈 수 있으며 걸어서도 올라갈 수 있다. 스카이 라이드 케이블카를 타고 올라갈 때 부조의 사진을 찍을 수 있다. 케이블카인 스카이 라이드를 이용하는 데는 시니어 디스카운트는 해당 사항이 없이, 세금 포함 22불 정도 한다. 평평한 정상에는 일요일이라 그런지 사람들이 꽤 많다. 멀리 애틀랜타 중심가의 고층 건물들이 보이지만 너무 멀리 보여 휴대 전화로 사진 찍기는 역 부족이다. 한 가지 이상한 것은 유난히 한국말 쓰는 사람이 주변에 많다는 것이었는데 그 이유는 모르겠다. 아마 기아 현대 자동차 공장 아니면, 여행 다니기 좋아하는 한민족의 특성인지. 말을 걸어 물어보지는 않았다.

공원을 떠날 무렵, 그동안 자전거를 거치해서 가지고 다녔던 차량용 자전거 거치대는 필요 없게 되었다. 교포인 듯한 가족에게 필자가 부탁하듯 소유권을 이관했다. 자전거 거치대는 금속으로 만들어져 있어 부피도 크지만, 무게가 6~7kg은 되니 어차피 귀국 시 가져갈 수 없는 물건이다.

공원은 산책로, 인공호수, 캠핑과 구역, 레스토랑, 박물관, 농원,

공원 안내판, 스카이 라이드 입구, 남부 영웅 부조, 스카이 라이드

4D 영화관, 골프장 등이 있어 며칠을 가족과 함께 즐기는 장소이다. 다만 공원 입장료는 차 1대당 하루 20불, 1년 30불이다. 뭐 이런 구조의 요금도 있나 싶다. 요금 구조를 보면 관광객에게 바가지 씌우는 구조다. 뒤집어 생각해 보았다. 서울 대공원의 입장료를 1년권은 3만원, 하루치는 2만원으로.

박물관은 옛것 중 가치 있는 물건을 전시하고 있다. 농장은 1800년대 스타일로 조성해 놓았으며 어린이놀이터도 있다. 또한 공원 내에서 캠핑, 하이킹 등을 할 수 있다. 4~10월에는 스톤 마운틴의 레이저쇼를 한다. 다채로운 색상의 레이저가 음악과 함께 바위 위를 비추며 아름다운 색채를 만드는 것으로 유명하다.

공원은 주립공원으로 지정되어 있으며, 스톤을 일주하는 관광 기차가 있고 호수 유람선도 있는데 "바람과 함께 사라지다"의 여주인공 스칼릿 오하라로 이름이 지어져 있어 인기가 있다. 이곳 애틀랜타 출신이며, 작가인 마가렛 미첼이 알 수만 있다면 흐뭇할 것 같다.

스톤 마운틴 자체는 그리 높은 산은 아니지만 주변 사방이 언덕 하나 없는 평지인데다, 단일 화강암이 불룩 솟아 있으니 상대적으로 높아 보인다. 아마도 세월과 함께 풍화작용으로 무른 지대는 깎여 나가고 단단한 바위만 덩그러니 남았기에 그렇게 신기한 자연 현상을 만든 것이리라.

이곳에서 걸어서 이곳저곳을 들러 보다 보니 하루해가 다 저물었다.

이번 미국 동남부 자유 여행의 최종 종착지인 애틀랜타 공항 인근의 호텔에 체크인 했다. 필자는 여행을 마무리하고 한국으로 돌아가기 위해 보통은 공항 인근에 숙소를 정한다. 렌터카를 전날 반납하기 때문에 공항까지 운영하는 호텔의 셔틀을 이용하면 편리하기 때문이다. 보통 무거운 가방이 있기에 더욱 편리하고, 공항에서 가깝기때문에 어떤 변수로 귀국 편 비행기에 탑승을 못 하는 확률도 작아진다.

보호막이 전혀 없는 자유 여행자는 어쩌면 봉으로 여겨지기 십상이다. 특히나 영어에 취약한 우리 사람들이 불이익을 줘도 말이 잘 안 되니 오케이하고 넘어가니 그렇고, 이 사람들은 한국 관광객이 그렇다는 것을 너무 잘 알고 있는 것 같다. 그래도 몇 가지만 주의해서 그런 일이 최소화되도록 노력해 보자.

첫째는 무엇이든 내용을 꼼꼼히 보자. 마트나 패스트푸드점에서 계산할 때 팁 부분이 아무런 사전동의 없이 뜬다. 이때 눌러서는 안 되고 팁 없음을 찾아 눌러야 한다. 교묘하게 우리네 눈에 잘 안 띄는 곳에 있으니 찾아서 거길 눌러야 한다. 두 번째, 빨리 말하는 경우가 있다. 이때는 천천히 다시 말해 달라고 하고 잘 이해가 안 되면 그냥 No Tip! 이라고 하자. 물론 서비스를 제대로 받았으면 줘도 된다. 그런데 이 사회가 그런 식으로 물들어 가고 있다. 이곳 미국에서도 팁 문화가 과도하다는 논란이 일고 있다. 예를 들면 한국에서도 어렵지 않게 볼 수 있는 키오스크에 관한 것이다. 우리나라에서는 이것에 익숙하지 않은 분들은 아예 가지도 않는다. 여기서 논란의 핵심은 키오스크를 이용했을 경우, 전혀 사람의 서비스가 없이 주문하는데, 주문 마지막에 팁을 얼마를 줄 것인지 묻는 화면이 뜬다는 것. 5달러, 7.5달러, 10달러 등이 팝업되고 그중에서 고르게 되어 있다. 미국의 소비자들도 이런 것에는 분노한다. 또 이 팁이 누구에게 가는 것인지도 불분명하다. 이 문제로 우리보다 미국 사회가 요즘 더 시끄럽다. 하지만 업체들의 변명은 한결 같다. No를 선택하면 되지 문제 삼을 것까진 없지 않냐? 그리고 팁은 직원들에게 돌아간다는 것. 이곳 여행을 다니려면 그 정도는 웃고 지나가고 더 많은 걸 얻어가면 된다.

세 번째는 특히 유료든 무료든 관광지나 체험센터 전시 박물관 등을 방문했을 때 목표 지점으로 바로 돌진하지 말고 입구에서 주변을 살피고 안내문이나 배너 그리고 나누어 준 팜플릿 등을 살펴보는 시간을 갖자. 그렇게 하는 것이 시간을 절약할 뿐만 아니라 돈도 절약할 수 있다. 또한 일정을 빡빡하게 잡지 않는 것이 좋다. 계획한 곳 모두를 들르는 것 보다 한곳이라도 제대로 보는 것을 권한다.

미련이 남은 CNN

그동안 여행 중 필요할 것 같아서 이것저것 사서 차에 싣고 다녔던 물건이 있었다. 그 중엔 실제로 도움이 된 것도 있지만 실제로는 거의 사용하지 않은 것도 꽤 있다. 이런 것 때문에 늘 아내에게 핀잔을 듣지만, 이번 여행에서는 아내가 동행을 안 했으니, 그런 류의 수와 종류가 더 많다. 이것들 일부를 버렸다. 차가 깨끗해진 것은 물

CNN 정문과 안쪽 로비

론이지만 머릿속과 가슴까지 후련해졌다. 그러나 가끔 버려야 할 것은 안 버리고, 버리지 않아야 할 것도 버리는 경우가 있다. 이번 경우도 예외는 아니다. 잘 버린다고 버렸는데도 무선 충전기까지 버렸다.

필자는 여전히 CNN에 미련이 남아 투어가 폐쇄된 것을 알지만 시내 중심가로 차를 몰았다.

CNN 정문 출입구로 가니 무장한 경비만 굳게 지키고 사람들 왕래는 한산했다. 다가가서 안으로 들어갈 수 있냐고 물었더니, 투어는 Close 됐고, 로비에는 들어가도 되는데 셀카봉은 가방에 넣고 가야 하지만 안에서는 꺼내도 무방하다. 예상한 바와 같다. 필자는 애틀랜타에서 할 일의 최 우선순위로 CNN 투어로 꼽았었다. CNN은 미국에서의 사회주의적 성향이 강한 민주당의 당 홍보 방송처럼 역할을 하고 있고, 폭스뉴스(Fox News)와는 대척을 이루고 있다. 이번에 여행한 지역의 대부분이 정치적으로 공화당이 강세인 지역들이다.

일단 로비로 들어가 보니 중앙에는 음식을 먹을 수 있는 테이블이 놓여 있었고, 둥근 형태의 로비 벽 쪽은 서브웨이, 피자 등 패스트푸드점이 자리하고 있었고, 그 이후는 갈 수 없는 구역이다. 방문 후기들을 보았는데 4년 전 후기가 마지막인 것을 보면 코로나로 인해 폐쇄하고 다시 오픈하지 않은 것이다. 내부의 입구를 지키는 경비들이 여럿 있는데, 다가가 언제 오픈하냐고 물었더니 어깨만 으쓱하고 양손을 하늘로 향한다. 하도 똑같은 질문을 많이 받아서, 아예 말도 하기 싫은 모양이다. 사전에 인터넷을 통해서 알기는 했어도 실망이 크다. 올림픽 공원으로 다시 나와서 인근의 쇼핑 구역을 다녔지만 문을 연 곳은 별로 없다. 코로나의 영향이 언제까지 지속될 것인지 궁금하다.

다시 원점에 서다

본격적으로 귀국 준비를 하는 날이다. 우선 렌터카를 10시까지 반납하고, 공항의 구조와 셔틀버스 운영, 그리고 스카이 트레인(SkyTrain)이라는 교통 수단 등 호텔에서 공항까지, 그 다음 공항 내에서 대한항공 체크인 카운터가 있는 인터내셔널 공항까지 가는 길을 사전에 답사하려고 한다. 전날 귀국하는 과정을 점검하는 행위는 필자가 해외 여행 시 늘 일정하게 하는 행위이다.

애틀랜타 인터내셔널 국제공항은, 거의 미국의 국제공항은 다 유사하지만, 처음 오는 여행객에게는 매우 복잡한 구조다. 차를 운전해서 가려면 이리저리 꼬이고 뒤틀어 놓은 것 같은 구조다. 내비게이션상의 "Rental car return"이란 곳을 찍어서 찾아가는 길에 두 번이나 반대 차선으로 들어가 역주행을 잠시 했는데, 한번은 쉽게 나왔지만, 한번은 하마터면 큰 사고가 날 뻔했다. 길도 잘 모르는 데다가 잠시 딴생각을 한 탓이다. 20m 정도 후진해서 나왔는데, 서로 마주보고 운전하는데, 앞차 운전자 표정이 화가 엄청 나 있는 표정이다. 밖에 나가면 한바탕 시비라도 붙을 것 같아 눈도 안 마주치고 차를 급히 돌려 빠져나왔다. 결국 빠져나와서, 지나가는 차를 세워, 렌터카 반납 장소를 물어보고 나서 차를 반납할 수 있었다. 그런데 애틀랜타 공항은 렌터카 업체마다 반납 장소가 다르다. 그러므로 렌터카를 인수할 때 반납 장소를 미리 알아 확인해 두면 많은 도움이 된다.

공항에서 렌터카를 반납하고, 타이어 교체 비용 실비 정산 받으러, 사무실 가서 설명하고, 영수증 제출하고 나서야 차 반납 일이 끝난 것이다.

이제 국내선으로 가야 한다. 차도 없고 호텔로 돌아가야 하는데 호텔로 가는 모든 셔틀은 국내선에서만 탈 수 있다. 그런데 렌터카를 반납한 후 국내선으로 가려면 SkyTrain을 타야 한다. 이것 역시 렌터카와 국내선만 왕복하는 무인 기차다. 국내선에서 셔틀을 타고 국제선 청사에 도착하여 대한항공 체크인 카운터를 확인하고 다시 국내선으로 가는 셔틀을 타고 국내선으로 왔다. 여기서 다시 호텔 가는 셔틀을 타야 한다. 이걸 처음 오는 여행객이 알 리가 없다. 아무도 이런 식의 설명을 안 해주기 때문이다.

대한항공은 매일 애틀랜타에서 인천으로 출발한다. 필자가 대한항공 체크인 카운터에 도착한 시각이 체크인 가까운 시각인데 그다지 붐비지 않고 사람들이 거의 보이지 않았다. 인천공항과 대비하여 차이가 많이 난다.

귀국 준비하는 과정에 그동안 여기서 쓰던 물건들은 모두 폐기하고, 음식들도 다 버렸다. 단, 몇 가지 아까운 것은 버리지 못하고 유리병과 케이스 등은 버리고 내용물만 지퍼백에 넣어 가져간다. 쌀이 조금 남았지만 버렸다. 아까웠다. 왠지 음식물을 버리는 것은 마음이 안 좋다. 필자는 역시 꼰대구나 하는 생각이 들었다. 그런데 집중 못 하고 딴생각을 하다가 꼭 버려야 될 것은 못 버리고, 버리지 않아도 되는 것들은 버린다. 부피도 적고 무게도 가벼운 것인데.

이 여행을 하기 전에는 머릿속에서 드넓은 미국 땅 중에 동남부

쪽은 회색의 불분명한 영상으로 떠오르고는 했었다. 이제부터는 이 지역도 다양한 색깔의 아름다운 이미지로 가슴 속에 각인될 것이다.

귀국하기 위해 숙소를 나와 셔틀을 타고 공항으로 향했다. 꼭 두 달 전 탔던 그 셔틀이지만 방향은 반대이다. 제자리로 돌아가지만, 그 자리는 필자가 떠났을 때와는 달라졌을 것이다.

EPILOGUE

필자의 주변 지인들은 언제부터인가, 필자가 여행을 좋아하고, 여행을 많이 하니 여행 관련 기행문이나 안내 책자를 써보라고 권유해 왔다. 그럴 때마다 그런 지인들의 충고는 그냥 흘려 버렸다. 필자에게는 당시 여행은 마음껏 하고 즐기되, 어떠한 종류의 글을 쓰지 않겠다는, 뚜렷한 세 가지의 이유가 있었다.

첫째는 책을 쓸 목적으로 여행한다면, 여행이 아니라는 생각이다. 주객이 전도된 모양 혹은 꼬리가 몸통을 흔드는 격이라 할까? 자유로운 마음으로 가고 싶은 곳으로, 혹은 가보지 못한 미지의 세계로 나를 인도하는 것이 여행이라 한다면, 책 쓰는 것을 염두에 둔 여행은 이것을 송두리째 날려 버릴 수 있다. 책을 쓰려고 하는 여행이면 이미 마음 한구석이 구속하는 느낌이 아닐까? 즉 자유를 침해당하는 모양새가 되므로 그런 것이라면 차라리 여행하지 않겠다는 심정이었다.

둘째는 글쓰기 재주가 없는데, 이를 감당하기엔 능력이 모자란다는 것이다. 일찍이 로마 시대의 철학자 황제였던 마르쿠스 아우렐리우스의 저서 [명상록]에 있는 "공허한 주제로 글 쓰지 않고"의 경구가 교차하여, 재주도 없는 사람이 여행을 주제로 책을 쓴다는 것은 거의 재앙 수준이라고 생각해 왔다.

마지막으로 셋째 이유는 글을 쓴다는 것은 일종의 자기 고백이요 자신을 숨김 없이 드러내야 하는 과정이 필요하다고 생각했다. 평소에도 무엇 하나 내세울 것이 없는 필자에겐 어느 대중 가수처럼, 속옷까지 탈의하는 기분이라서 그럴 용기도 없었을 뿐만 아니라 생각조차 하지 못했다.

그러던 필자가 수치심에도 불구하고 글을 쓰기로 한 것은 한 지인의 충고 때문이었다. "기왕에 많은 여행을 했다면, 좋았던 순간들과 실패와 어려움이 있었을 터이고, 그것을 글로 남기면 오랫동안 기억될 것이네. 그 글을 읽는 사람에게는 필자가 실패한 경험이 도움이 될 것이고, 또한 필자가 가지고 있었던 여행의 동기와 목적을 더 확고하게 지켜줄 것으로 보네"라는 것이었다. 많은 생각을 한 결과 어느 정도 공감이 되는 부분이 있어서 따르기로 했다. 그분의 지혜로운 충고에 감사하고 있다.

한 가지 아쉬운 것이 있다면, 필자가 이 글을 쓰기로 한 시점이 여행에서 돌아온 시점에서 했다는 것이다. 여행 중에는 꿈에도 책을 쓰리라는 생각을 하지 못했다는 것이다. 만일 책을 쓸 목적으로 여행했다면 여행의 질이 오히려 떨어졌을 것이란 것과, 좀 더 독자들을 위한 장소 선정과 독자들의 이해를 도울만한 내용과 사진들에 시간을 더 할애하지 않았을까 생각한다. 정말 아쉬운 부분은 사진이다. 책을 쓰기로 마음을 정했더라면 좋은 장면을 위해 좀 더 정성을 기울였을 것이다. 더욱이 필자는 자전거를 타는 시간이 많았는데, 자전거를 타면서 사진을 찍는다는 일은 매우 귀찮은 일이다. 한참 가다가 세워 놓고, 다시 타고를 반복해야 한다. 그래서 보통 사진 찍는 것을 포기한다. 이것은 자전거를 타본 경험이 있는 사람은 이해할 것이다.

그나마 다행인 것은 필자가 여행하면서 책을 쓸 목적은 아니지만 매일 일기를 쓰듯 세밀하게 하루의 일과를 기록해 왔다는 것이다. 이렇게 기록하는 것은 본래 필자의 습관이다. 기록을 하는 또 다른 이유는 필자가 지나간 일을 쉽게 잊는 것을 방지하기 위한 것이다. 나중에 필자가 여행할 수 없는 상황일 때 꺼내 보려는 목적도 있으며, 여행 중의 그때그때의 상황별로 필자의 기분과 심리적으로 어떤 상태인지도 기억하고 싶고, 잘못된 것도 기록하여, 향후 여행 시 참고하려는 목적도 있는 것이다. 그러다 보니 내용이 세밀해야 하고, 숙소에 도착하여 반드시 한 시간 정도를 할애해야만 가능한 일이다. 그렇지 않았더라면 책을 낸다는 것은 어려운 일이다.

이렇게 필자가 여행 관련 글을 쓴다는 사실을 초고를 완성하기 전까지는 가족에게 구체적으로 알리지 못했다. 이 작업을 하면서 불편함을 참아준 가족에게 감사하고, 끝까지 주저리주저리 써 내려간 졸필을 인내로 읽어 주신 독자분께 머리 숙여 감사드린다.